Julio Caetano Tomazoni
Elisete Guimarães

INTRODUÇÃO AO QGIS

OSGEO4W-3.30.1

2ª EDIÇÃO

© Copyright 2022 Oficina de Textos

1ª reimpressão 2023

2ª edição 2024

Grafia atualizada conforme o Acordo Ortográfico da Língua Portuguesa de 1990, em vigor no Brasil desde 2009.

Conselho editorial Aluízio Borém; Arthur Pinto Chaves; Cylon Gonçalves da Silva; José Galizia Tundisi; Luis Enrique Sánchez; Paulo Helene; Rozely Ferreira dos Santos; Teresa Gallotti Florenzano

Capa, projeto gráfico e diagramação Malu Vallim
Preparação e revisão de textos Natália Pinheiro Soares

Dados Internacionais de Catalogação na Publicação (CIP)
(Câmara Brasileira do Livro, SP, Brasil)

Tomazoni, Julio Caetano
    Introdução ao QGis 30.1 : OSGEO4W-3.30.1 / Julio
Caetano Tomazoni, Elisete Guimarães. -- 2. ed. --
São Paulo : Oficina de Textos, 2023.

Bibliografia.
ISBN 978-85-7975-363-3

    1. Espaço geográfico 2. Geotecnologia
3. Mapeamento digital 4. Processamento de imagens
5. Sistema de informação 6. Softwares livres
I. Guimarães, Elisete. II. Título.

23-184556   CDD-910.285

Índices para catálogo sistemático:
    1. QGIS : Sistemas de informação geográfica 910.285
                Tábata Alves da Silva - Bibliotecária - CRB-8/9253

Todos os direitos reservados à **Oficina de Textos**

Rua Cubatão, 798

CEP 04013-003   São Paulo   SP   Brasil

Fone: (11) 3085-7933

www.ofitexto.com.br

atendimento@ofitexto.com.br

Sumário

1 Introdução ao QGIS-OSGeo4W-3.30.1 7

    1.1 Sistema operacional mais apropriado para o QGIS 7

    1.2 Procedimentos básicos a serem adotados para melhor funcionamento do QGIS 7

    1.3 Organização dos trabalhos 7

    1.4 Origem do QGIS 8

    1.5 Instalação do software QGIS 8

    1.6 Instalação básica do SIG QGIS: download e instalação 9

    1.7 Estrutura dos dados geográficos no QGIS 11

    1.8 Iniciando os trabalhos com o QGIS 12

2 Criação de projetos no QGIS 3.30.1 21

    2.1 Projeto 21

    2.2 Plug-ins e complementos 28

3 Trabalho com o QGIS 3.30.1 29

    3.1 Georreferenciando uma imagem 29

    3.2 Reprojetando SRC de imagens 33

    3.3 Criando arquivos shapefile de curvas de nível 35

    3.4 Adicionando arquivos DXF ou DWG 36

    3.5 Criando arquivos shapefile de hidrografia e rodovias 39

    3.6 Classificando a hidrografia 41

    3.7 Calculando o comprimento dos rios 43

    3.8 Digitalizando o perímetro da bacia 44

    3.9 Calculando a área da bacia 46

    3.10 Recortando uma camada usando outra camada como máscara 47

4 Conversão de shapefile de curvas em MDE usando GRASS 50

    4.1 Pré-processamento 50

    4.2 Habilite o GRASS 50

    4.3 Usando o GRASS 50

    4.4 Conversão SHP em MDE 55

    4.5 Classificando o MDE 60

    4.6 Recortando o MDE 61

    4.7 Calculando a área de um MDE 64

4.8 Reclassificando uma imagem geotif...66

4.9 Convertendo a altimetria de um MDE em declividade...69

5 Adição de camadas de rasters em um grupo de camadas do projeto 77

5.1 Inserindo camada raster 77

5.2 Reprojetando o sistema de coordenadas de um raster 77

5.3 Recortando um raster 80

5.4 Montando uma composição RGB de rasters..81

5.5 Classificando uma composição RGB..85

5.6 Calculando a área das formas de uso..95

6 Inserção de imagens do Google Earth no QGIS 3.30.1 103

6.1 Instalando o plug-in QuickMapServices 103

6.2   Salvando a imagem carregada do Google Earth 106

6.3 Instalando o Orfeo Toolbox (OTB) para realizar fusão de imagens no QGIS 3.30.1 108

6.4 Fusão de imagens com Orfeo Toolbox (OTB) no QGIS 3.30.1 112

7 Compositor 122

7.1 Compositor de impressão 124

7.2 Montando as margens do layout 128

7.3 Configurando a grade de coordenadas 131

7.4 Inserindo outras informações no layout..135

8 Áreas de preservação permanente...146

8.1 Criando nova camada shapefile...146

8.2 Criando o buffer das áreas de preservação permanente..151

8.3 Calculando área e perímetro das APPs 164

9 Como salvar um arquivo de pontos no AutoCAD Map 3D 2021 em formato shapefile com o atributo da altitude 169

9.1 Procedimentos executados no AutoCAD Map 3D 2021..169

9.2 Como gerar curvas de nível a partir um arquivo de pontos cotado no QGIS 3.30.1 em formato shapefile173

9.3 Como gerar os rótulos nas curvas de nível..180

10 Uso de MDE Alos Palsar com 12,5 m de resolução espacial 183

10.1 Baixando o MDE do site e carregando o arquivo no QGIS 183

10.2 Como gerar curvas de nível a partir do MDE Alos Palsar 188

11 Análise hidrológica no QGIS...191

11.1 Extração da rede de drenagens 192

12 Como corrigir a geometria de arquivos shapefile no QGIS 3.30.1 198

12.1 Inserindo arquivo shapefile e verificando a topologia no QGIS 3.30.1 198

12.2 Editando campos da tabela de atributos 201

12.3 Formatando rótulos e simbologia 205

13 Associação de tabela de dados alfanuméricos do Excel com base cartográfica no QGIS 3.30.1 208

14 Geração de mapas temáticos a partir de tabela de atributos de arquivo shapefile
de polígonos no QGIS 3.30.1 213

14.1 Carregando arquivo shapefile 213

14.2 Representando mapas temáticos de polígonos graduados 216

14.3 Representando mapas temáticos de polígonos graduados gerando centroide 218

15 Álgebra de mapas no cálculo do índice de vegetação no QGIS 3.30.1 222

15.1 Índice de vegetação 222

15.2 Determinação do índice de vegetação de diferença normalizada (NDVI) para o quadrante
representativo da bacia hidrográfica do Rio São José (PR) 224

16 Topodata SRTM 237

16.1 Arquivos SRTM do projeto Topodata 237

16.2 Montagem do mosaico de imagens 239

17 ASTER Global Digital Elevation Map 245

18 Reprojetando o sistema de coordenadas de vetores 250

19 Catálogo de imagens DGI/Inpe 252

20 Como fazer mosaico de imagens eliminando a borda preta (sem dados) 258

21 Trabalhando com arquivos no formato LAS no QGIS 3.30.1 264

21.1 Instalando o LAStools 264

21.2 Montagem do mosaico de imagens 273

22 Análise espacial densidade de Kernel 278

23 Análise geoestatística 285

24 Delimitação da estratificação para inventário florestal base nas APPs e cálculo de áreas 297

25 Análise de fragilidade ambiental 308

26 Conclusões 319

Referências bibliográficas 320

1 Introdução ao QGIS-OSGeo4W-3.30.1

1.1 Sistema operacional mais apropriado para o QGIS

No momento atual, o software livre é uma boa maneira para a difusão democrática e abrangente de tecnologias de informática. Com o uso crescente de softwares livres, a Geotecnologia terá seu crescimento cada vez mais ampliado. Esse fato será fundamental para o avanço de novos programas e ferramentas, facilitando a nossa capacidade de gerir e compreender melhor o Espaço Geográfico.

A cada ano, torna-se essencial o conhecimento dos sistemas operacionais em uso, sejam eles MAC, Linux, Android ou Windows, pois novos programas vão sendo consolidados.

Com exceção do Android, em que há maiores dificuldades em manusear o software, devido às dimensões reduzidas das telas de smartphones ou tablets, além da falta do mouse, que dificulta a precisão no manuseio das ferramentas do programa, nas demais plataformas o QGIS roda com a mesma eficácia.

Quando se trata de sistema operacional, apesar da importância do MAC/OS e do Linux, o Windows é o sistema operacional mais utilizado pelo usuário comum no Brasil e, por isso, será empregado neste livro.

O QGIS e seus componentes são desenvolvidos sob plataformas livres. Ao serem usados no sistema operacional Windows, podem apresentar algumas instabilidades, por conta do não conhecimento de alguns critérios adotados no desenvolvimento do software, que não são importantes quando se usa software elaborado já no sistema operacional Windows.

Para que não ocorram essas instabilidades, por exemplo, falhas na instalação de complementos e erros de execução de processamentos, é necessário algum conhecimento no uso do sistema operacional Windows.

1.2 Procedimentos básicos a serem adotados para melhor funcionamento do QGIS

Não se deve usar como usuário do sistema operacional Windows nomes que contenham caracteres alheios à linguagem de programação, tais como acentos, cedilha e espaços em branco. Esse tipo de procedimento pode levar o programa QGIS a se confundir na direção de arquivos, causando travamentos ou mesmo mau funcionamento de ferramentas e plug-ins.

Também não se deve usar símbolos que possam ser associados a cálculos matemáticos, como traço (-), soma (+), asterisco (*), barras (/) etc. Evite nomes compostos (Paulo Cesar, Maria Rita etc.); caso haja vontade de usar o nome completo, junte-os: paulocesar ou mariarita. Em vez de espaços em branco, use sempre underline (_) para separar palavras.

1.3 Organização dos trabalhos

Ao se trabalhar com SIG, é importante ter uma organização dos arquivos. Um arquivo shape (conceito detalhado mais adiante no livro), por exemplo, pode apresentar até seis arquivos separados que o compõem. Esses arquivos devem ficar sempre juntos, não podendo ser soltos dentro do computador ou em uma pasta com outros arquivos, pois a perda de algum deles pode levar à perda total do shape. Portanto, devemos criar pastas definidas para cada tipo de arquivo que será criado ou importado para o nosso trabalho.

Como sugestão, apresentaremos um modelo de organização; depois, cada usuário pode fazer de uma forma que fique mais apropriada à sua característica.

No nosso caso, a pasta com o nome do cliente será "_1Curso_Geomatica2023", onde serão criadas:

- Capitulo1_Introducao
- Capitulo2_CriacaodeProjetoseConfigurac...
- Capitulo3_TrabalhandocomQGIS3_30
- Capitulo4_ConvertendoShapefiledeCurva...
- Capitulo5_AdicionandoCamadasRasterse...
- Capitulo6_Como Inserir Imagens do Goo...

Fig. 1.1 Exemplo de estrutura de banco de dados para QGIS

Outras pastas podem ser criadas, caso seja necessário, como KML, DXF etc.

1.4 Origem do QGIS

Criado pela Open Source Geospatial Foundation (OSGeo), o QGIS é uma multiplataforma que roda em Linux, Unix, Mac OSX, Windows e Android, suportando diversos formatos de arquivos vetoriais, arquivos raster, de banco de dados e outras funcionalidades. É um sistema de informação geográfica (SIG) de código aberto e de utilização amigável, fortemente integrado com outras ferramentas SIG de código aberto, como SAGA GIS, GRASS GIS, entre outros. Tem suporte fornecido pela comunidade de usuários do sistema QGIS, em redes sociais, fóruns, sites etc.

Um número crescente de recursos fornecidos por funções básicas e plug-ins é oferecido pelo QGIS.

Nessa plataforma, é possível visualizar, criar, editar, analisar dados e compor mapas imprimíveis.

O Quantum GIS (hoje apenas QGIS) tornou-se popular em 2012 quando do lançamento da versão 1.8 Lisboa. Porém, a grande evolução do software aconteceu com o lançamento da versão QGIS 2.0 Dufour, em 2013, e, a partir dela, iniciou-se a adoção de duas rotinas distintas de atualização:

- Versão de longa duração (*long term release*, LTR): é uma versão destinada para usuários corporativos e profissionais, visto que possui garantia de estabilidade, onde as atualizações se dão para correção de bugs.
Exemplo: QGIS-OSGeo4W-3.30.1 – 's-Hertogenbosch.
- Versão mais recente (*latest release*, LR): destinada àqueles que querem experimentar novidades e usuários comuns, por ser mais instável e apresentar muitos bugs.

1.5 Instalação do software QGIS

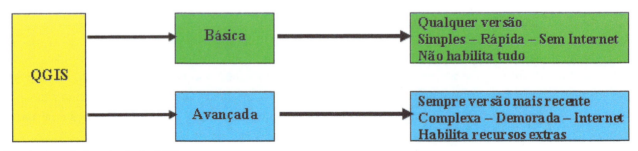

Fig. 1.2 Tipos de instalação do QGIS

1.6 Instalação básica do SIG QGIS: download e instalação

Nas versões atuais, para a instalação do QGIS não é mais necessário escolher a versão do instalador, pois ele roda em sistemas 32 bits e 64 bits. Nos sistemas 64 bits, o QGIS consegue aproveitar a capacidade máxima do computador, e não apresenta mais instabilidades e erros.

Neste livro, utilizaremos a versão do QGIS 3.30.1-1, instalada em um sistema operacional Windows 10, 64 bits, que mostrou estabilidade e segurança. Até a versão 3.22 do software, foram observadas instabilidades, travamentos e ausência de alguns recursos na versão 64 bits do QGIS.

Como já mencionado, a versão QGIS-OSGeo4W-3.30.1-1 – 's-Hertogenbosch pode ser instalada em máquinas Windows de 32 bits e 64 bits. Vá até o site: <https://www.qgis.org/pt_BR/site/forusers/download.html>. No canto superior direito da tela, configure o idioma. Depois, acione o ícone instalador "Standalone QGIS versão 3.30.1".

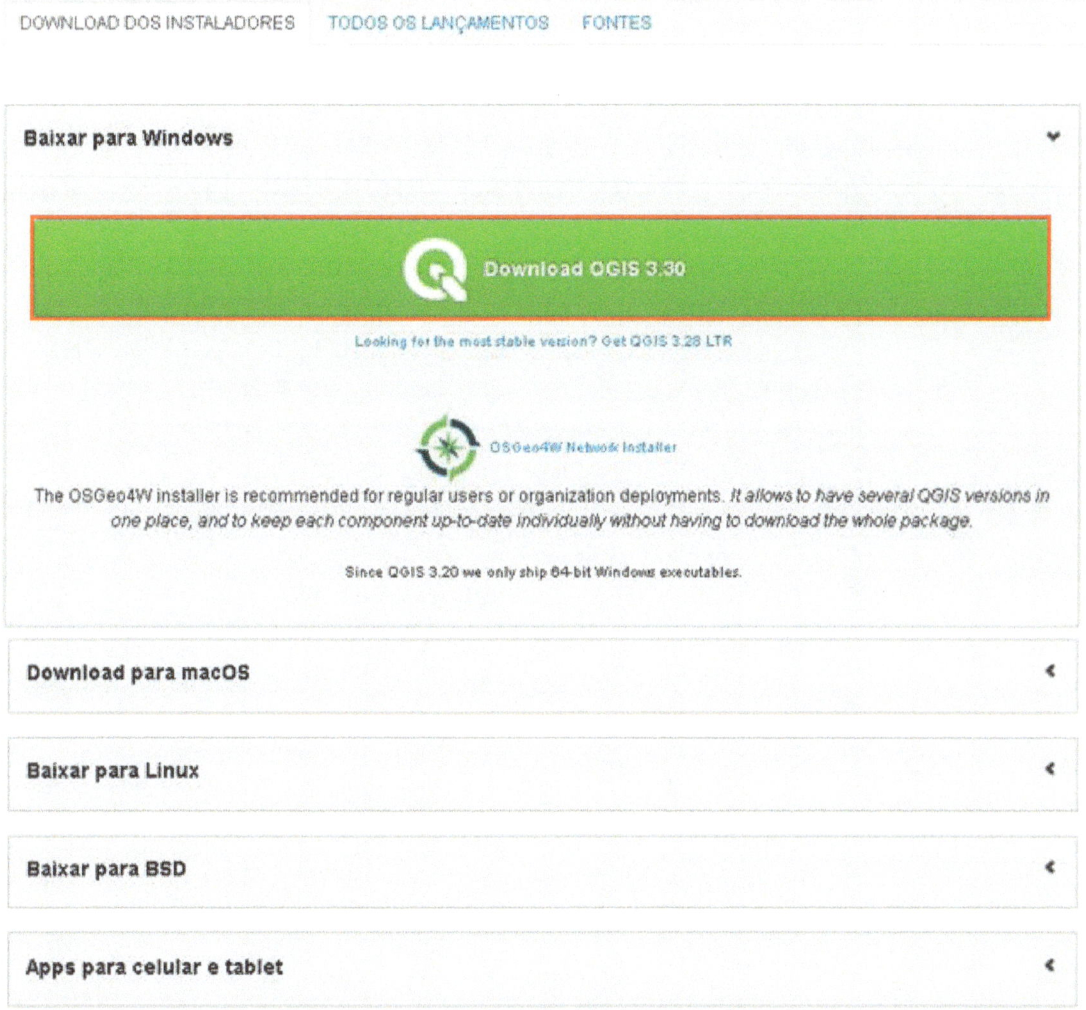

Fig. 1.3 Como fazer download do QGIS 3.30.1

Para instalar outras versões, no site clique no ícone "Todos os lançamentos".

A tela da Fig. 1.4 será aberta. Lançamentos anteriores do QGIS ainda estão nesse local.

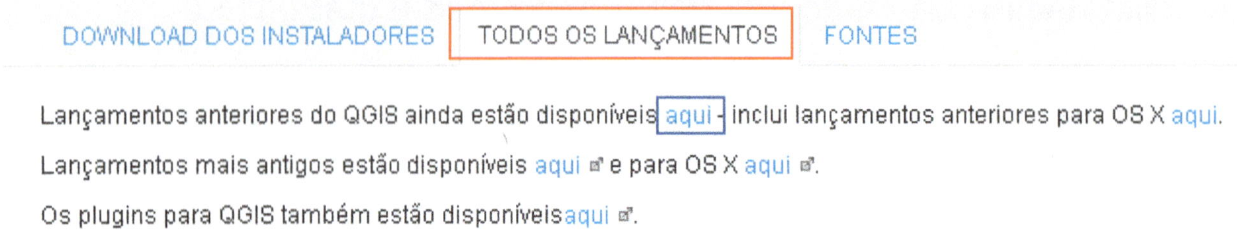

10 | INTRODUÇÃO AO QGIS

DOWNLOAD DOS INSTALADORES | TODOS OS LANÇAMENTOS | FONTES

Lançamentos anteriores do QGIS ainda estão disponíveis aqui - inclui lançamentos anteriores para OS X aqui.

Lançamentos mais antigos estão disponíveis aqui ⬚ e para OS X aqui ⬚.

Os plugins para QGIS também estão disponíveis aqui ⬚.

Fig. 1.4 Download de versões anteriores

Na tela que se abrirá, conforme a Fig. 1.5, encontre o arquivo que você deseja e faça download.

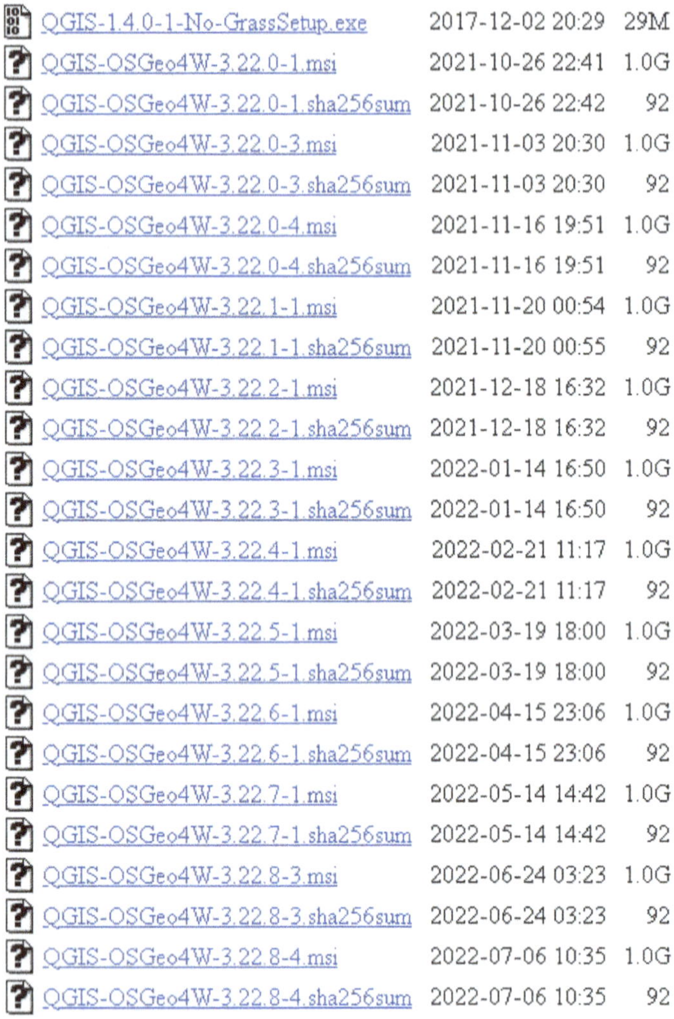

▦	QGIS-1.4.0-1-No-GrassSetup.exe	2017-12-02 20:29	29M
?	QGIS-OSGeo4W-3.22.0-1.msi	2021-10-26 22:41	1.0G
?	QGIS-OSGeo4W-3.22.0-1.sha256sum	2021-10-26 22:42	92
?	QGIS-OSGeo4W-3.22.0-3.msi	2021-11-03 20:30	1.0G
?	QGIS-OSGeo4W-3.22.0-3.sha256sum	2021-11-03 20:30	92
?	QGIS-OSGeo4W-3.22.0-4.msi	2021-11-16 19:51	1.0G
?	QGIS-OSGeo4W-3.22.0-4.sha256sum	2021-11-16 19:51	92
?	QGIS-OSGeo4W-3.22.1-1.msi	2021-11-20 00:54	1.0G
?	QGIS-OSGeo4W-3.22.1-1.sha256sum	2021-11-20 00:55	92
?	QGIS-OSGeo4W-3.22.2-1.msi	2021-12-18 16:32	1.0G
?	QGIS-OSGeo4W-3.22.2-1.sha256sum	2021-12-18 16:32	92
?	QGIS-OSGeo4W-3.22.3-1.msi	2022-01-14 16:50	1.0G
?	QGIS-OSGeo4W-3.22.3-1.sha256sum	2022-01-14 16:50	92
?	QGIS-OSGeo4W-3.22.4-1.msi	2022-02-21 11:17	1.0G
?	QGIS-OSGeo4W-3.22.4-1.sha256sum	2022-02-21 11:17	92
?	QGIS-OSGeo4W-3.22.5-1.msi	2022-03-19 18:00	1.0G
?	QGIS-OSGeo4W-3.22.5-1.sha256sum	2022-03-19 18:00	92
?	QGIS-OSGeo4W-3.22.6-1.msi	2022-04-15 23:06	1.0G
?	QGIS-OSGeo4W-3.22.6-1.sha256sum	2022-04-15 23:06	92
?	QGIS-OSGeo4W-3.22.7-1.msi	2022-05-14 14:42	1.0G
?	QGIS-OSGeo4W-3.22.7-1.sha256sum	2022-05-14 14:42	92
?	QGIS-OSGeo4W-3.22.8-3.msi	2022-06-24 03:23	1.0G
?	QGIS-OSGeo4W-3.22.8-3.sha256sum	2022-06-24 03:23	92
?	QGIS-OSGeo4W-3.22.8-4.msi	2022-07-06 10:35	1.0G
?	QGIS-OSGeo4W-3.22.8-4.sha256sum	2022-07-06 10:35	92

Fig. 1.5 Versões anteriores do QGIS para download

Salve na pasta "_1Curso_Geomatica2023" o arquivo "QGIS-OSGeo4W-3.30.1-1.exe" e faça download. Depois, execute o programa e instale o QGIS 3.30.1 no seu computador. Vão ser instalados os programas mostrados na Fig. 1.6.

Fig. 1.6 Programas instalados

Execute o QGIS Desktop 3.30.1, que tem todos os plug-ins básicos instalados.

1.7 Estrutura dos dados geográficos no QGIS

1.7.1 Dado vetorial

Utiliza as entidades como ponto, linha e polígono para identificar localizações (Fig. 1.7).

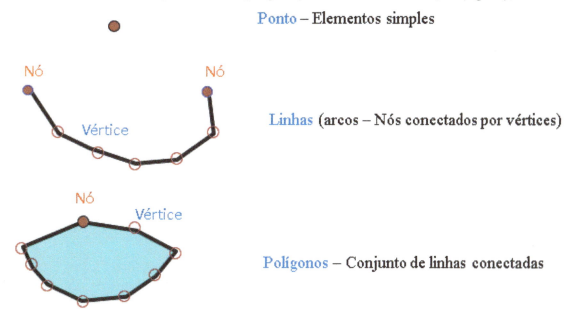

Fig. 1.7 Estrutura de dados vetoriais

1.7.2 Dado raster ou matricial

Os dados são representados por uma matriz, linha e coluna (Fig. 1.8). São imagens de satélites, drones, fotografias aéreas e imagens de radar.

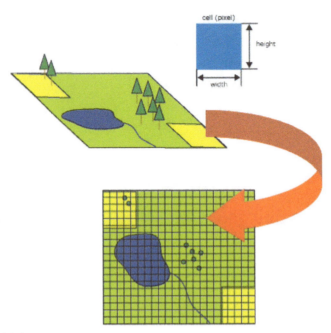

Fig. 1.8 Estrutura de dados matriciais

1.7.3 O que compõe um shape?

O arquivo digital shape representa uma feição ou elemento gráfico, nos formatos de ponto, linha ou polígono. Esse arquivo contém uma referência espacial (coordenadas geográficas) de qualquer que seja o elemento mapeado.

O shape é representado por vários arquivos. Três arquivos individuais são obrigatórios para armazenar os dados do núcleo que compreende um shapefile:

- ".shp": arquivo de vetor;
- ".dbf": arquivo de tabela;
- ".shx": arquivo que faz a ligação entre o vetor e a tabela.

Outros arquivos podem ser gerados juntamente com os três anteriores: ".prj", ".sbn" e ".sbx". É importante manter uma organização mínima dos seus arquivos, divididos por categorias, pois, se você perder um deles, o shape deixa de funcionar. Os softwares podem criar mais arquivos, além dos três arquivos mínimos necessários para o funcionamento do shape.

1.8 Iniciando os trabalhos com o QGIS

Primeiro, baixe as pastas (Fig. 1.9) e subpastas de cada capítulo que estão nos respectivos links do Google Drive, conforme a subseção 1.8.6. Salve a pasta em um HD que não tenha o sistema operacional; caso seu HD não tenha sido particionado, salve a pasta na raiz do Sistema C:\. Os links contêm as pastas a seguir:

1 Introdução ao QGIS-OSGeo4W-3.30.1 | 13

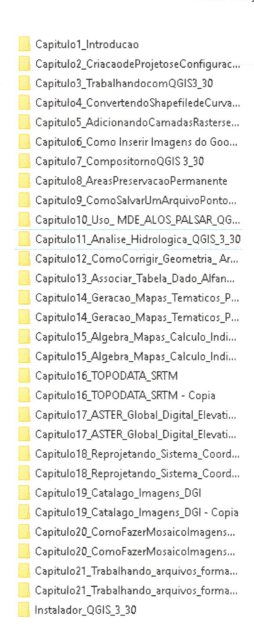

Fig. 1.9 Pastas a baixar

Agora que temos os dados e o QGIS 3.30.1-1 instalado, vamos ver as principais configurações dele. Abra o programa, clicando duas vezes sobre o ícone QGIS 3.30.1-1 (Fig. 1.10).

Fig. 1.10 Ícone do QGIS 3.30.1-1

1.8.1 Interface do QGIS 3.30.1-1

Conforme a Fig. 1.11, a interface do QGIS 3.30.1-1 contém:

A – Barra de menus.
B – Caixa de ferramentas de processamento.
C – Painel do navegador.
D – Área das camadas.
E – Área de visualização de dados.
F – Caixa de ferramentas de processamento.
G – Barra do sistema de referência de coordenadas (SRC).

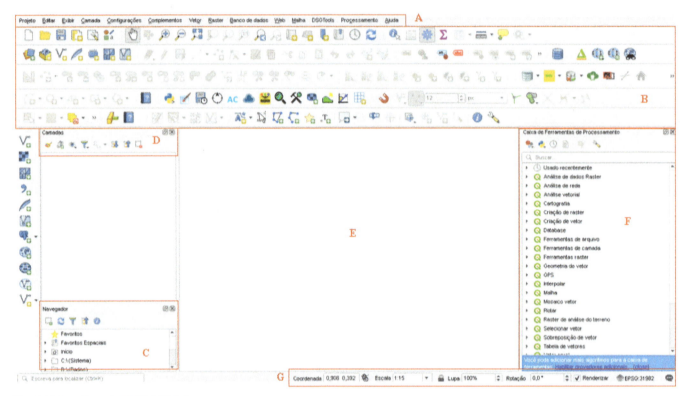

Fig. 1.11 Interface do QGIS 3.30.1-1

Conforme a Fig. 1.12, a barra de menu proporciona acesso a todas as funções principais e complementos:

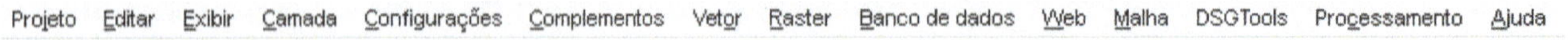

Fig. 1.12 Barra de menus

- PROJETO: abrir, salvar, imprimir as camadas de dados e fechar o projeto atual.
- EDITAR: adicionar, modificar, excluir recursos espaciais dentro de uma camada de dados editável.
- EXIBIR: seleção panorâmica, zoom, seleção de recursos e controle da barra de ferramentas.
- CAMADA: adicionar, remover e visualizar as camadas de dados com a possibilidade de alterar as projeções de camada.
- CONFIGURAÇÕES: controlar as configurações básicas do projeto, projeções do projeto, idioma local e outros padrões.

- COMPLEMENTOS: listagem dos complementos instalados e suas sub-rotinas, adicionar ou remover complementos.
- VETOR: operações espaciais de vetor GIS padrão – buffer, dissolução, consulta de ponto-em-polígono, entre outros.
- RASTER: funções de processamento de raster (são mais ativados com GRASS).
- BANCO DE DADOS: mostra e permite acessar os gerenciadores de banco de dados com que o QGIS trabalha.
- WEB: permite acessar uma série de servidores de mapas e de imagens, com os quais o QGIS tem interface.
- MALHA: permite acessar a calculadora de malha.
- DSGTools: permite acessar o banco de dados do Exército Brasileiro.
- PROCESSAMENTO: proporciona funções comuns com um clique e funções específicas. Ele abre a caixa de ferramentas de processamento, mostrada na Fig. 1.13.

Fig. 1.13 Caixa de ferramentas de processamento

Essa interface é totalmente customizável; podemos mudar e colocar as barras de ferramentas onde acharmos melhor para facilitar o manuseio. Para isso, basta clicar sobre os pontinhos em relevo no início de cada barra de ferramentas e segurar, arrastando a barra até onde você deseja.

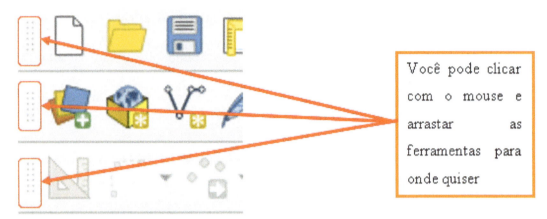

Fig. 1.14 Customização da interface do QGIS 3.30.1-1

1.8.2 Configuração do QGIS

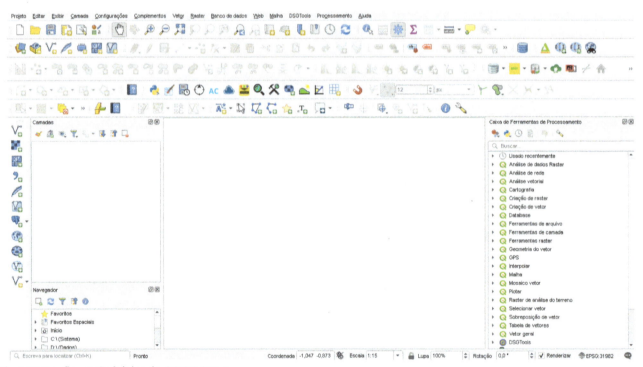

Fig. 1.15 Configuração básica do QGIS 3.30.1-1

1.8.3 Barra de menus

Nessa barra (Fig. 1.12), a maioria das funções está representada por ícones. É uma questão de preferência, usar a barra de menus ou os ícones.

Vamos ver o que cada menu contém (Figs. 1.16 a 1.19):

1 Introdução ao QGIS-OSGeo4W-3.30.1 | 17

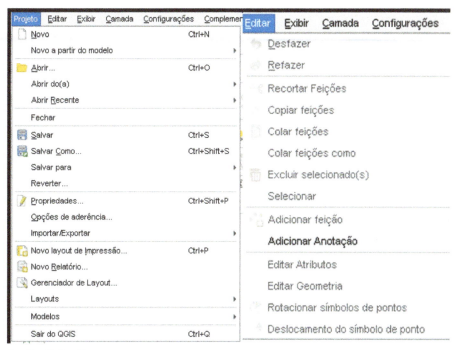

Fig. 1.16 Menus "Projeto" e "Editar"

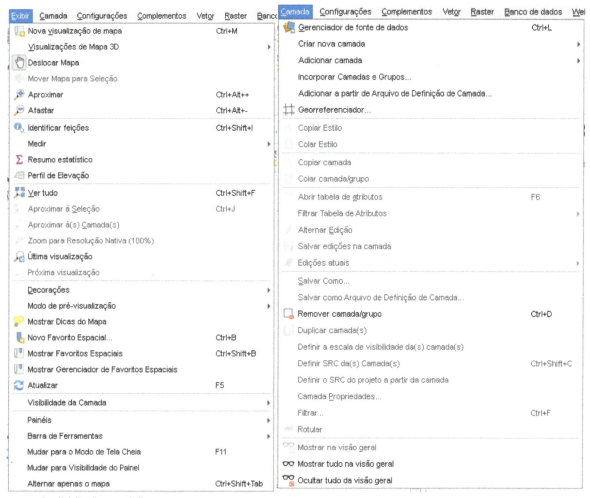

Fig. 1.17 Menus "Exibir" e "Camada"

18 | INTRODUÇÃO AO QGIS

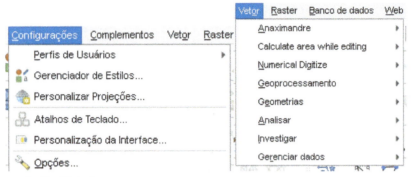

Fig. 1.18 Menus "Configurações" e "Vetor"

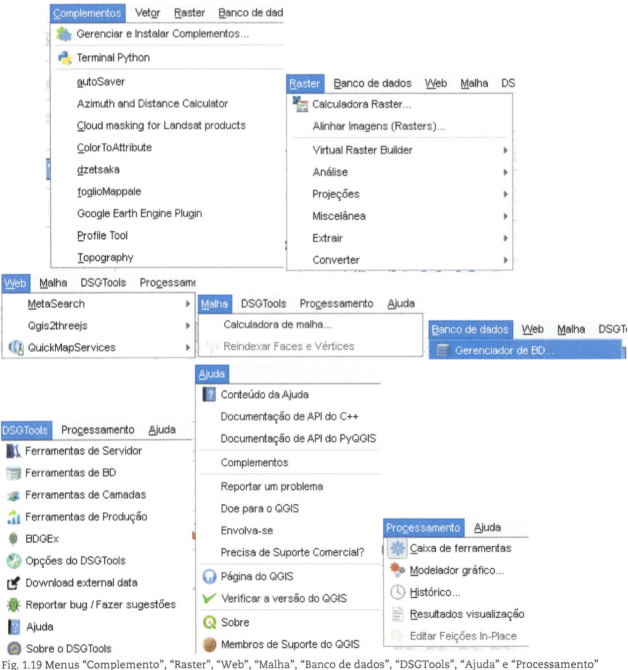

Fig. 1.19 Menus "Complemento", "Raster", "Web", "Malha", "Banco de dados", "DSGTools", "Ajuda" e "Processamento"

Já conhecemos o conteúdo de cada item do menu, agora vamos nos familiarizar com as barras de ferramentas em formato de ícones.

Para saber a função de cada uma delas, passe o mouse sobre cada ícone, e aparecerá a definição:

Fig. 1.20 Exemplo de descrição de ferramenta em formato de ícone

1.8.4 Painéis a serem exibidos

Vá em "Exibir" > "Painéis" e deixe conforme a Fig. 1.21.

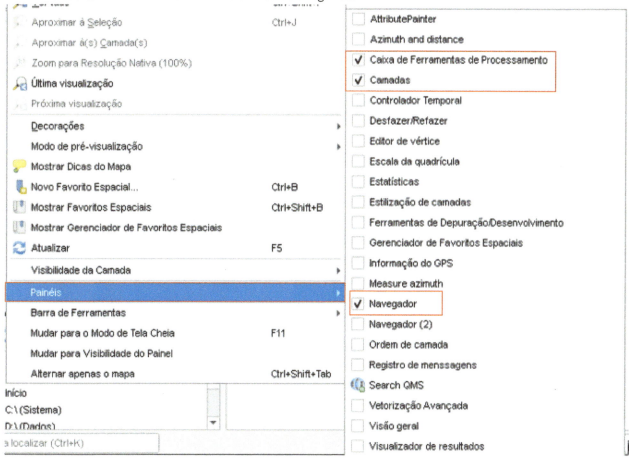

Fig. 1.21 Painéis a serem exibidos

1.8.5 Barras de ferramentas a serem ativadas

Vá em "Exibir" > "Barra de ferramentas" e deixe conforme a Fig. 1.22.

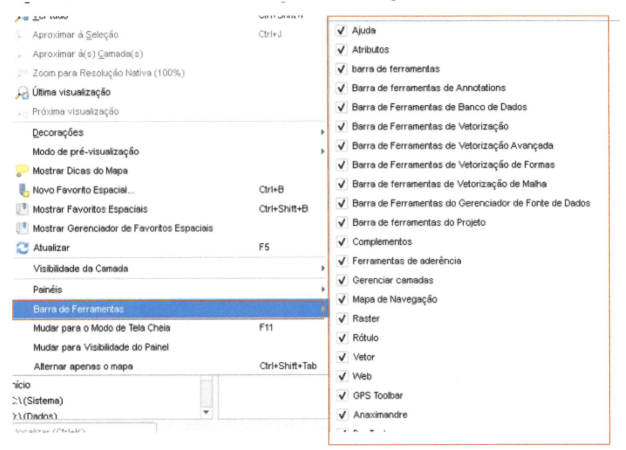

Fig. 1.22 Ferramentas a serem ativadas

1.8.6 Arquivos de exercícios

Para fazer os exercícios de cada capítulo, primeiro baixe os arquivos disponíveis na página do livro: https://www.ofitexto.com.br/introdução-ao-qgis-3-30/p>.

2 Criação de projetos no QGIS 3.30.1

2.1 Projeto

O processo de abertura do QGIS 3.30.1 é demonstrado na Fig. 2.1.

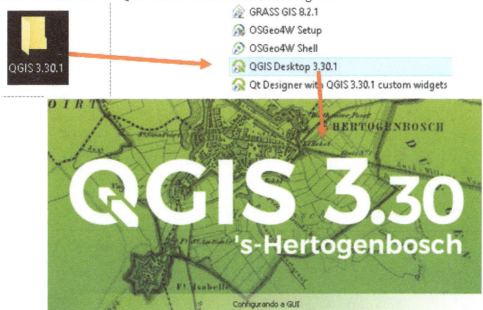

Fig. 2.1 Sequência de abertura do QGIS 3.30.1

Na ferramenta "Projeto" (Fig. 2.2), vá em "Salvar como" e salve como "Projeto1" na pasta "Projeto" do capítulo.

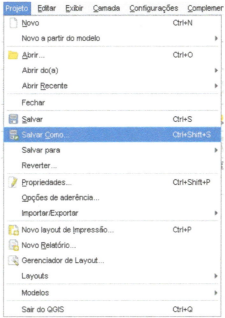

Fig. 2.2 Estrutura da ferramenta "Projeto"

Com o QGIS aberto, na barra de menu, clique em "Configurações". Na tela que se abrirá (Fig. 2.3), clique em "Opções".

22 | INTRODUÇÃO AO QGIS

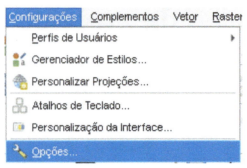

Fig. 2.3 Características do menu "Configurações"

Depois, clique em "Geral". Mantenha o **estilo**, o **tema da interface** e o **tamanho do ícone**. Mude a fonte de Qt padrão para Arial. Deixar desmarcadas essas quatro opções. Em "Abrir projeto na inicialização", deixe em "Novo". A configuração deve ficar conforme a Fig. 2.4.

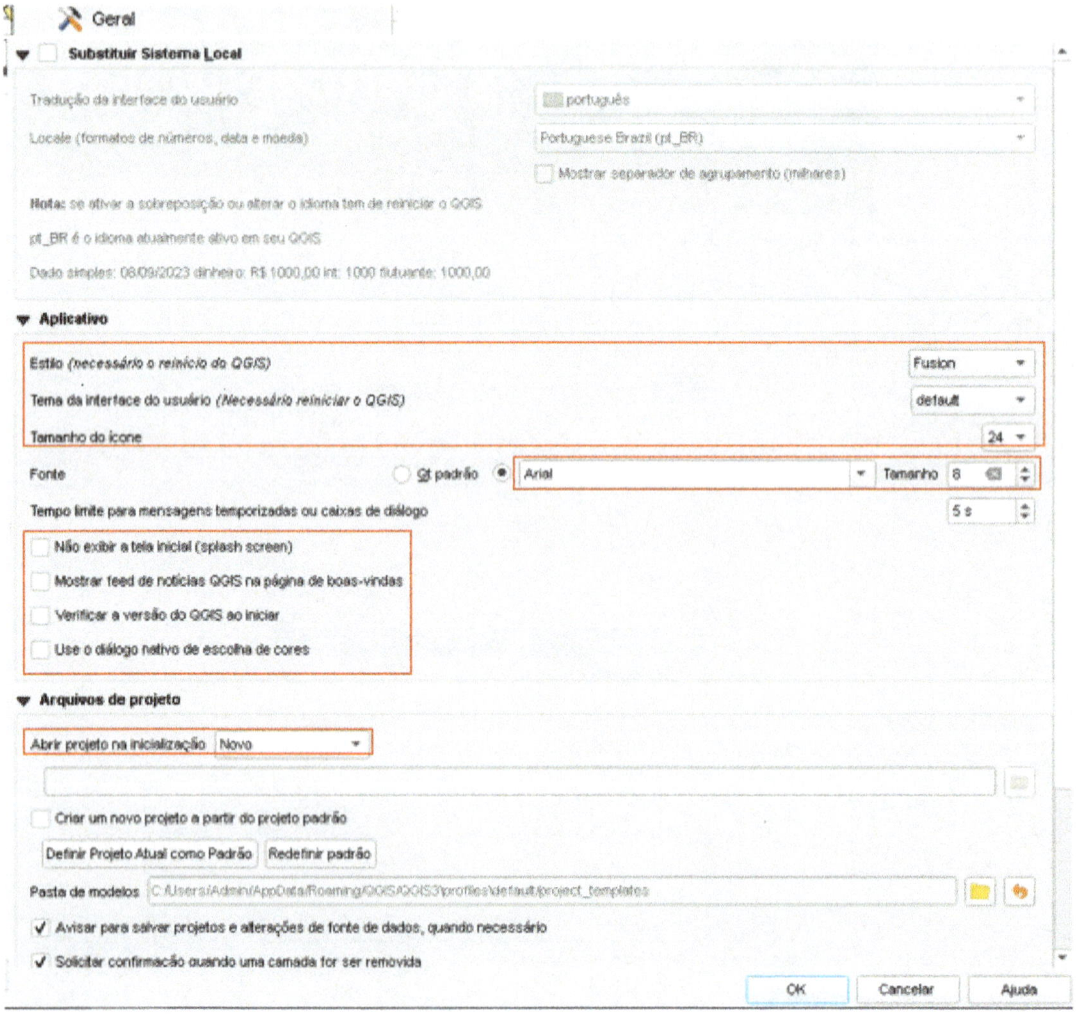

Fig. 2.4 Configuração do item "Geral"

Na aba "Sistema", deixe a configuração original. Na tela "SRC (Sistema de referência de coordenadas) e Transformações", em "Tratamento SRC", configure para o SRC Sirgas 2000, que é hoje o *datum* oficial do Brasil. Para isso, clique no ícone "Tratamento SRC".

Nos itens "Transformação de coordenadas" e "SRC definido pelo usuário", deixe a configuração original.

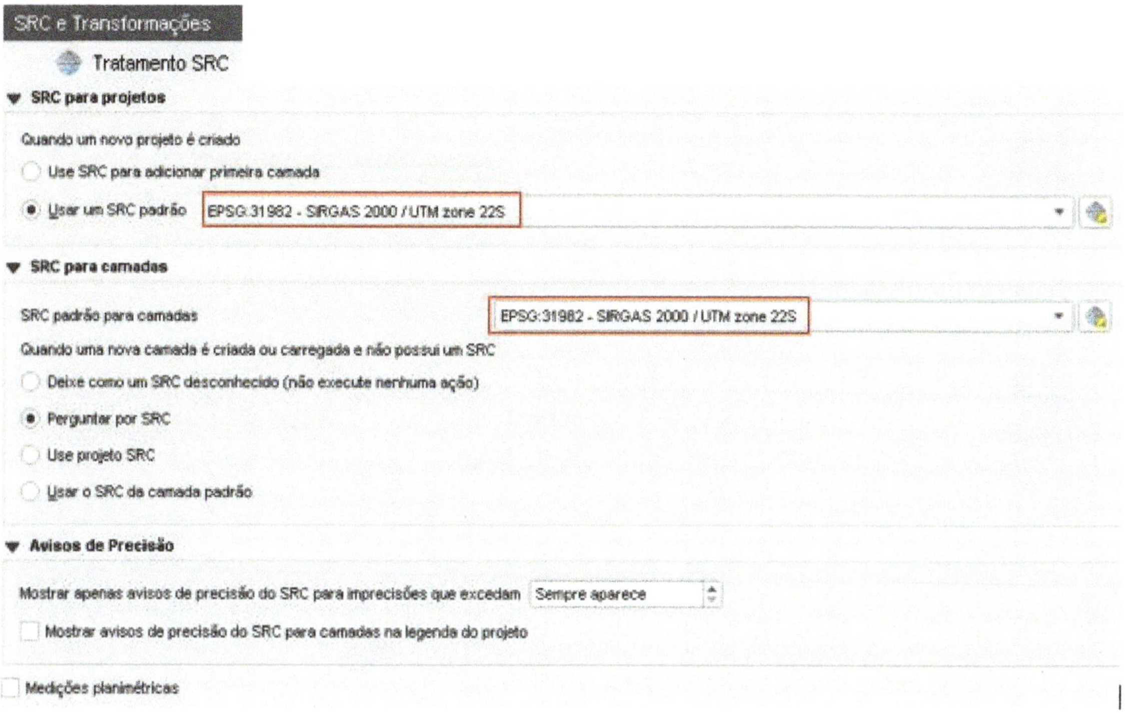

Fig. 2.5 Configuração do sistema de referência de coordenadas (SRC)

Também nas abas "Fonte de dados", "GDAL" e "Rendering", deixar a configuração original.

Em "Tela e legenda", alterar o nível de transparência da cor da seleção. Confirme a Fig. 2.6, clique dentro da caixa de cores, depois configurar para deixar essa cor com 60% de transparência, permitindo que se veja o que há embaixo do polígono selecionado (Fig. 2.7).

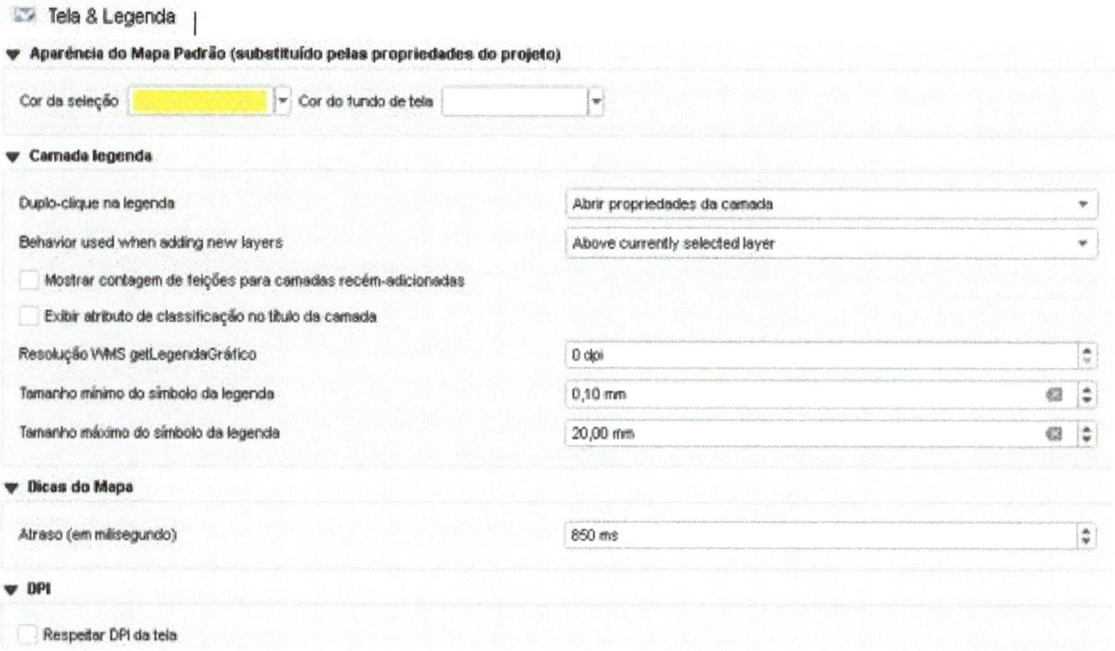

Fig. 2.6 Configuração de tela e legenda

Fig. 2.7 Configuração da opacidade da cor

Em "Ferramentas do mapa" (Fig. 2.8), altere a cor de destaque e as unidades. Clique dentro da caixa de cores da "Cor de destaque" e mude a opacidade para 60%. As unidades-base deverão ficar em: distância = m; área = hectares; e ângulo = graus.

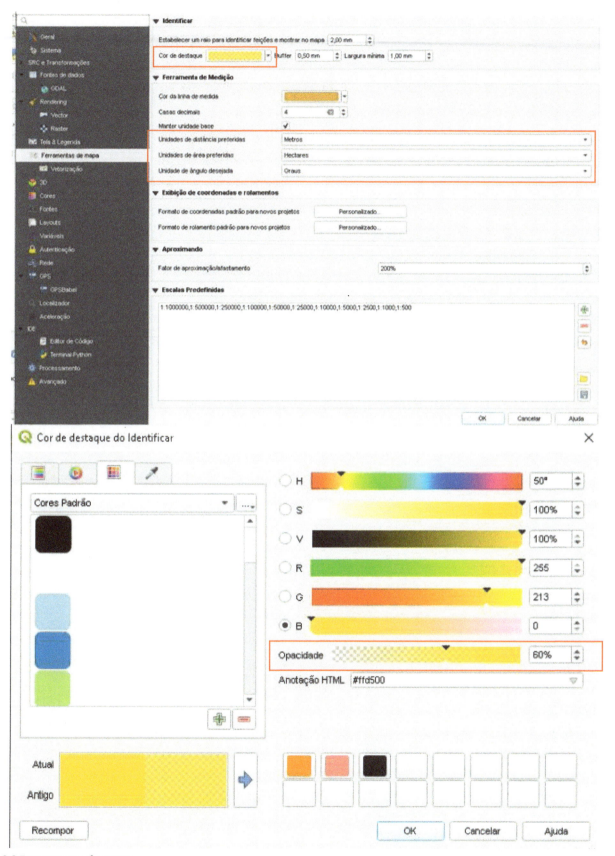

Fig. 2.8 Ferramentas do mapa

Em "Vetorização", temos várias configurações a fazer.

26 | INTRODUÇÃO AO QGIS

1) Em "Cor do preenchimento", deixar a opacidade em 20%. Isso porque, quando vamos vetorizar sobre imagens, precisamos ver os detalhes delas e, às vezes, a cor do preenchimento não nos permite vê-los.

2) Em "Modo de aderência padrão", vamos deixar marcado "Vértice e segmento" e 10,00000 como tolerância padrão. Deixar a unidade como pixels.

3) Em "Marcadores de vértice", marque a opção "Mostrar marcadores apenas para feições selecionadas". Manter o tamanho do marcador em 3 e o estilo em Cruz.

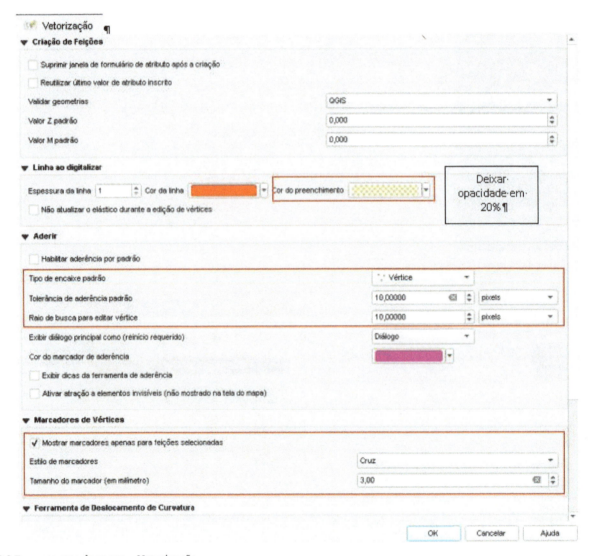

Fig. 2.9 Ferramentas de mapa – Vetorização

Os itens "3D", "Cores" e "Fontes", deixar a configuração padrão.

Em "Layouts", conforme Fig. 2.10, alterar a fonte padrão para Arial, e deixar as demais configurações como estão, pois essas mudanças deverão ser efetuadas quando da elaboração do *layout* final do mapa.

Fig. 2.10 Configuração do item "Layout"

Em "Variáveis", "Autenticação", "Rede", "GPS", "Localizador", "Aceleração", "IDE", "Processamento" e "Avançado", não será necessária nenhuma configuração.

Fig. 2.11 "Variáveis", "Autenticação", "Rede", "GPS", "Localizador", "Aceleração", "IDE","Processamento" e "Avançado"

2.2 Plug-ins e complementos

Além das diversas funções disponíveis do QGIS, há ainda a possibilidade de instalar diversos complementos que adicionam novas oportunidades de processamentos e funções. Esses complementos são adquiridos via web.

1. Para acessar os complementos do QGIS, clique em "Complementos", "Gerenciar e instalar complementos" (Fig. 2.12).

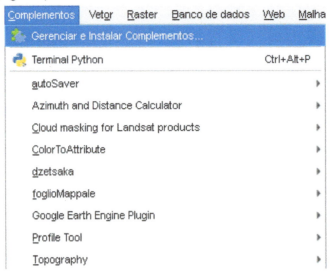

Fig. 2.12 Gerenciar e instalar complementos

Em seguida, o QGIS buscará no repositório os complementos e plug-ins disponíveis para instalação.

2. Para instalar um novo complemento, é necessário digitar o nome do plug-in na caixa de texto, selecioná-lo e, em seguida, clicar em "Instalar complemento" (Fig. 2.13).

Em alguns casos, o QGIS já apresenta alguns complementos instalados. Caso queira trabalhar com um deles, é preciso marcar para ativar.

Fig. 2.13 Instalação de plug-ins

3 Trabalho com o QGIS 3.30.1

Para iniciar os trabalhos com o QGIS, é preciso sedimentar alguns conceitos básicos:

• Nunca crie arquivos no QGIS, como shapes, DXF, KML ou outros, usando caracteres estranhos à língua inglesa, tais como acentos, cedilha, acento circunflexo ou til, caracteres de uso matemático, como asterisco, barras, sinais de adição e de subtração, sinais que indiquem expressões matemáticas (>, <, =).

• Não deixe espaços em branco entre as palavras. Como exemplo, em "Rua_asfaltada", o espaço entre as palavras foi preenchido com underline.

• É necessário baixar as pastas dos capítulos do livro pelos links listados na seção 1.8.6. Essas pastas possuem subpastas, conforme exemplo na Fig. 3.1.

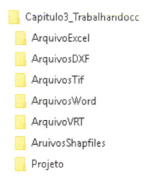

Fig. 3.1 Exemplos de subpastas existentes na pasta de cada capítulo

Nessas subpastas estão os arquivos para fazer os exercícios e também são os locais onde deve ser salvo cada tipo de arquivo que for trabalhado.

3.1 Georreferenciando uma imagem

Abra o QGIS 3.30.1, vá em "Configurações" > "Opções" > "SRC e Transformações", e deixe o SRC igual à configuração do mapa ou imagem que se quer georreferenciar, conforme Fig. 3.2. Nesse caso, vamos selecionar SAD69/UTM zone 22S. Se não fizer isso, o georreferenciador não roda.

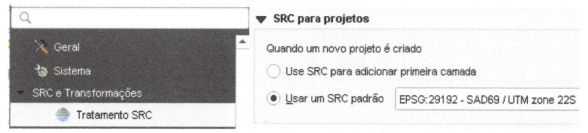

Fig. 3.2 Configurando o SRC para georreferenciar uma imagem

Em seguida, clique na ferramenta "Camada Georreferenciador".

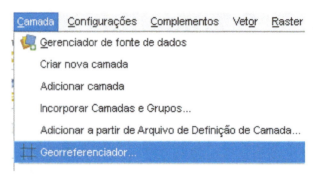

Fig. 3.3 Acionando a ferramenta de georreferenciamento

Essa ferramenta permite georreferenciar dados rasters e vetoriais. Você pode georreferenciar um dado raster ou vetorial a partir de uma camada já georreferenciada, clicando sobre pontos conhecidos nessa camada e transferindo para a camada a ser georreferenciada as coordenadas para os pontos que coincidem. Nesse caso, pretende-se georreferenciar uma imagem, que está no formato de linhas e colunas. Como a imagem raster a ser georreferenciada é de uma carta geográfica, são conhecidas as coordenadas UTM, de no mínimo quatro pontos conhecidos.

Conforme a Fig. 3.4, acione a ferramenta "Abrir raster" e abra o arquivo "MosaicoCartas_Aula.tif" da pasta "C: _1Curso_Geomatica2023/ Capitulo3_TrabalhandocomQGIS3_30/ArquivosTif". Configure o SRC para SAD69/UTM zone 22S (Figs. 3.4 e 3.5), que é o que a carta foi confeccionada. Em "Tipo de transformação", coloque "Linear". Em "Modo de Reamostragem", coloque "Vizinho mais próximo".

Fig. 3.4 Como abrir um arquivo raster para ser georreferenciado

Conforme Fig. 3.5, em "Arquivo de saída" cite a pasta de destino e o nome do arquivo: "_1Curso_Geomatica2023/Capitulo3_TrabalhandocomQGIS3_30/ArquivosTif/Carta_Aula_Georreferenciada.tif".

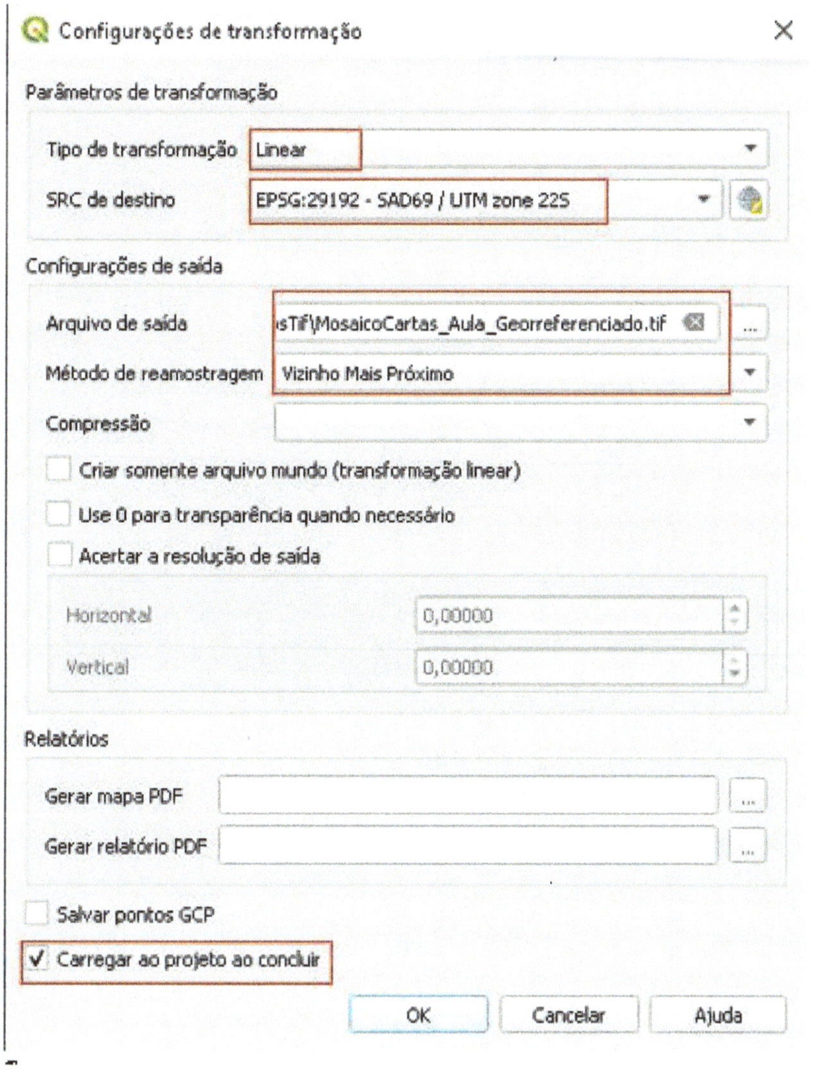

Fig. 3.5 Configurando o SRC para georreferenciar a carta

Acione a ferramenta "Adicionar pontos de controle ▨ ▨ ▨ " (Fig. 3.6), escolha quatro pontos de controle conhecidos na carta e os adicione.

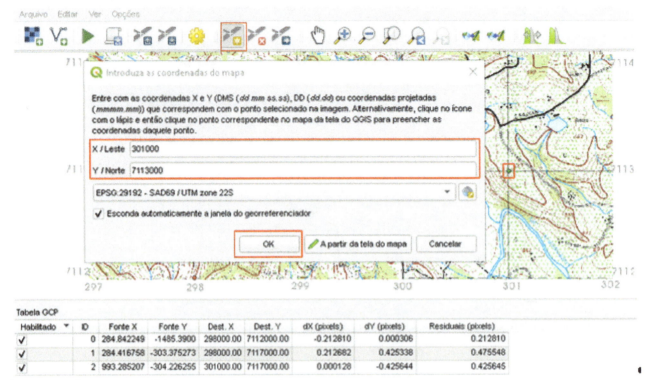

Fig. 3.6 Procedimento para adicionar pontos de controle

Vá em "Iniciar georreferenciador" (Fig. 3.7).

Fig. 3.7 Acionar o georreferenciamento da imagem

Pronto, sua imagem está carregada na janela principal do QGIS 3.30.1 (Fig. 3.8).

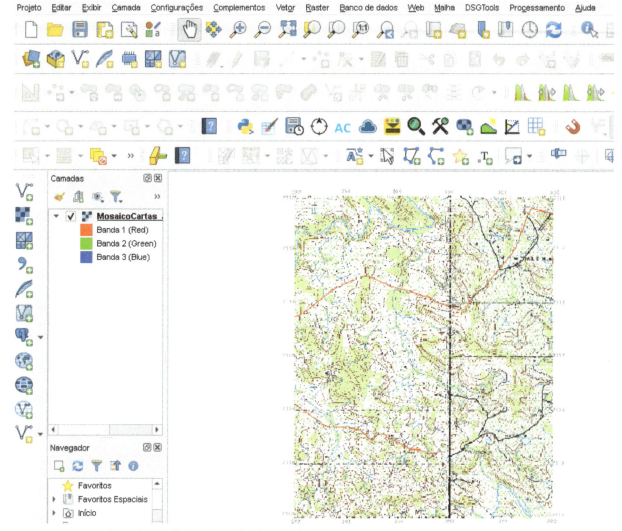

Fig. 3.8 Imagem georreferenciada adicionada na janela principal do QGIS

Volte em "Configurações" > "Opções" > "SRC e Transformações" > "Tratamento SRC" e volte a configurar o SRC para Sirgas 2000/UTM 22S.

Sua imagem está georreferenciada em SAD69/UTM 22S; deve-se reprojetar o SRC para Sirgas 2000/UTM 22S. Veja na sequência como fazer esse procedimento.

3.2 Reprojetando SRC de imagens

Converta o SRC da camada da carta de acordo com o SRC do projeto (Figs. 3.9 e 3.10).

Fig. 3.9 Acionando a ferramenta "Reprojetar coordenadas"

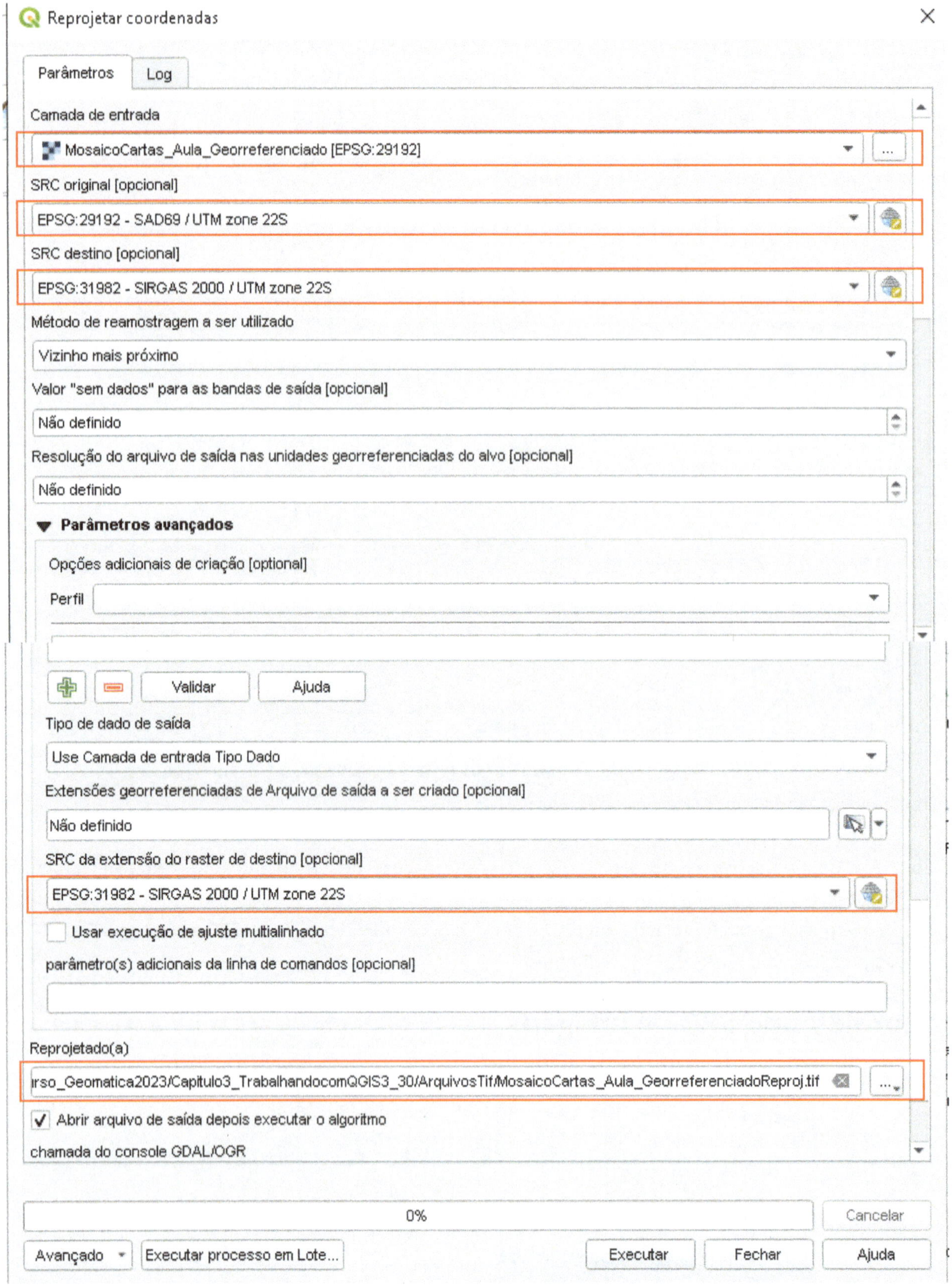

34 | INTRODUÇÃO AO QGIS

Fig. 3.10 Procedimentos para reprojetar o SRC de uma imagem

3.3 Criando arquivos shapefile de curvas de nível

Para digitar as curvas de nível, crie uma camada shapefile (Fig. 3.11).

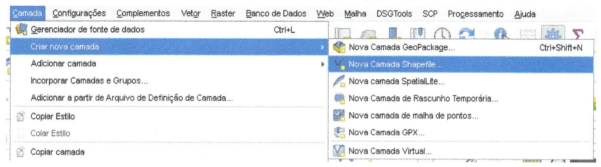

Fig. 3.11 Criando uma camada shapefile

Salve o arquivo como "CurvasNivel", com a configuração da Fig. 3.12.

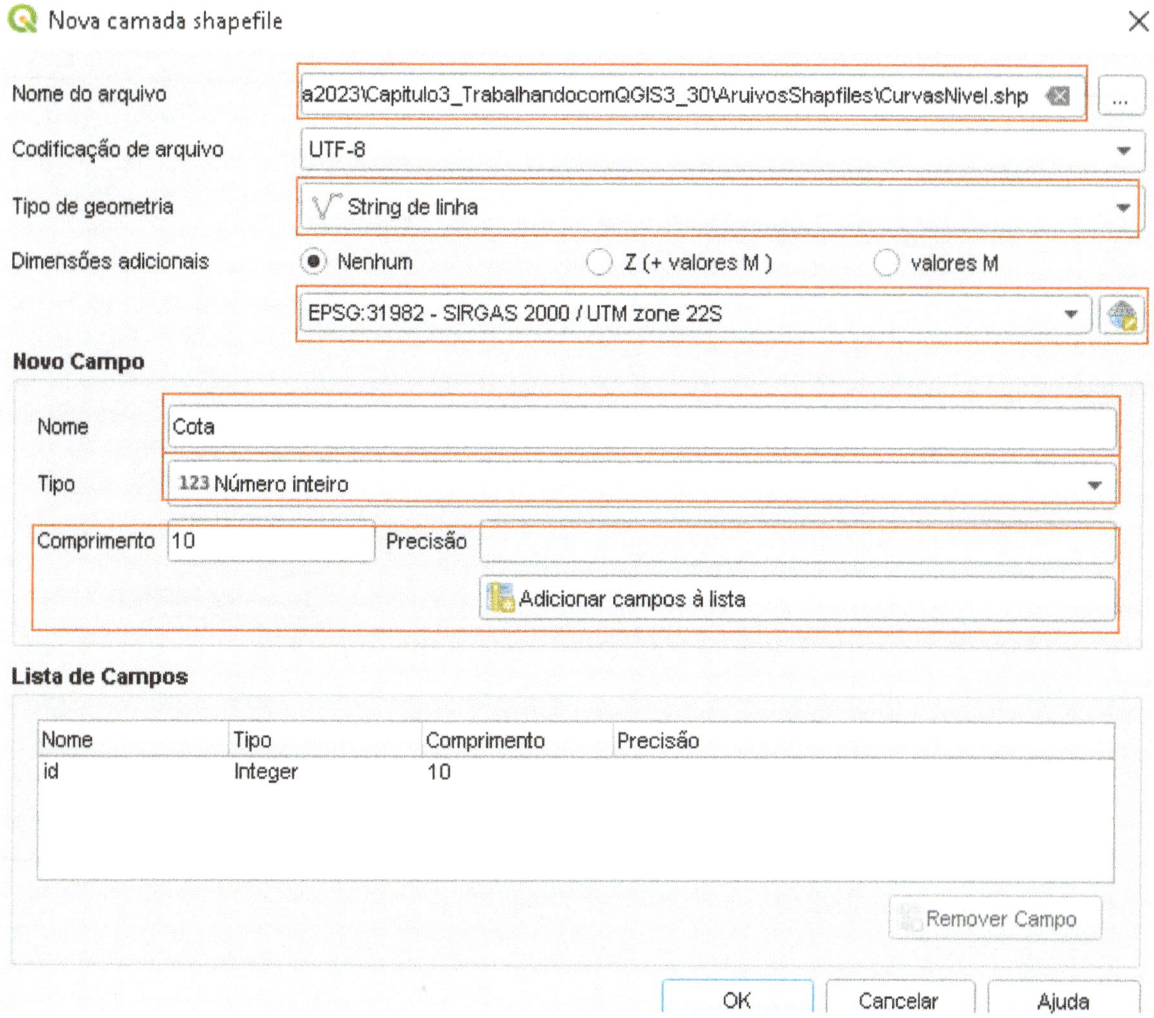

Fig. 3.12 Configuração a ser adotada para a criação do arquivo das curvas de nível

Veja que ele inseriu a camada "CurvasNivel" no projeto. Coloque a camada "CurvasNivel" em edição e, usando a ferramenta "Adicionar linha", vá digitando as curvas de nível (Fig. 3.13).

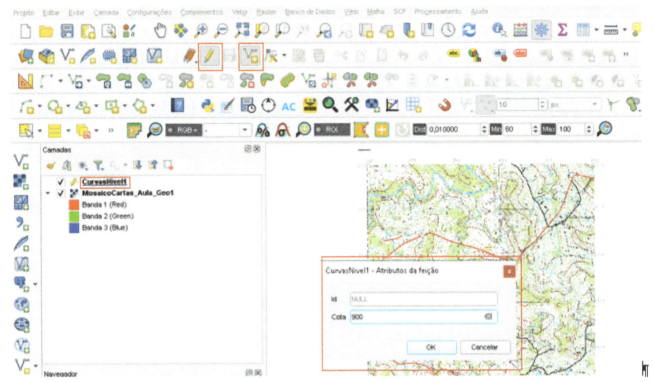

Fig. 3.13 Procedimento para digitar as curvas de nível

Terminada a curva, clique com o botão direito do mouse, e aparecerá a janela da Fig. 3.14. Digite a cota e clique em "OK". Terminada a digitalização, clique na ferramenta "Alternar edição" e salve as linhas digitalizadas.

Fig. 3.14 Procedimentos para a conclusão da digitação de curvas de nível

3.4 Adicionando arquivos DXF ou DWG

Para adicionar um arquivo em formato DXF ou DWG de forma correta, acione a ferramenta "Projeto" > "Importar" > "Exportar" > "Importar camada de DWG/DXF" (Fig. 3.15).

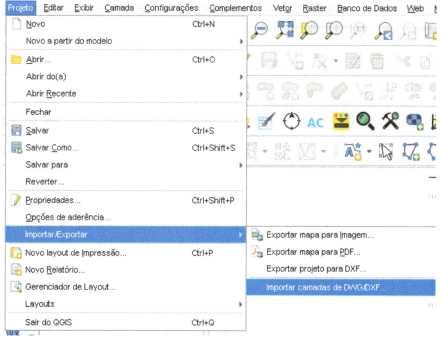

Fig. 3.15 Adicionando um arquivo DXF ou DWG

Em "Pacote alvo", e crie o arquivo "CurvasNivel.GPKG". Não esqueça que existem duas opções, "gpkg" e "GPKG"; utilize a segunda. Em "SRC", deixe a SRC do projeto (Sirgas 2000/UTM Zone 22S). Em "Desenho fonte", vá em "Importar" e carregue o arquivo "CurvasNivelL3D.dwg". Em "Nome do grupo", digite "CurvasNivel". Clique em "OK", e a sua camada será carregada (Fig. 3.16).

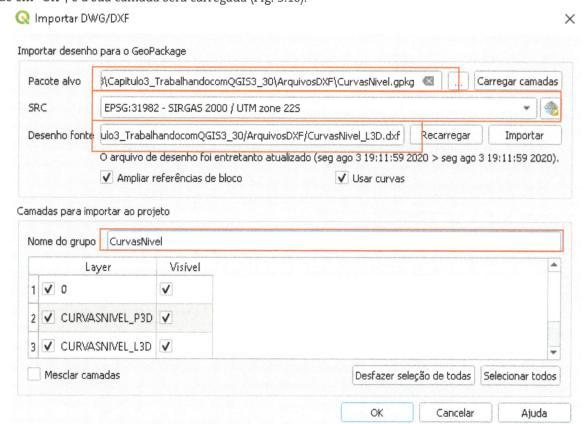

Fig. 3.16 Processo de importação de arquivo DXF ou DWG

Veja na Fig. 3.17 que ele importou duas camadas, uma de polyline e outra de pontos. A que nos interessa é a de polyline, onde estão as curvas de nível.

Fig. 3.17 Arquivos DXF importados

Para salvar a camada como shapefile, selecione a camada polyline e clique com o botão direito do mouse "Exportar" > "Guardar elementos como" (Fig. 3.18). Aparecerá a janela "Salvar camada vetorial como". Dê um nome para o arquivo shapefile "CurvasNivel2". Configure o SRC de saída para ser o mesmo do projeto e clique em "OK".

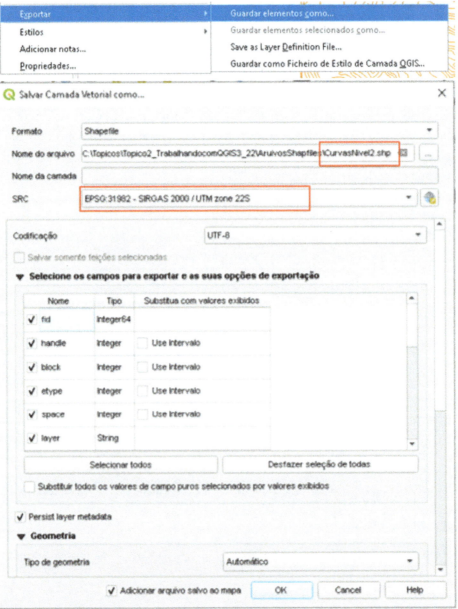

Fig. 3.18 Como salvar o arquivo DXF importado para o formato shapefile

Pronto, agora é possível remover o grupo "CurvasNivel", pois o shapefile já está adicionado.

Observação: este é o método mais correto para inserir arquivos DWG ou DXF, mas ele não insere na tabela de atributos o campo "Cota", portanto, as curvas de nível ficam sem altitude. Para acertar isso, deve-se adicionar o campo "Cota" na tabela de atributos e cotar uma por uma cada curva de nível. Os arquivos shapefile gerados pelo Spring vêm com o campo "Cota".

3.5 Criando arquivos shapefile de hidrografia e rodovias

Para digitar os rios, crie uma nova camada shapefile, com a configuração da Fig. 3.19.

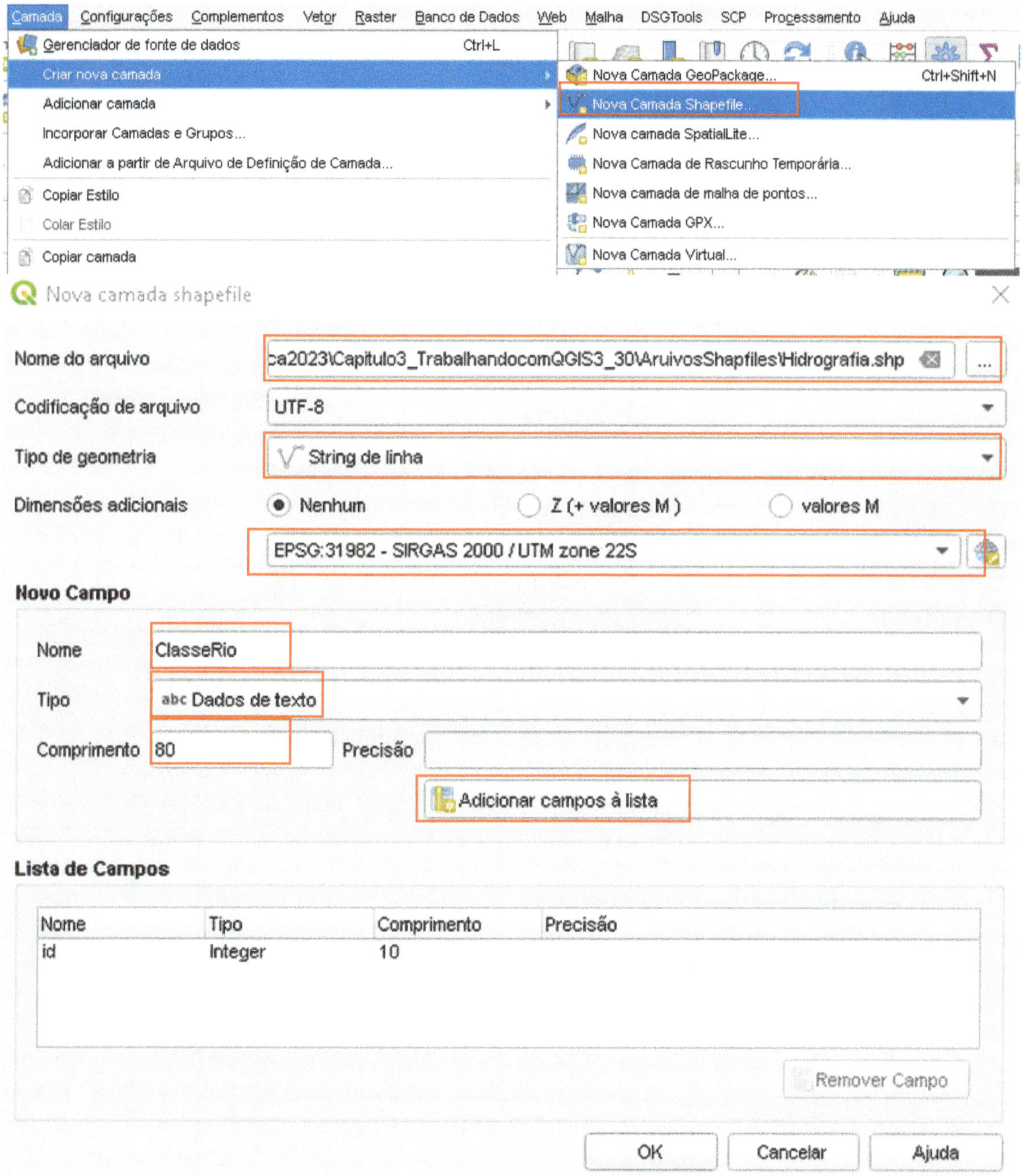

Fig. 3.19 Criando uma camada para digitar os rios

40 | INTRODUÇÃO AO QGIS

Dê dois cliques com o mouse sobre a linha e deixe a cor azul (Fig. 3.20).

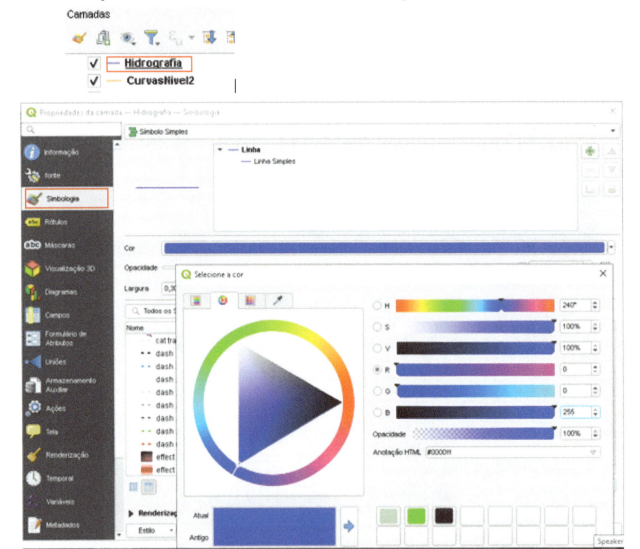

Fig. 3.20 Configurando a cor da linha da camada "Hidrografia"

Antes de iniciar a digitalização, configure a aderência, conforme Fig. 3.21.

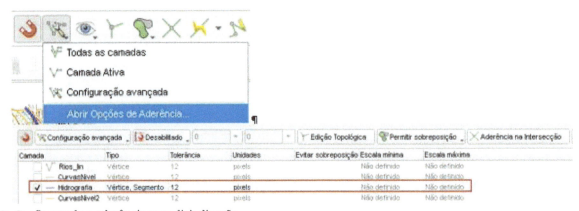

Fig. 3.21 Configurando a aderência para digitalização

Habilite a camada em "Alternar edição" e vá em "Adicionar linha" (Fig. 3.22). Comece a digitar as linhas dos rios.

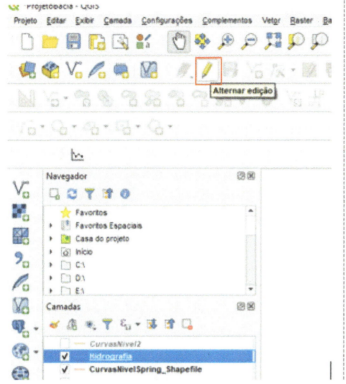

Fig. 3.22 Digitalizando os rios

Ao terminar de digitar, clique com o botão direito do mouse e insira a classe de rio, 1ª ordem, 2ª ordem etc., e clique em "OK", e estará digitada a linha (Fig. 3.23). Ao terminar a digitalização, desabilite "Alternar edição" e salve as linhas digitalizadas.

Fig. 3.23 Conclusão da digitalização de uma linha de rio

Observação: para digitar as estradas e a rede de energia elétrica, o procedimento é o mesmo.

3.6 Classificando a hidrografia

Clique sobre o nome da camada e vá em "Propriedades" > "Simbologia" e deixe configurado conforme Fig. 3.24. Deixe categorizado; em "Valor", coloque o nome do campo a ser classificado. Acione o botão "Classificar", e as classes serão criadas.

42 | INTRODUÇÃO AO QGIS

Fig. 3.24 Classificando a hidrografia

Depois clique duas vezes sobre a linha de cada classe e configure a cor da linha e a sua espessura.

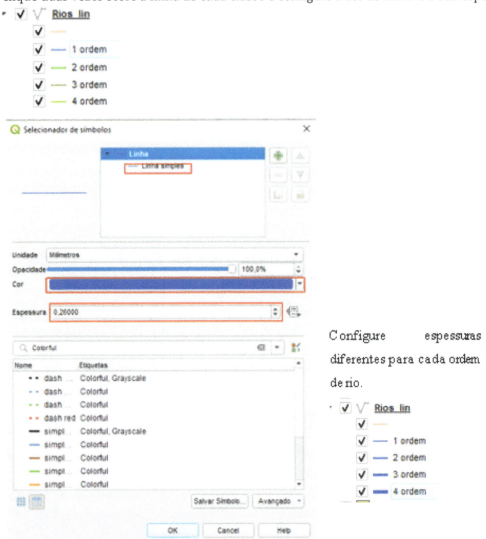

Fig. 3.25 Configurando a cor e a espessura de cada classe de rio

Aplique o mesmo procedimento para as estradas e a rede de energia elétrica.

3.7 Calculando o comprimento dos rios

Para saber o comprimento de cada rio, clique sobre o nome da camada e vá em "Tabela de atributos". Insira um novo campo com o nome de comprimento, com as configurações da Fig. 3.26.

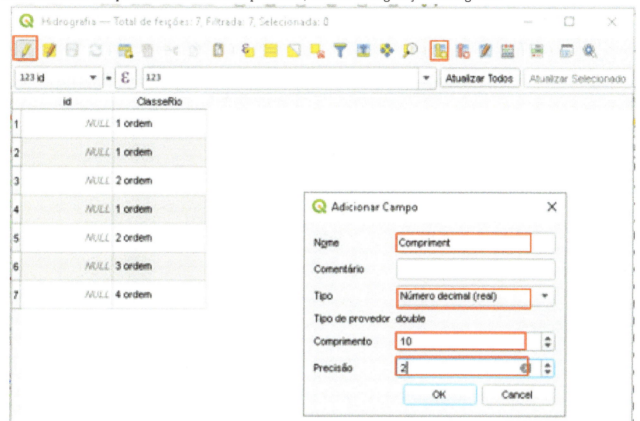

Fig. 3.26 Calculando o comprimento dos rios

Acione a ferramenta "Calculadora" e proceda da forma mostrada na Fig. 3.27.

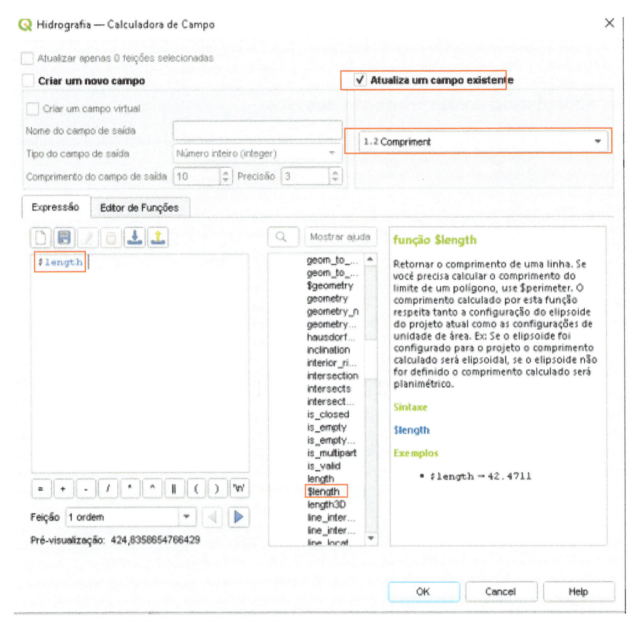

Fig. 3.27 Acionando a calculadora o comprimento dos rios

Pronto, está calculado o comprimento de cada linha em metros (Fig. 3.28).

	id	ClasseRio	Compriment
1	NULL	1 ordem	424,84
2	NULL	1 ordem	424,08
3	NULL	2 ordem	437,89

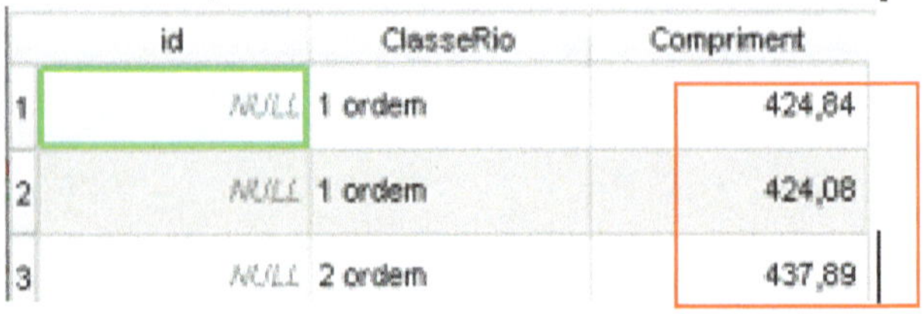

Fig. 3.28 Comprimentos dos rios calculados

3.8 Digitalizando o perímetro da bacia

Para digitalizar o perímetro, adicione uma camada shapefile, com as configurações da Fig. 3.29.

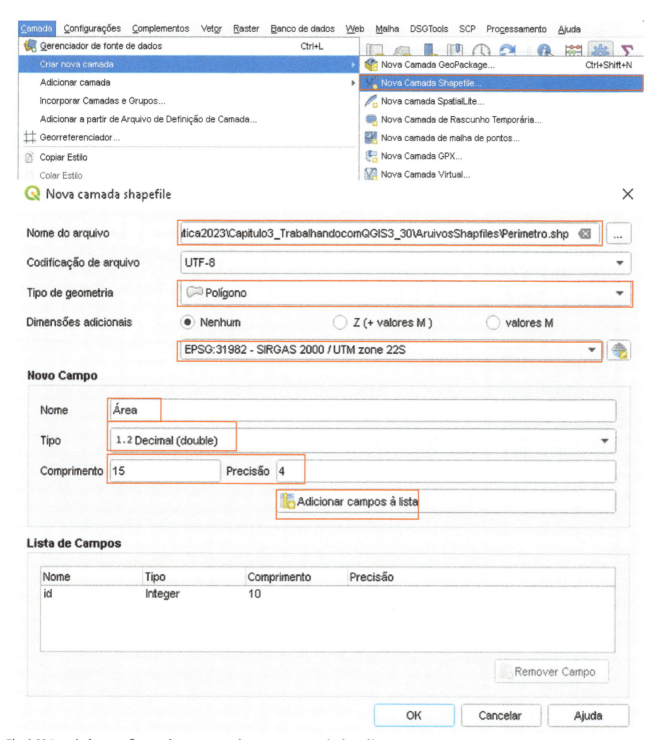

Fig. 3.29 Inserindo e configurando uma camada com a geometria de polígono

Selecione a camada e vá em "Propriedades" > "Simbologia", e configure o prenchimento do polígono do perímetro conforme a Fig. 3.30.

46 | INTRODUÇÃO AO QGIS

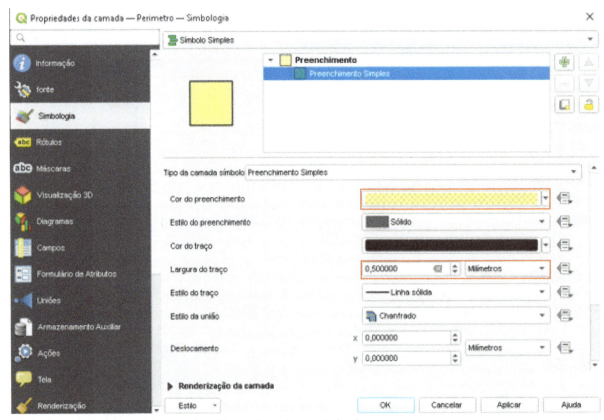

Fig. 3.30 Configurando o preenchimento do polígono do perímetro da bacia

Depois, coloque a camada em modo de edição (Fig. 3.31), acione a ferramenta "Adicionar polígono" e proceda à digitalização do polígono do perímetro da bacia.

Fig. 3.31 Digitalizando o perímetro da bacia

3.9 Calculando a área da bacia

Clique com o botão direito do mouse sobre a camada e vá em "Abrir tabela de atributos" (Fig. 3.32).

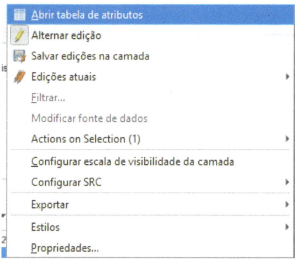

Fig. 3.32 Abrindo a tabela de atributos da camada "Perímetro"

Na tabela de atributos, proceda da seguinte forma (Fig. 3.33):

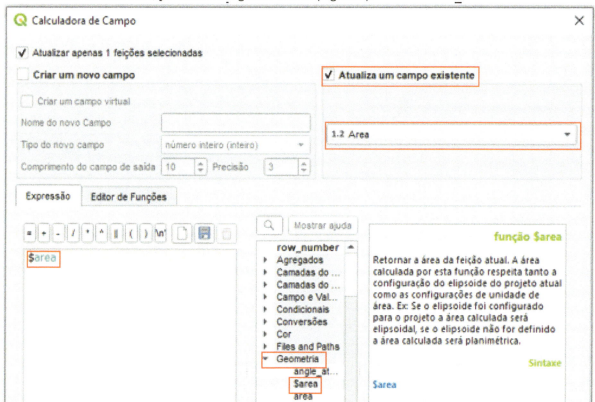

Fig. 3.33 Calculando a área do polígono

Depois clique em "OK" e pronto! Está calculada a área em hectares do perímetro da bacia.

3.10 Recortando uma camada usando outra camada como máscara

Vamos usar a camada "Perímetro" para recortar a camada "Hidrografia" e ficar só com os rios dentro da bacia.

Selecione a camada "Hidrografia" e vá até a barra de menu > "Vetor" > "Ferramentas de Geoprocessamento" > "Recortar". Na tela que se abrirá, faça a seguinte configuração:
- Entrar com a camada vetorial: "Hidrografia";
- Usar apenas feições selecionadas: deixar em branco;
- Cortar pela camada: perímetro;
- Usar apenas feições selecionadas: deixar em branco;
- Shapefile de saída: clique em "Buscar", aponte para a pasta onde será colocada a nova camada e salve como "Hidrografia_rec" (vide Fig. 3.34).

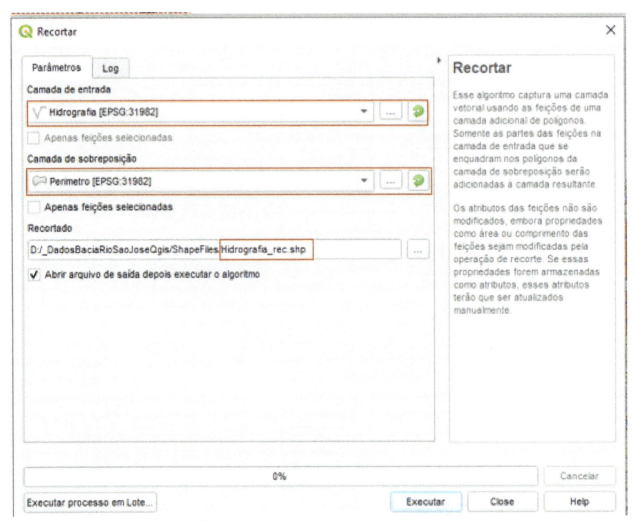

Fig. 3.34 Recortando uma camada vetorial

Clique em executar e pronto! Você terá a camada recortada.

Clique sobre o nome da camada, vá em "Propriedades" > "Simbologia" e deixe configurado conforme a Fig. 3.35. Deixe categorizado; em "Valor", coloque o nome do campo a ser classificado. Acione o botão "Classificar", e as classes serão criadas.

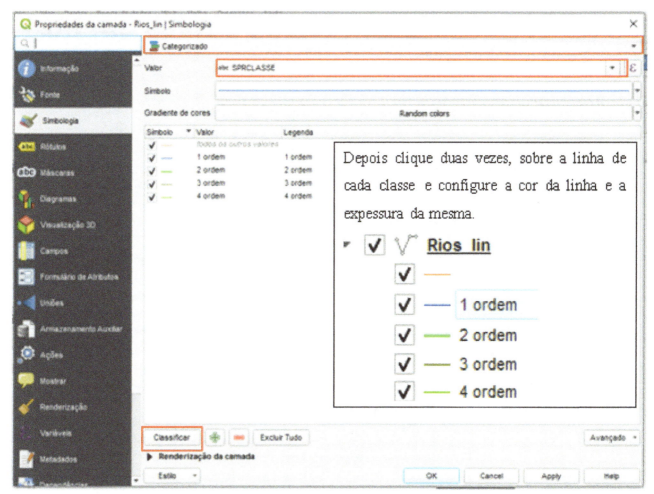

Fig. 3.35 Classificando a hidrografia

4 Conversão de shapefile de curvas em MDE usando GRASS

4.1 Pré-processamento

Ative o QGIS 3.30.1.1 e vá em "Projeto" > "Salvar como" e salve o "Projeto4" na pasta "Projeto". Insira a camada shapefile "CurvasNivel_l3d" das curvas de nível no QGIS. Defina a projeção do arquivo "Sirgas 2000 / UTM zone 22S" e anote.

Abra as propriedades do shapefile e vá até a guia "Metadados". Agora, siga até "Propriedades" e, em "Extensão", anote as coordenadas direita (xMax), esquerda (xMin), inferior (yMin) e superior (yMax) da sua camada (Fig. 4.1). Elas servirão para definir os limites do mapset no GRASS.

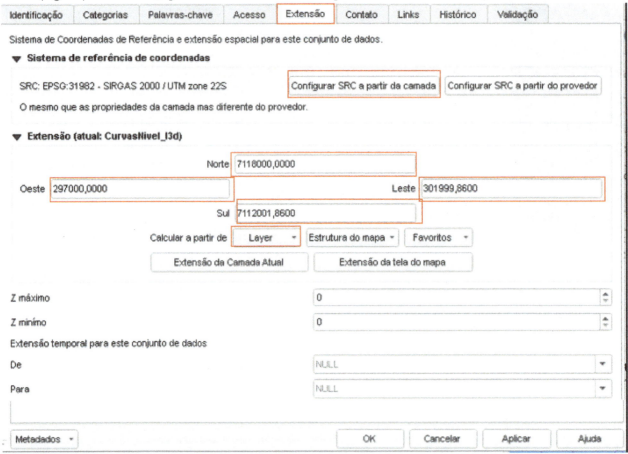

Fig. 4.1 Consultando metadados de uma camada shapefile

4.2 Habilite o GRASS

Habilite a extensão GRASS8 no QGIS, clicando no menu "Complementos" e, na sequência, em "Gerenciar e instalar complementos". No campo de busca, digite "GRASS". Marque a extensão, aplique e feche o gerenciador.

4.3 Usando o GRASS

4 Conversão de shapefile de curvas em MDE usando GRASS | 51

O primeiro passo é criar um mapset. Para isso, clique no menu "Complementos" > "GRASS" > "Novo mapset" (Fig. 4.2).

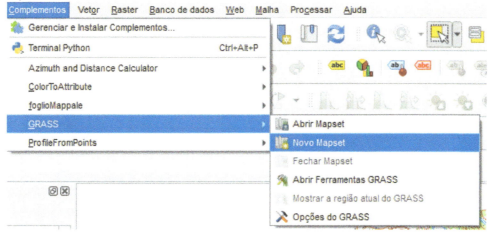

Fig. 4.2 Criando o mapset

Defina um local para guardar seu mapset, como "C:/Capitulo4_ConvertendoShapefiledeCurvasemMDEnoQGIS3_30/ArquivosGrass", e clique em "Avançar".

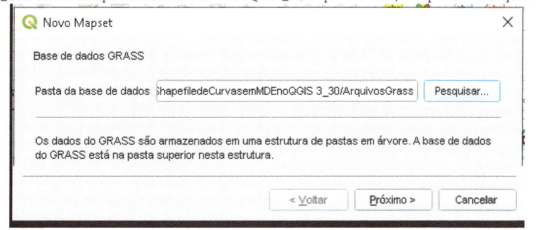

Fig. 4.3 Definindo a pasta para o arquivo GRASS

Crie uma nova localização e clique em "Próximo".

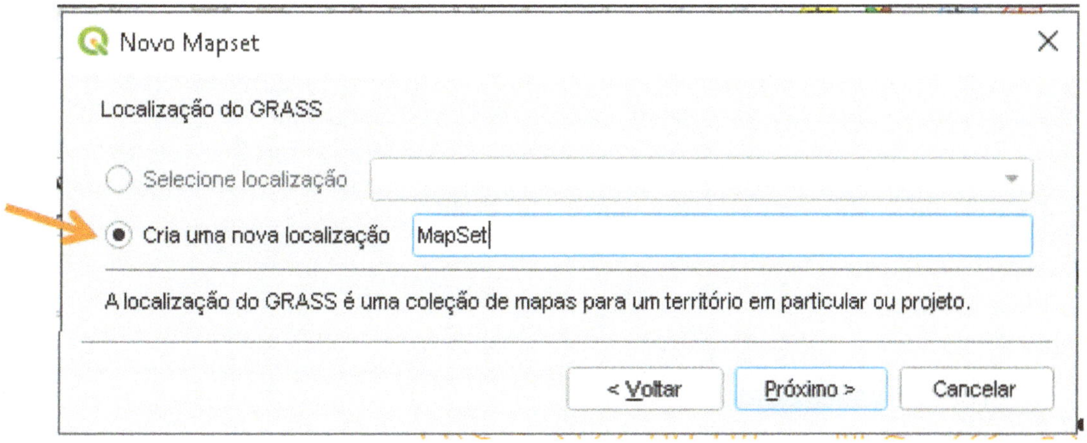

Fig. 4.4 Criando uma nova localização para o arquivo mapset

Defina a projeção do seu mapset (Fig. 4.5), conforme mencionado na seção 4.1, e clique em "Próximo".

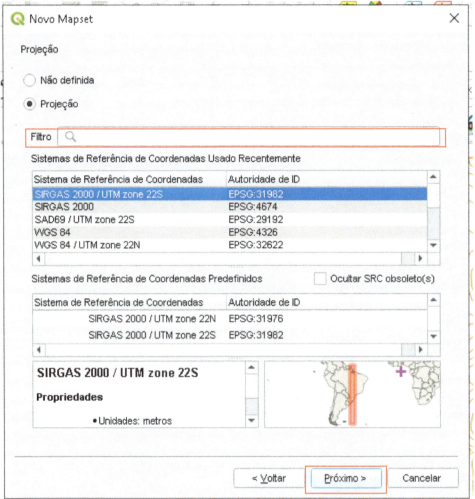

Fig. 4.5 Definindo SRC para o mapset

Defina a extensão do seu mapset (Fig. 4.6), determinando os limites máximos e mínimos do projeto. Digite as coordenadas esquerda (xMax), direita (xMin), inferior (yMin) e superior (yMax), conforme mencionado na seção 4.1, e clique em "Próximo". Isso vai poupar tempo no processamento.

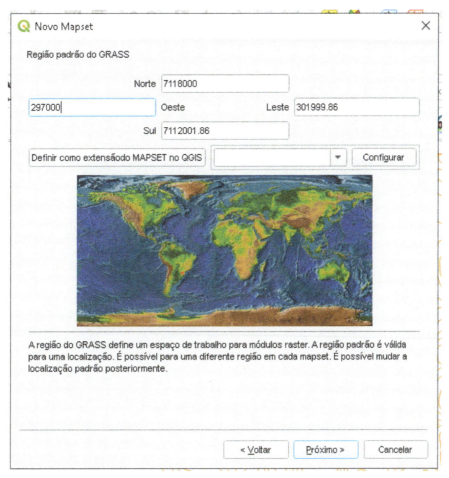

Fig. 4.6 Definindo a extensão do mapset

Defina o nome do seu mapset e clique em "Próximo" e, depois, em "Concluir".

54 | INTRODUÇÃO AO QGIS

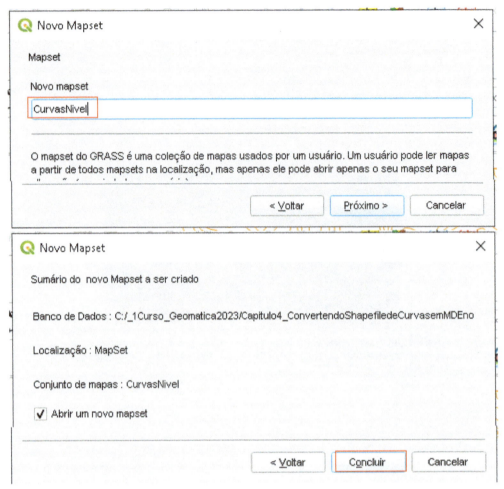

Fig. 4.7 Finalizando a criação do mapset

Depois de criado o mapset, ative-o, clicando no menu "Complementos" > "GRASS" > "Abrir mapset" (Figs. 4.8 e 4.9).

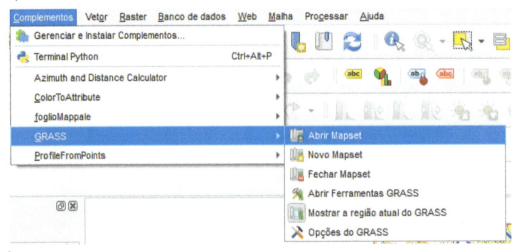

Fig. 4.8 Abrindo o mapset

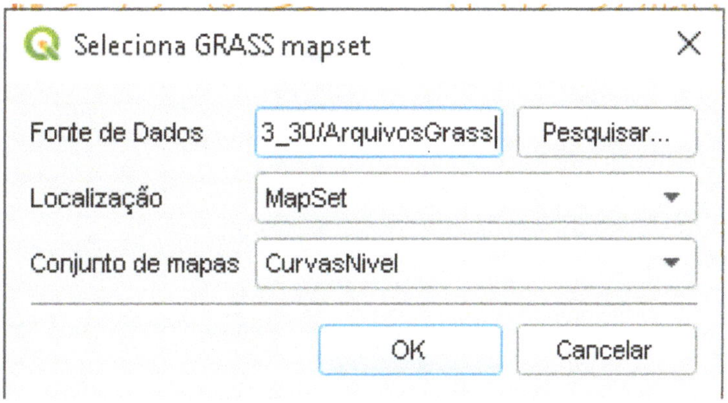

Fig. 4.9 Selecionando o mapset

4.4 Conversão SHP em MDE

Clique no menu "Complementos" > "GRASS" > "Abrir ferramentas GRASS" (Fig. 4.10).

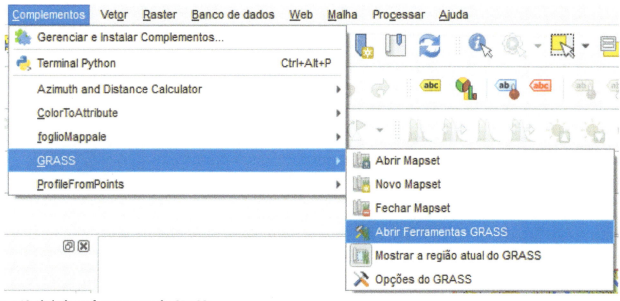

Fig. 4.10 Abrindo as ferramentas do GRASS

Ao abrir a janela de diálogo, clique na guia "Lista de módulos". No campo "Filtros" (Fig. 4.11), digite o seguinte comando: "v.in.ogr.qgis".

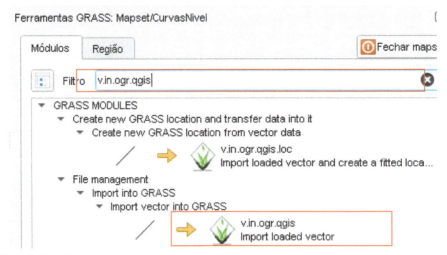

Fig. 4.11 Abrindo o filtro do GRASS

Selecione o ícone correspondente da Fig. 4.11. Em "Loaded layer", selecione a camada que deseja converter. Na Fig. 4.12, em "Nome do mapa vetor de saída", coloque "CurvasGrass" e clique em "Executar". Quando aparecer a mensagem "Concluído com sucesso", clique em "Ver saída".

Fig. 4.12 Gerando o vetor de saída no GRASS

Ainda na mesma janela, clique na guia "Lista de módulos" novamente e, no campo "Filtros", digite o seguinte comando: "v.to.rast.attr". Selecione o ícone correspondente ao comando "Convert vector to raster within GRASS" (Fig. 4.13).

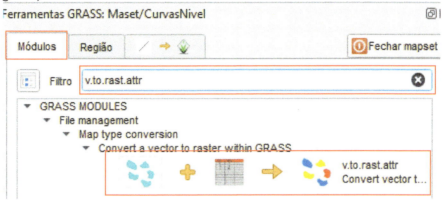

Fig. 4.13 Executando o filtro "v.to.rast.attr"

Em "Nome do mapa vetor de entrada", selecione a camada que foi importada para o GRASS. Em "Attribute field", selecione o campo que contém a cota das curvas de nível. Clique em "Executar", aguarde o processamento e depois em "Ver saída" (Fig. 4.14).

Fig. 4.14 Gerando o MDE no GRASS

Esse MDE ainda não contém a imagem em tons de cinza. Para obtê-la, acesse novamente o menu "Processar". Dessa vez, procure pelo filtro "r.surf.contour" na caixa de ferramentas (Fig. 4.15).

Fig. 4.15 Executando o filtro "r.surf.contour"

Selecione o MDE que contém os contornos (Fig. 4.16); para este caso, é o "MDE_GRASS". Dê um nome ao mapa raster de saída; para este caso, é "MDE_Final". Clique em "Executar" e depois em "Ver saída". Em "Região" você pode definir o tamanho dos pixels.

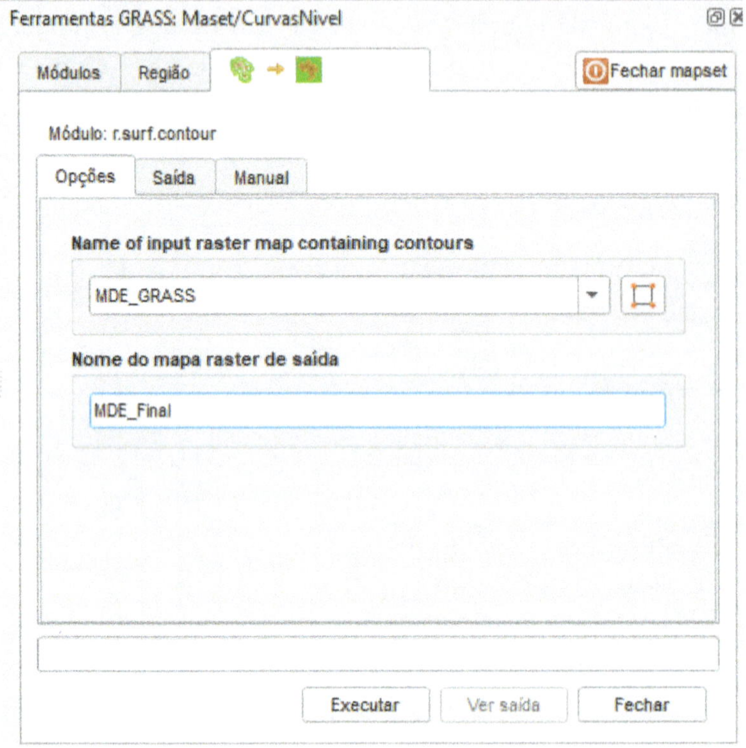

Fig. 4.16 Gerando o MDE final

A Fig. 4.17 mostra como definir o tamanho dos pixels, em "Região".

FIg. 4.17 Definindo o tamanho do pixel do MDE final

Pronto! Seu MDE em tons de cinza será adicionado na lista de camadas (Fig. 4.18).

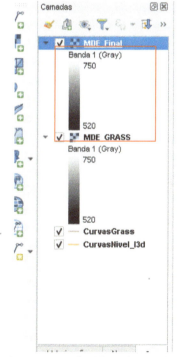

Fig. 4.18 MDE final inserido na lista de camadas

4.5 Classificando o MDE

Agora vamos clicar com o botão direito do mouse sobre o nome da camada "MDE_Final" e, depois, em "Propriedades" > "Simbologia", e vamos configurar uma escala de cores para o "MDE_Final". Vai abrir a seguinte janela, que deve ser configurada conforme a Fig. 4.19.

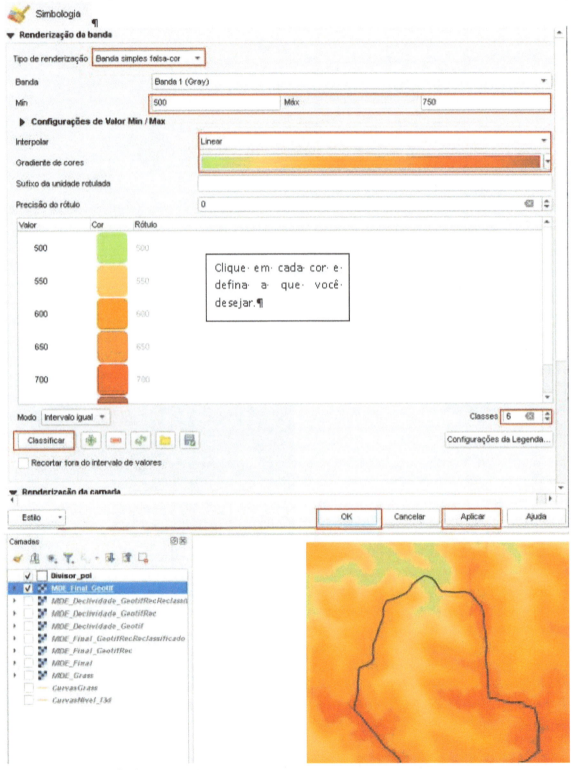

Fig. 4.19 Classificando o MDE final

4.6 Recortando o MDE

Para recortar o "MDE_Final", primeiro converta para geotif, procedendo conforme a Fig. 4.20.

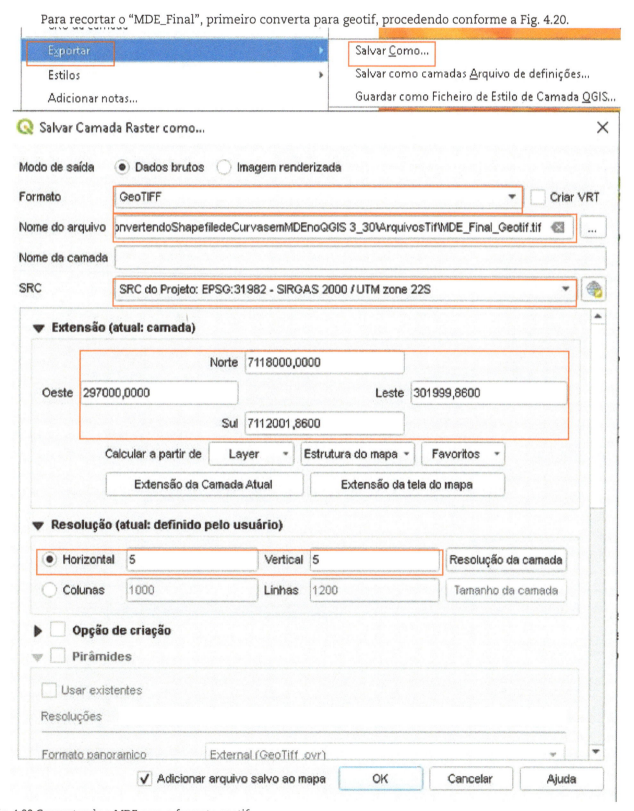

Fig. 4.20 Convertendo o MDE para o formato geotif

Pronto! Está criado o MDE geotif. Primeiro, vamos copiar o estilo do "MDE_final" para o "MDE_Final_Geotif". Clique sobre a camada com o botão direito do mouse e proceda conforme Fig. 4.21.

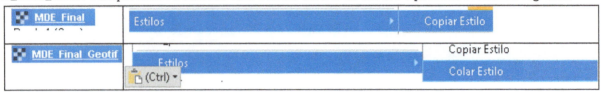

Fig. 4.21 Copiando o estilo de uma camada para outra

Primeiro insira a camada "Divisor_pol.shp". Vá em "Propriedades" e configure conforme a Fig. 4.22.

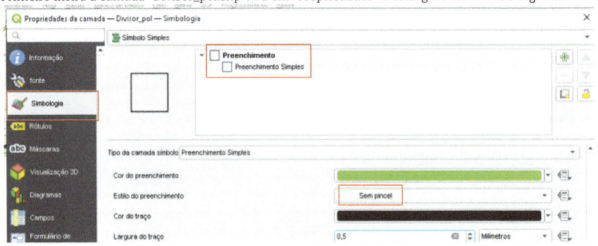

Fig. 4.22 Configurando uma camada shapefile

Para recortar, selecione a camada e vá em "Raster" > "Extrair" > "Recortar raster pela camada de máscara" (Fig. 4.23).

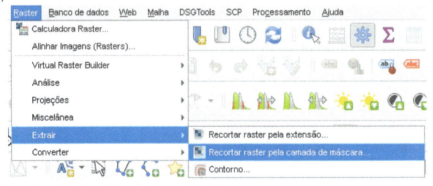

Fig. 4.23 Recortando "MDE_Geotif" pelo perímetro de um shapefile

Deixe configurado conforme Fig. 4.24.

4 Conversão de shapefile de curvas em MDE usando GRASS | 63

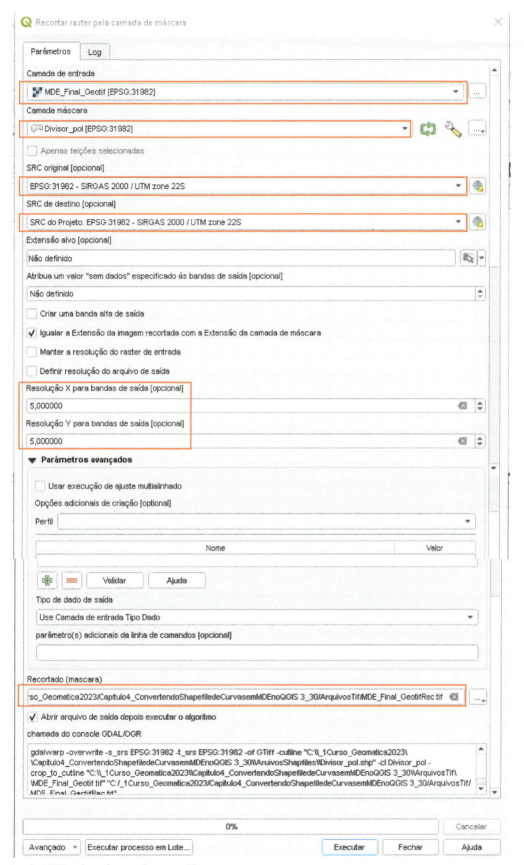

Fig. 4.24 Recortando MDE pela máscara de um polígono

Pronto! O "MDE_Final_Geotif_Rec" está adicionado com camada no projeto (Fig. 4.25).

64 | INTRODUÇÃO AO QGIS

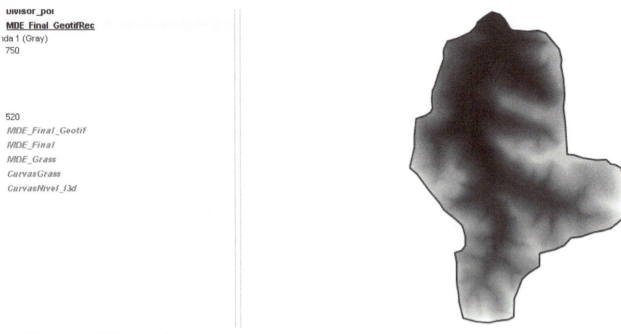

Fig. 4.25 Inserção de MDE recortado

Para deixar colorido, copie e cole o estilo do "MDE_Final_Geotif", conforme Fig. 4.21.

4.7 Calculando a área de um MDE

Para calcular a área de uma imagem geotif (Fig. 4.26), abra a "Caixa de ferramentas de processamento" e, em "Pesquisar", digite "r.report".

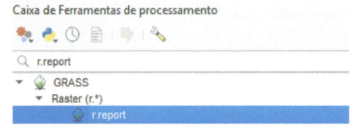

Fig. 4.26 Acionando o algoritmo r.report

Em "Raster layer(s) to report on" (Fig. 4.27), selecionar a camada em que será calculada a área; em "Units", selecione h, que é hectare; em "Number off fp subranges to collect stats from", coloque 6; em "Tamanho da célula", coloque 5; em "Nome do arquivo de saída", coloque "CalculoArea.txt" e salve na pasta "Arquivos de texto".

4 Conversão de shapefile de curvas em MDE usando GRASS | 65

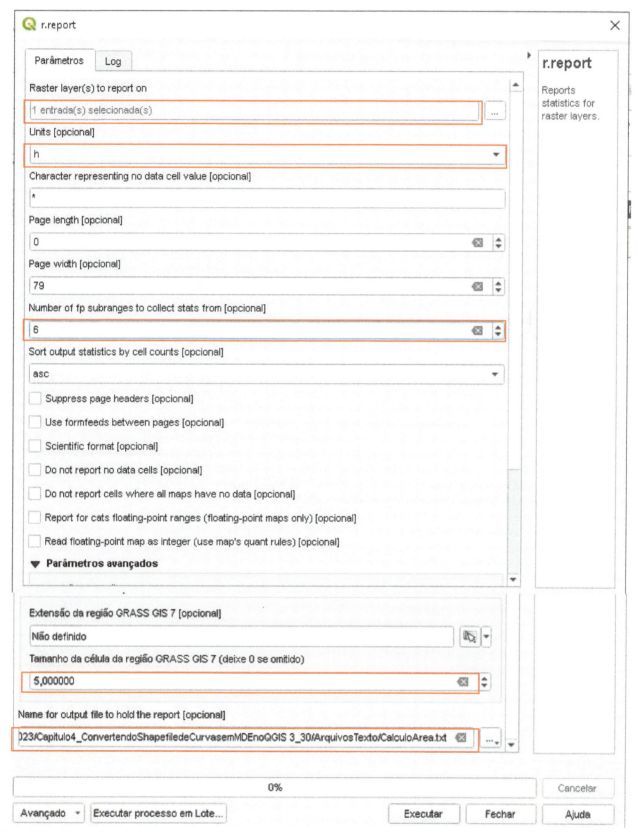

Fig. 4.27 Configurando o algoritmo r.report

Ao clicar em executar o programa, será gerado o arquivo "CalculoArea.txt" com as seguintes características (Fig. 4.28):

```
+-----------------------------------------------------------------+
|                    RASTER MAP CATEGORY REPORT                   |
|LOCATION: temp_location                    Thu May 18 14:27:00 2023|
|-----------------------------------------------------------------|
|           north:  7117365.19685     east:  301419.87624         |
|REGION     south:  7112391.7391      west:  297894.97494         |
|           res:          4.99845     res:        4.99986         |
|-----------------------------------------------------------------|
|MASK: none                                                       |
|-----------------------------------------------------------------|
|MAP: (untitled) (rast_64665fe1eaca52 in PERMANENT)               |
|-----------------------------------------------------------------|
|                  Category Information              |            |
|                 #|description                      |   hectares |
|-----------------------------------------------------------------|
|      711.666667-750|from  to . . . . . . . . . . .|    19.23600 |
|      520-558.333333|from  to . . . . . . . . . . .|    65.97269 |
|673.333333-711.666667|from  to . . . . . . . . . . .|   110.75005 |
|      596.666667-635|from  to . . . . . . . . . . .|   201.41940 |
|      635-673.333333|from  to . . . . . . . . . . .|   257.85782 |
|558.333333-596.666667|from  to . . . . . . . . . . .|   327.95912 |
|                   *|no data. . . . . . . . . . . .|   769.89969 |
|-----------------------------------------------------------------|
|TOTAL                                              |  1753.09477 |
+-----------------------------------------------------------------+
```

Fig. 4.28 Arquivo com cálculo de área

Observação: "*no data" refere-se a dados fora da bacia; neste caso, a área total da bacia é 992,645 ha.

Veja que o programa é que determina as faixas de altitude; não tem como estipular quais faixas você quer.

4.8 Reclassificando uma imagem geotif

Para reclassificar uma imagem de um MDE geotif de altimetria, o algoritmo reclass utilizará as regras para realizar o fatiamento do raster de altimetria. Copie o texto abaixo para um arquivo do bloco de notas e salve como "Classes_altimetria".

520.0000 thru 550.0000 = 1 520 a 550m

550.0001 thru 600.0000 = 2 550 a 600m

600.0001 thru 650.0000 = 3 600 a 650m

650.0001 thru 700.0000 = 4 650 a 700m

700.0001 thru 750.0000 = 5 700 a 750m

end

Depois disso, acesse "Processar" > "Caixa de ferramenta" e digite "r.reclass" (Fig. 4.29). Aparecerá no módulo do GRASS o algoritmo r.reclass. Clique duas vezes sobre ele para que a janela de reclassificação seja aberta (Fig. 4.30).

4 Conversão de shapefile de curvas em MDE usando GRASS | 67

Fig. 4.29 Acionando o algoritmo r.reclass

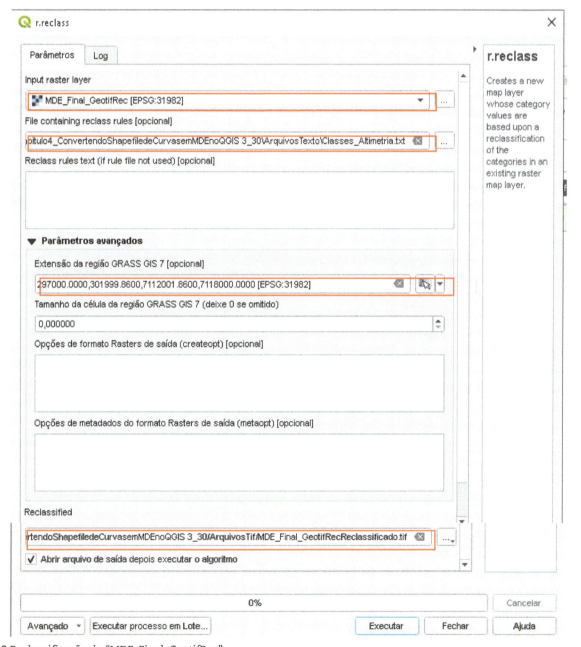

Fig. 4.30 Reclassificação do "MDE_Final_GeotifRec"

Em "Arquivo", que contém as regras de reclassificação, selecione "Classes_altimetria.txt". Ao executar o algoritmo, será gerado o arquivo "MDE_Final_GeotifRecReclassificado.tif", que também será anexado na lista de camadas do projeto.

Observe que o exemplo colocou as cinco classes determinadas no arquivo "Classes_altimetria.txt", que estão com cores, e adicionou mais classes, indo até 255. As classes superiores ao número 5 devem ser excluídas, pois é um erro do programa. Para isso, acionamos "Propriedades" > "Simbologia" e apertamos o botão "Classificar"; ficarão só as cinco classes definidas.

Agora selecionamos a camada "MDE_Final_GeotifRecReclassificado.tif", clicamos com o botão direito do mouse, e depois em "Propriedades" > "Simbologia", configurando conforme a sequência da Fig. 4.31.

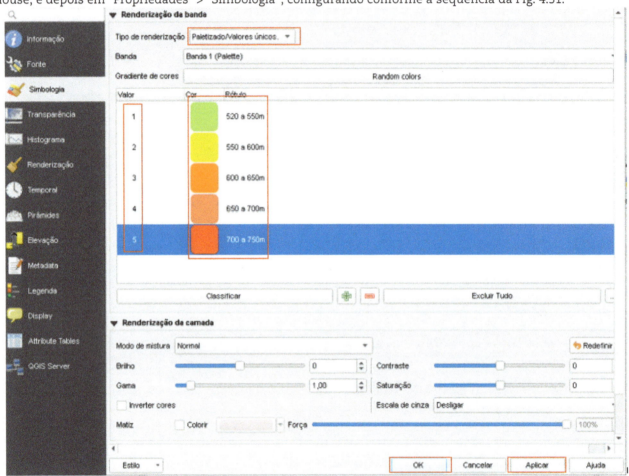

Fig. 4.31 Configurando as cores do MDE reclassificado

Veja como ficou nosso MDE reclassificado (Fig. 4.32):

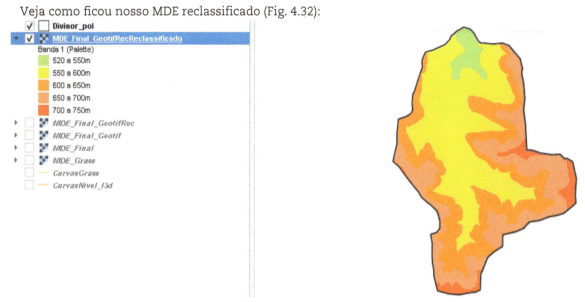

Fig. 4.32 MDE reclassificado

Para calcular a área de uma imagem geotif, abra a "Caixa de ferramentas de processamento" e, em "Pesquisar", digite "r.report". Proceder conforme Figs. 4.26 e 4.27.

Em "Camada rasterizada para relatar", selecione a camada em que será calculada a área. Em "Unidade", selecione h, que é hectare; em "Número de subfaixas", coloque 5; em "Tamanho da célula", coloque 5; em "Nome do arquivo de saída", coloque "CalculoAreaMDEAltimetriaReclassificado.txt".

```
+-----------------------------------------------------------------------+
|                       RASTER MAP CATEGORY REPORT                      |
|LOCATION: temp_location                       Thu May 18 15:32:16 2023 |
|-----------------------------------------------------------------------|
|           north: 7117365.19685     east:  301419.87624                |
|REGION     south: 7112391.7391      west:  297894.97494                |
|           res:         4.99845     res:         4.99986               |
|-----------------------------------------------------------------------|
|MASK: none                                                             |
|-----------------------------------------------------------------------|
|MAP: (untitled) (rast_64666f2f655976 in PERMANENT)                     |
|-----------------------------------------------------------------------|
|                      Category Information                             |
|#|description                                               | hectares|
|-----------------------------------------------------------------------|
|1|520 a 550m. . . . . . . . . . . . . . . . . . . . . . . . |  37.74474|
|5|700 a 750m. . . . . . . . . . . . . . . . . . . . . . . . |  43.84518|
|4|650 a 700m. . . . . . . . . . . . . . . . . . . . . . . . | 244.49234|
|3|600 a 650m. . . . . . . . . . . . . . . . . . . . . . . . | 272.83775|
|2|550 a 600m. . . . . . . . . . . . . . . . . . . . . . . . | 384.27507|
|*|no data.. . . . . . . . . . . . . . . . . . . . . . . . . | 769.89969|
|-----------------------------------------------------------------------|
|TOTAL                                                       |1753.09477|
+-----------------------------------------------------------------------+
```

Fig. 4.33 Arquivo de texto com as áreas do MDE reclassificado

4.9 Convertendo a altimetria de um MDE em declividade

Para calcular a declividade em porcentagem, vá em "Raster" > "Análise" > "Declividade" (Fig. 4.34).

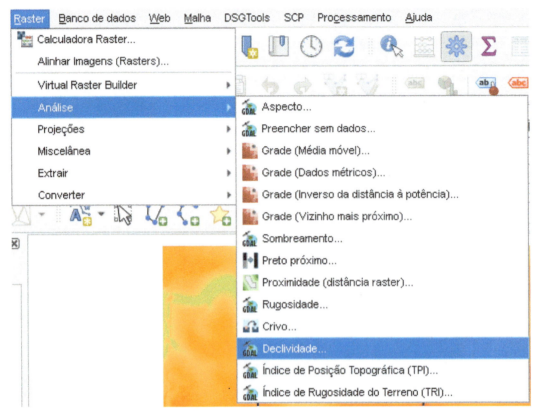

Fig. 4.34 Calculando a declividade

Configure de acordo com a Fig. 4.35. Clique em "Executar", e será gerado o arquivo "MDE_Declividade_Geotif" e adicionado como camada no projeto.

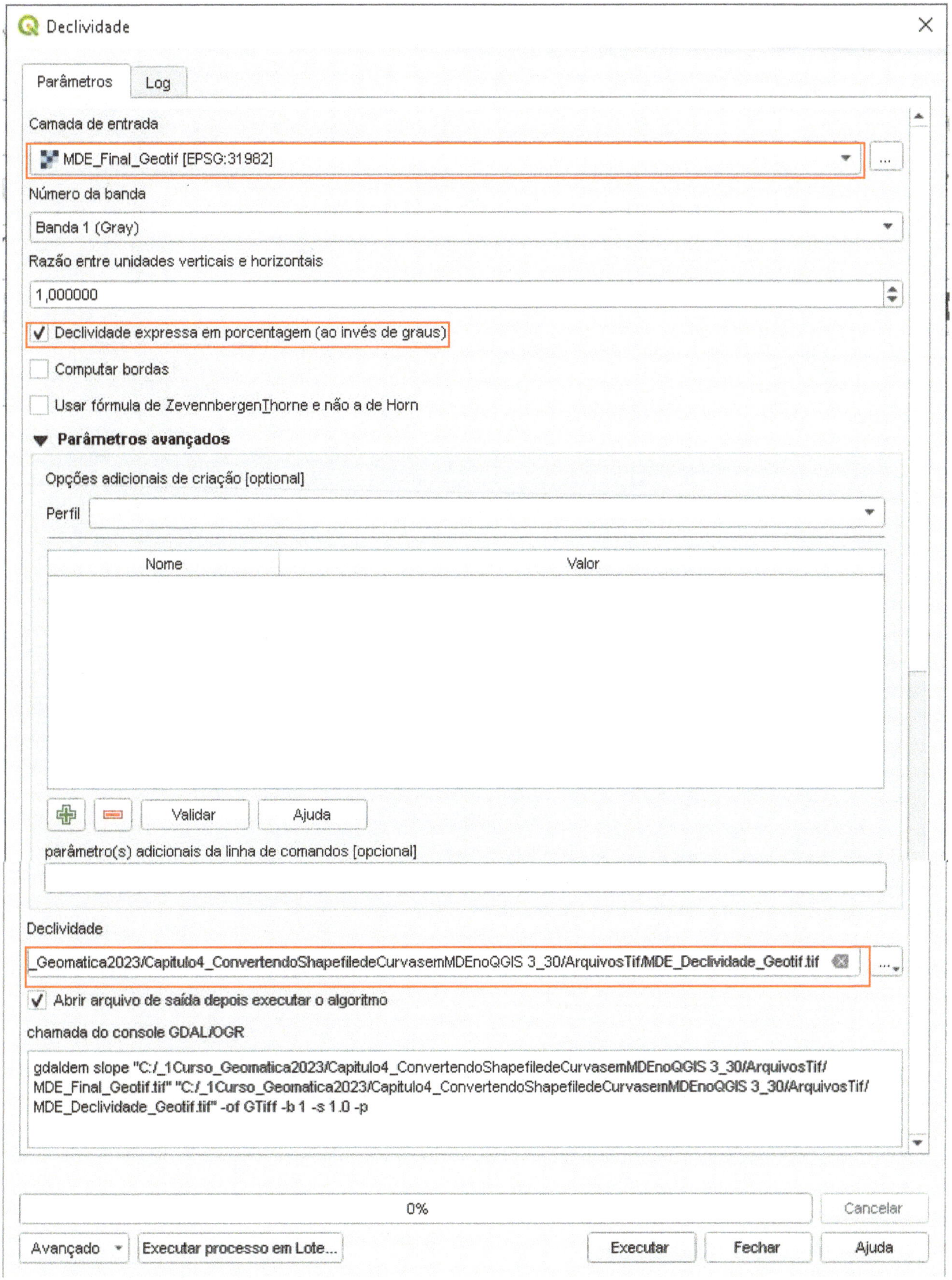

Fig. 4.35 Configurando a geração do MDE de declividade

Selecione essa camada e vá em "Raster" > "Extrair" > "Recortar raster pela camada de máscara", e recorte o MDE pelo perímetro da bacia (Fig. 4.36).

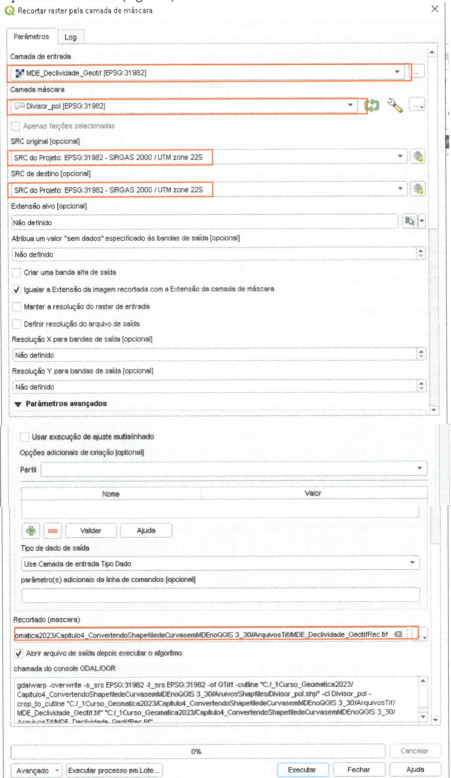

Fig. 4.36 Recortando o MDE de declividade

Clique em "Executar", e estará recortado o MDE pelo perímetro.

Selecione o MDE recortado na lista de camadas e clique com o botão direito do mouse. Vá em "Propriedades" > "Simbologia" e deixe configurado conforme a Fig. 4.37.

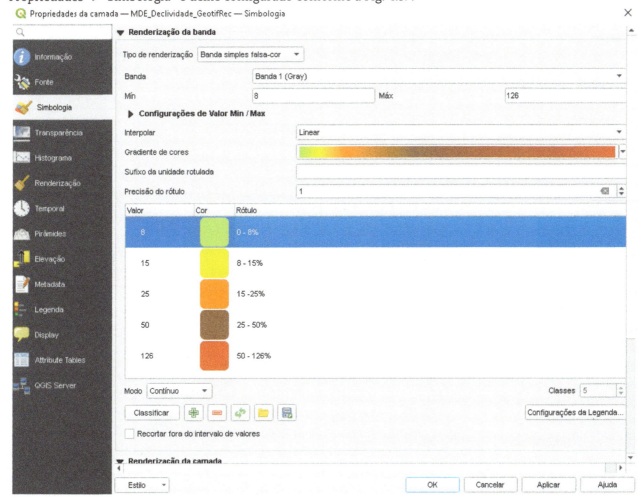

Fig. 4.37 Classificando o MDE de declividade

Observação: para calcular a área, proceda da mesma forma efetuada para o MDE de altitude (Fig. 4.27).

Para reclassificar uma imagem de um MDE geotif de declividade, o algoritmo reclass utilizará as regras para realizar o fatiamento do raster de declividade. Copie o texto abaixo e cole dentro da janela do algoritmo r.reclass em "Reclass rules text".

0.0000 thru 2.0000 = 1 PLANO (0-2%)
2.0001 thru 5.0000 = 2 SUAVE ONDULADO (2-5%)
5.0001 thru 10.0000 = 3 MODERADAMENTE ONDULADO (5-10%)
10.0001 thru 15.0000 = 4 ONDULADO (10-15%)
15.0001 thru 45.0000 = 5 FORTE ONDULADO (15-45%)
45.0001 thru 70.0000 = 6 MONTANHOSO (45-70%)
70.0001 thru 100.0000 = 7 ESCARPADO (70-100%)
100.0001 thru 728.544 = 8 AREA DE PRESERVAÇÃO PERMANENTE (>100%)
end

Depois disso, acesse "Processar" > "Caixa de ferramentas" e digite r.reclass. Aparecerá no módulo do GRASS o algoritmo r.reclass; clique duas vezes sobre ele para que a janela de reclassificação seja aberta.

74 | INTRODUÇÃO AO QGIS

Com a camada de reclassificação selecionada, dê dois cliques do mouse sobre o algoritmo r.reclass, e a janela da Fig. 4.38 será aberta. Em "Reclass rules text", cole as regras mencionadas. Ao executar o algoritmo, será gerado o arquivo "MDE_Declividade_Reclassificado.tif", que também será anexado na lista de camadas do projeto.

Observe que o exemplo colocou as oito classes determinadas em "Reclass rules text".

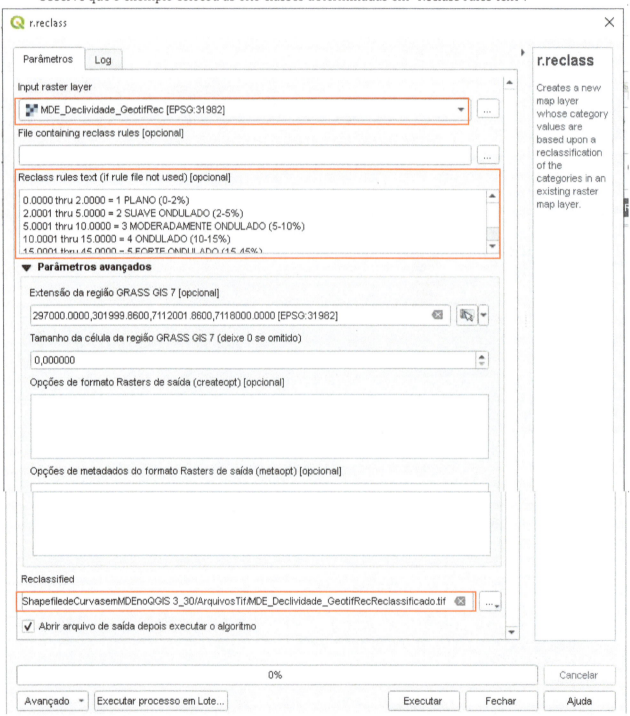

Fig. 4.38 Reclassificando o MDE com a declividade

Agora, selecionamos a camada "MDE_Declividade_Reclassificado.tif" e clicamos com o botão direito do mouse. Vamos em "Propriedades" > "Simbologia" e configuramos conforme a Fig. 4.39.

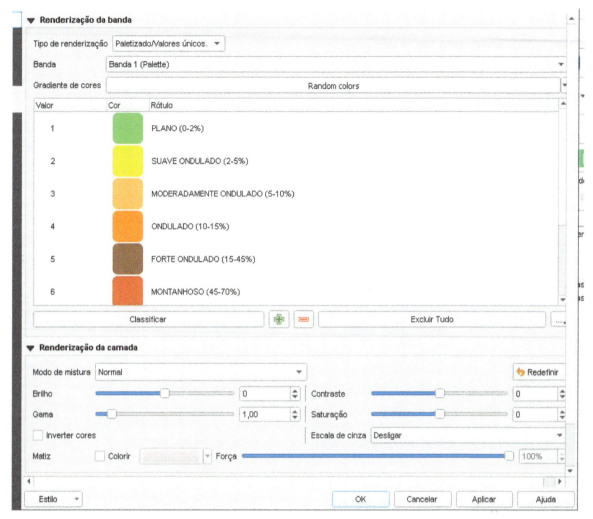

Fig. 4.39 Configurando as cores das classes de declividade

Veja na Fig. 4.40 como ficou nosso MDE reclassificado.

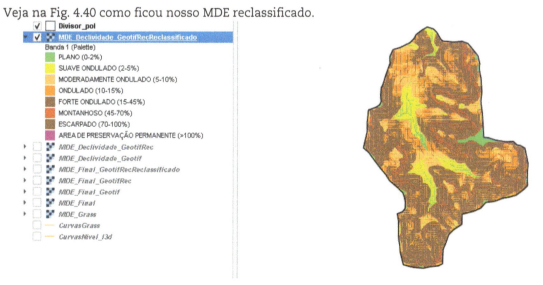

Fig. 4.40 MDE reclassificado

Para calcular a área de uma imagem geotif, abra a "Caixa de ferramentas de processamento" e, em "Pesquisar", digite "r.report". Proceda conforme a Fig. 4.27. Em "Camada rasterizada para relatar", selecione a camada em que será calculada a área; em "Unidade", selecione h, que é hectare; em "Número de subfaixas", coloque 8; em "Tamanho da célula", coloque 5; em "Nome do arquivo de saída", coloque "CalculoAreaMDEDecliveReclassificado.txt".

```
+--------------------------------------------------------------------------+
|                      RASTER MAP CATEGORY REPORT                          |
|LOCATION: temp_location                        Fri Apr 10 15:35:33 2020|
|--------------------------------------------------------------------------|
|            north: 7117360      east: 301430                              |
|REGION      south: 7112390      west: 297915                              |
|            res:          5     res:          5                           |
|--------------------------------------------------------------------------|
|MASK: none                                                                |
|--------------------------------------------------------------------------|
|MAP: (untitled) (rast_5e90bc71197728 in PERMANENT)                        |
|--------------------------------------------------------------------------|
|                      Category Information                  |           |
|        #|description                                       |   hectares|
|--------------------------------------------------------------------------|
|        8|AREA DE PRESERVAÇÃO PERMANENTE (>100%) . . . . . . . . . |    0.20000|
|        7|ESCARPADO (70-100%). . . . . . . . . . . . . . . . . |    3.75250|
|        1|PLANO (0-2%) . . . . . . . . . . . . . . . . . . . |    7.93500|
|        6|MONTANHOSO (45-70%). . . . . . . . . . . . . . . . |   46.08750|
|        2|SUAVE ONDULADO (2-5%). . . . . . . . . . . . . . . |   78.36250|
|        3|MODERADAMENTE ONDULADO (5-10%) . . . . . . . . . . |  120.04500|
|        4|ONDULADO (10-15%). . . . . . . . . . . . . . (10-15%). |  175.60000|
|        5|FORTE ONDULADO (15-45%). . . . . . . . . . . . . . |  543.17000|
|Excluido|no data. . . . . . . . . . . . . . . . . . . . . . |  771.80250|
|--------------------------------------------------------------------------|
|TOTAL                                                       |1746.95500|
+--------------------------------------------------------------------------+
```

Fig. 4.41 Arquivo com as áreas das classes de declividade calculadas

5 Adição de camadas de rasters em um grupo de camadas do projeto

5.1 Inserindo camada raster

Primeiro crie um projeto e salve com o nome "ProjRaster5".

Depois vá em "Adicionar grupo de camadas".

Veja que ele vai criar o "Group 1".

Clique com o botão direito do mouse, vá em "Renomear grupo" e coloque "CBERS_4A_Pan8_14_5_2023", que é o nome do satélite e a data de aquisição das imagens.

Deixe o grupo "CBERS_4A_Pan8_14_5_2023" selecionado e vá em "Adicionar camada raster".

Encontre a pasta que contém as imagens que você quer adicionar, selecione-as, clique em "Abrir" e depois em "Adicionar":

CBERS_4A_WPM_20230514_210_146_L4_BAND2.tif;
CBERS_4A_WPM_20230514_210_146_L4_BAND3.tif;
CBERS_4A_WPM_20230514_210_146_L4_BAND4.tif.

5.2 Reprojetando o sistema de coordenadas de um raster

Primeiro, vamos reprojetar o sistema de projeção (Fig. 5.1), pois as imagens estão em EPSG 32722 WGS84/UTM zone 22S. Deve-se reprojetar o SRC para o do projeto, que é EPSG 31982 Sirgas 2000 22S, de toda a extensão do arquivo de origem.

Para isso, vá em "Raster" > "Projeções" > "Reprojetar coordenada".

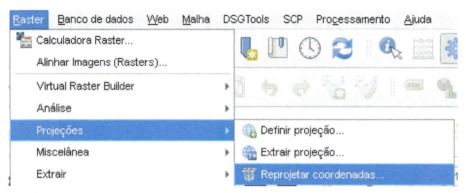

Fig. 5.1 Reprojetando os SRCs das imagens

Reprojete o SRC dos arquivos (Fig. 5.2):
CBERS_4A_WPM_20230514_210_146_L4_BAND2.tif;
CBERS_4A_WPM_20230514_210_146_L4_BAND3.tif;
CBERS_4A_WPM_20230514_210_146_L4_BAND4.tif.

Salve na mesma pasta os arquivos com os seguintes nomes: "Banda2Reproj.tif", "Banda3Reproj.tif" e "Banda 4Reproj.tif".

Agora conseguimos remover as imagens com SRC EPSG 32722 WGS84/UTM zone 22S, que são:
CBERS_4A_WPM_20230514_210_146_L4_BAND2.tif;
CBERS_4A_WPM_20230514_210_146_L4_BAND3.tif;
CBERS_4A_WPM_20230514_210_146_L4_BAND4.tif.

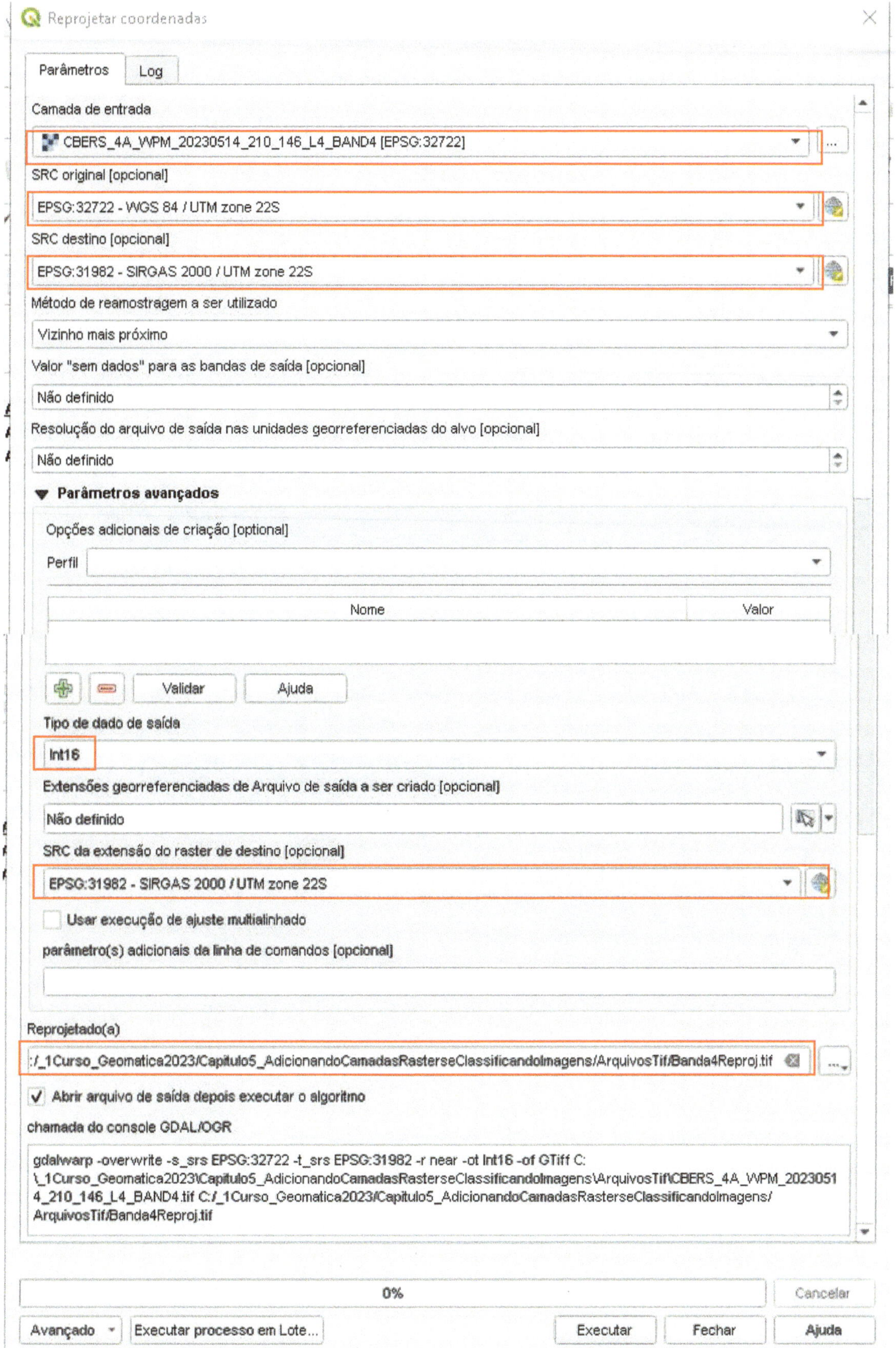

Fig. 5.2 Configurando a projeção do SRC da banda 4

5.3 Recortando um raster

Vamos recortar o raster para manter só a área de extensão do projeto.

Primeiro, adicione o arquivo "Divisor_pol.shp", que conterá a extensão do nosso projeto. No processo de inserção da camada, defina o SRC como "SIRGAS 2000/UTM zone 22S".

Para recortar, selecione cada imagem (uma de cada vez) do grupo "CBERS_4_Pan10_30_3_2019", e vá em "Raster" > "Extrair" > "Recortar raster pela extensão" (Fig. 5.3).

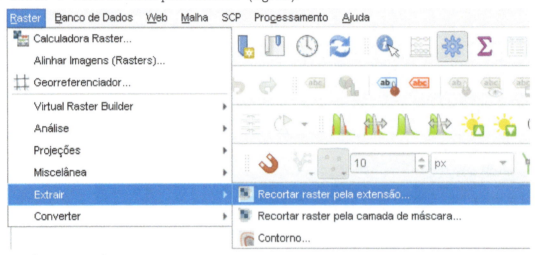

Fig. 5.3 Recortando uma camada raster

A janela da Fig. 5.5 será aberta. Em "Camada de entrada", selecione o arquivo a ser recortado. Em "Extensão de recorte", selecione "Calcular a partir da camada". Para este caso, usaremos "Divisor_pol.shp".

Fig. 5.4 Definindo a extensão de recorte da camada raster

A janela ficará com a configuração da Fig. 5.5. Clique em "Executar". Faça isso para cada uma das imagens, e pronto! As imagens foram recortadas pelo limite do projeto. Exclua as imagens com extensão total, deixando só as recortadas.

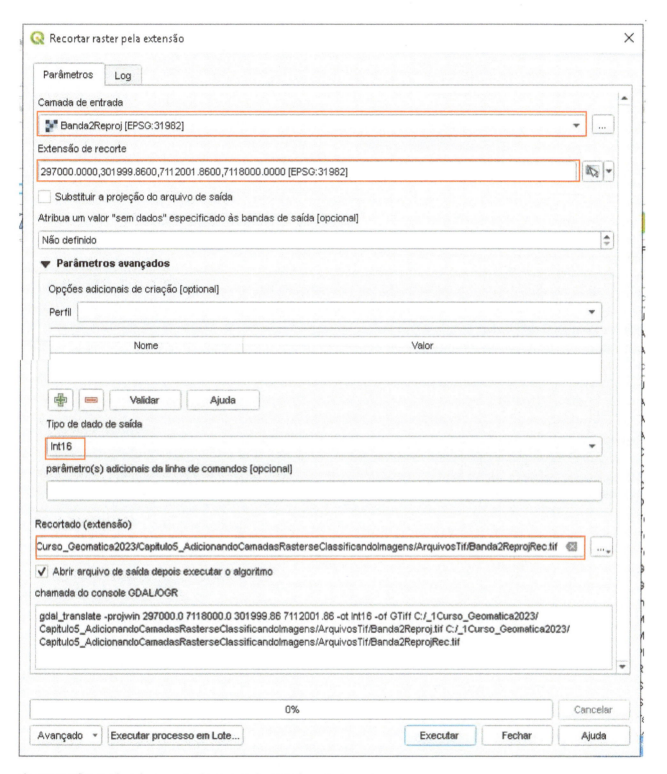

Fig. 5.5 Configurando a ferramenta de recorte de camada raster

5.4 Montando uma composição RGB de rasters

Para montar uma imagem RGB (colorida), proceder da seguinte forma:
Vá em "Raster" > "Miscelânea" > "Mosaico" (Fig. 5.6).

82 | INTRODUÇÃO AO QGIS

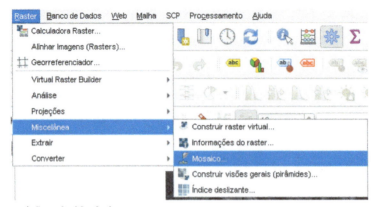

Fig. 5.6 Montando uma composição colorida de imagens raster

Em "Camadas de entrada", selecione as imagens na ordem correta: Banda3ReprojRec, Banda4ReprojRec e Banda2ReprojRec (RGB). Selecione as camadas raster ou os arquivos para montar a composição RGB. Neste caso, deixe na seguinte ordem: a Banda3ReprojRec é o vermelho (R), a Banda4ReprojRec é o verde (G) e a Banda2ReprojRec, o azul (B), conforme a Fig. 5.7.

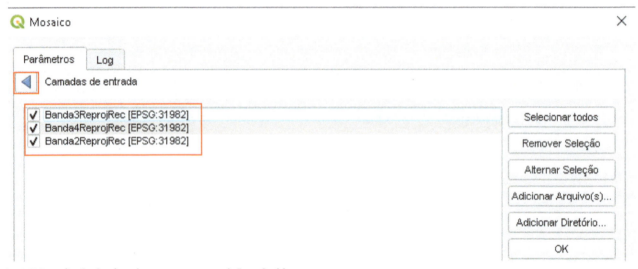

Fig. 5.7 Sequência das bandas para a composição colorida

Configure conforme a Fig. 5.8.

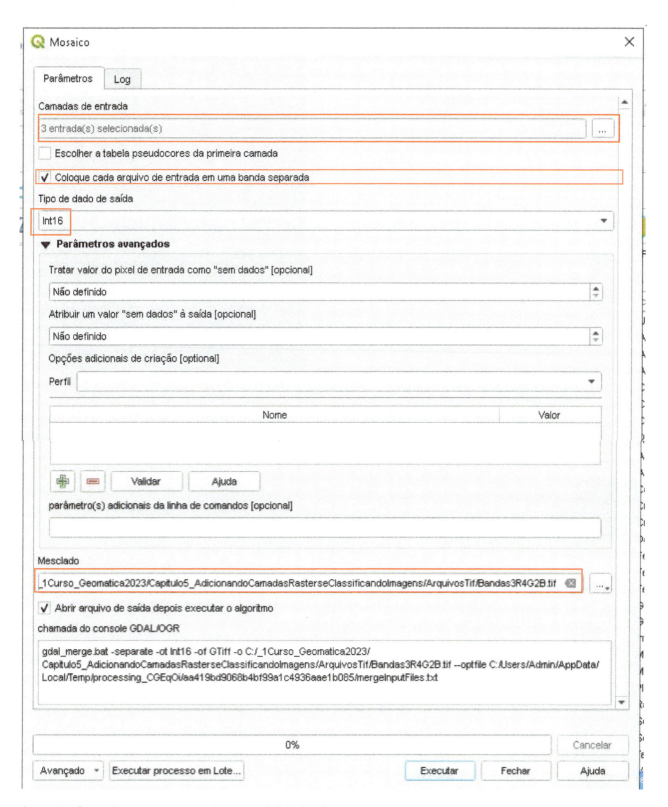

Fig. 5.8 Configuração para montagem da composição colorida

Clique em "Executar", e a montagem da imagem colorida será executada.

84 | INTRODUÇÃO AO QGIS

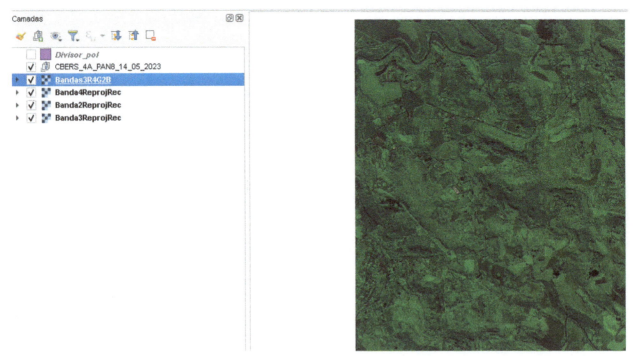

Fig. 5.9 Composição colorida montada

Clique com o botão direito sobre a camada, vá em "Propriedades" > "Histograma" e pressione o ícone "Calcular histograma". Ajuste o histograma da imagem conforme exemplo da Fig. 5.10.

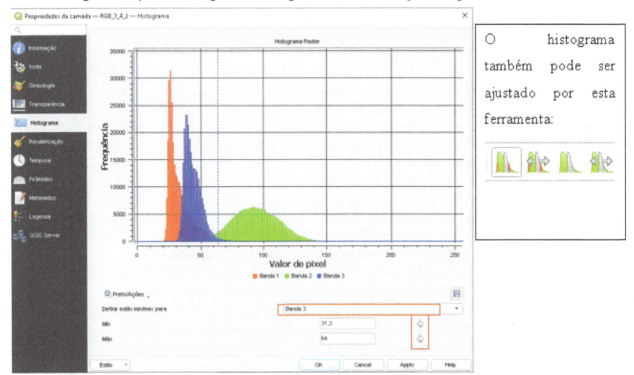

Fig. 5.10 Ajustando o histograma da composição colorida

5.5 Classificando uma composição RGB

Para classificar imagens de satélite, proceder da seguinte forma: vá em "Complementos" (Fig. 5.11) e instale o plug-in Semi-Automatic Classification Plugin.

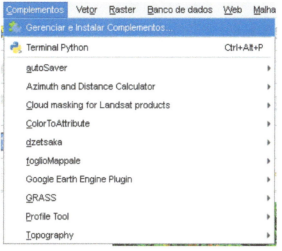

Fig. 5.11 Instalando um complemento

Na ferramenta de busca digite "Semi-Automatic Classification Plugin"; aparecerá a janela da Fig. 5.12. Pressione "Instalar".

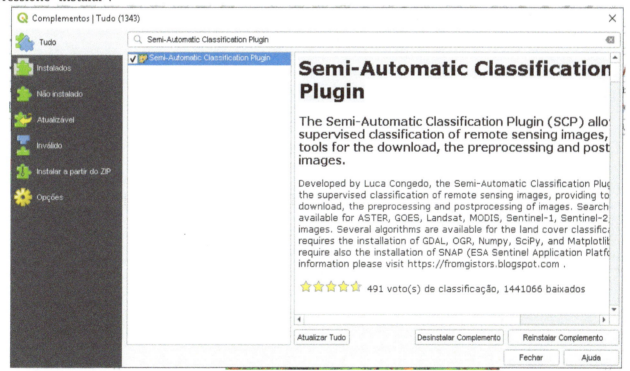

Fig. 5.12 Instalando o Semi-Automatic Classification Plugin

Veja que ele instala as ferramentas SCP Dock e Semi-Automatic Classification Plugin.

86 | INTRODUÇÃO AO QGIS

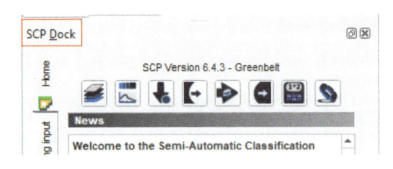

Fig. 5.13 Ferramentas SCP Dock e Semi-Automatic Classification Plugin

Na ferramenta "SCP &Dock" (Fig. 5.14), primeiro selecione o conjunto de bandas a ser classificado. Clique em "Band set".

Fig. 5.14 Acionando o SCP &Dock

Abrirá a janela da Fig. 5.15. Selecione a banda e aperte "+"; não se esqueça de colocar na ordem RGB. No caso, foram selecionadas a Band3ReprojRec (R), a Band4ReprojRec (G) e a Band2ReprojRec (B). Deixe selecionado "Create virtual raster of band set".

5 Adição de camadas de rasters em um grupo de camadas do projeto | 87

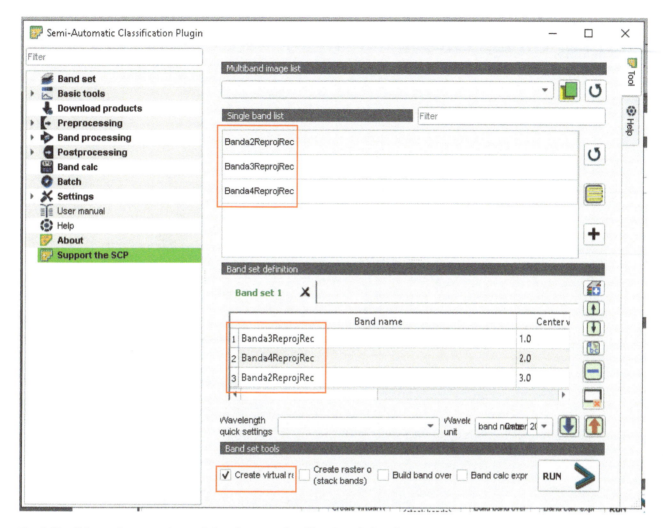

Fig. 5.15 Adicionando um conjunto de bandas para classificação pelo band set

Ao pressionar "Run", o programa vai pedir para selecionar uma pasta para salvar o arquivo de bandas para classificação, que neste caso foi o arquivo "Banda3ReprojRevirt_rast.vrt". Pode fechar a janela "Set band". Veja que o programa carregou essa camada raster no projeto, para ser classificada.

No caso anterior, selecionamos três bandas para montar uma composição colorida para classificação. Se você tem uma imagem colorida já montada, pode proceder da seguinte maneira: "No Band Set", conforme Figs. 5.16 e 5.17, clicar no botão "Open file" e selecionar um arquivo de composição colorida (RGB) para ser classificado.

88 | INTRODUÇÃO AO QGIS

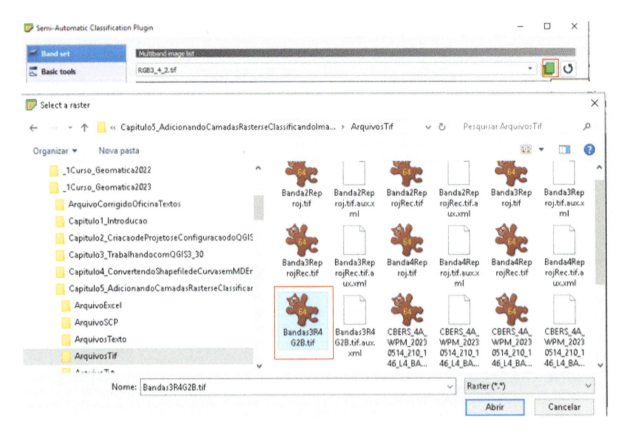

Fig. 5.16 Inserindo uma imagem colorida pelo band set

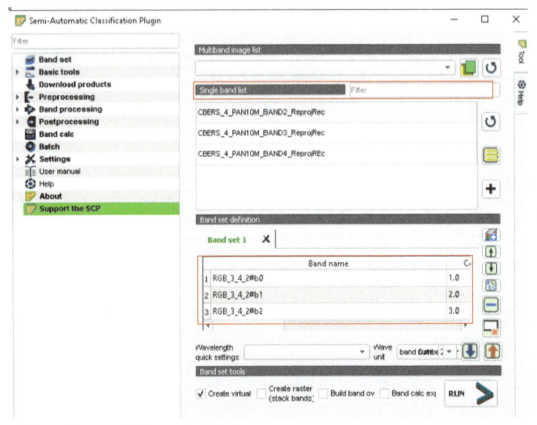

Fig. 5.17 Inserindo uma imagem colorida para classificação

5 Adição de camadas de rasters em um grupo de camadas do projeto | 89

Deixe selecionado "Create virtual raster of band set". Ao clicar em "Run", o programa adiciona uma imagem na lista de camadas para a classificação.

Primeiro, o programa pede para selecionar uma pasta. Depois, ele cria o arquivo a ser classificado; para este caso, foi a camada "Bandas3R4G2B.tif". Na lista de camadas carregadas, selecione a camada a ser classificada. No SCP &Dock (Fig. 5.18), acione o comando "Training input", e selecione o ícone "Create a new training input".

Fig. 5.18 Criando um training input

Vai abrir a janela da Fig. 5.19. Selecione uma pasta e crie o arquivo "ClassificacaoFinal.scp", pressione "Salvar".

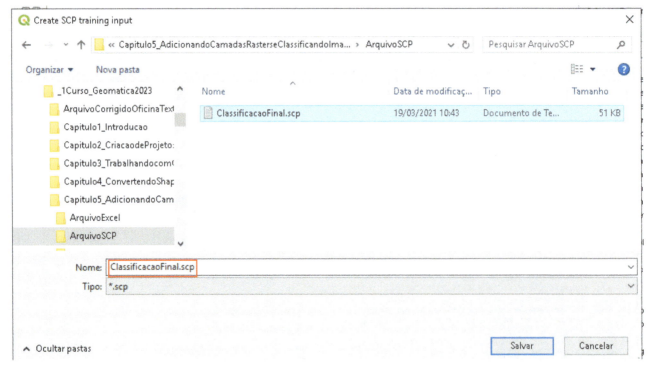

Fig. 5.19 Salvando o arquivo de classificação

Na Fig. 5.20, digite um tema nos campos "Mc Name" e "C Name", por exemplo, "Floresta"; deixe o campo "MC ID" com o número 1, e o campo "C ID" é preenchido automaticamente pelo programa. Em "Name", também colocar "Floresta".

Clique sobre a ferramenta "Poligno" e desenhe um polígono sobre a imagem de satélite com aquela forma de uso; em seguida, clique em "Save temporary ROI" e pronto, a primeira amostra para floresta foi selecionada. Colete pelo menos quatro amostras para cada tema. Pode deixar a primeira linha de cada tema com cores específicas no campo "Color".

Conforme Fig. 5.21, vamos digitar o próximo tema. Em "Mc Name" e "C Name", por exemplo, digite "Agricultura", e deixe o campo "MC ID" com o número 2, enquanto o campo "C ID" será preenchido automaticamente pelo programa.

Clique novamente sobre a ferramenta "Poligno" e desenhe um polígono sobre a imagem de satélite com aquela forma de uso; em seguida, clique em "Save temporary ROI" e pronto, a primeira amostra para agricultura foi selecionada. Colete pelo menos quatro amostras para cada tema. Pode deixar com cores aleatórias no campo "Color".

Crie os temas "Água" ("MC ID" = 3), "Solo exposto" ("MC ID" = 4) e "Pastagem" ("MC ID" = 5) e proceda da mesma forma. Todos os temas foram devidamente capturados.

5 Adição de camadas de rasters em um grupo de camadas do projeto | 91

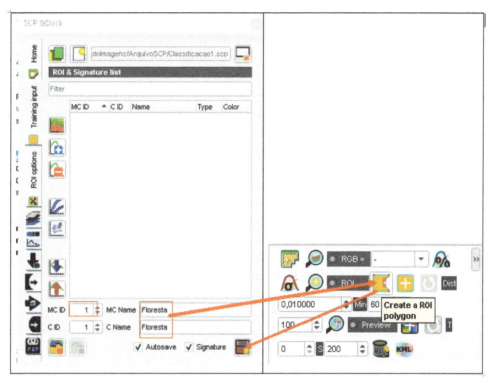

Fig. 5.20 Inserindo um tema no processo de classificação

Fig. 5.21 Inserindo vários temas

Agora vamos acionar a ferramenta "Classification" (Fig. 5.22).

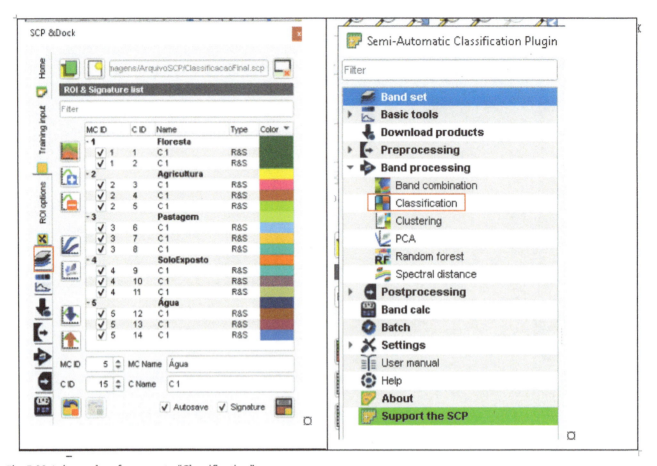

Fig. 5.22 Acionando a ferramenta "Classification"

Quando abrir a janela da Fig. 5.23, deixe selecionado "MC ID". Selecione o algoritmo; neste caso, optamos pelo "Minimum Distance".

Selecione "Apply mask"; para este caso, carregamos o arquivo "Divisor_pol.shp", para que a classificação seja só no perímetro da bacia. Observação: o programa está dando erro e não aplica a máscara, por isso, deve-se classificar e recortar os arquivos depois.

Selecione "Create vector" para criar um shapefile da classificação. Selecione também "Classification report". Pressione "Run", e o programa fará a classificação da imagem.

5 Adição de camadas de rasters em um grupo de camadas do projeto | 93

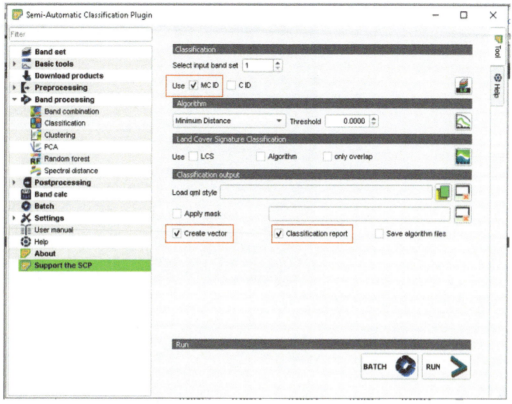

Fig. 5.23 Executando a classificação final de uma imagem

Vai abrir a janela da Fig. 5.24, pedindo um local para salvar a imagem .tif produto da classificação. Selecione uma pasta e dê um nome para o arquivo; neste caso, optamos por "ClassificacaoFinal2". Pressione "Salvar".

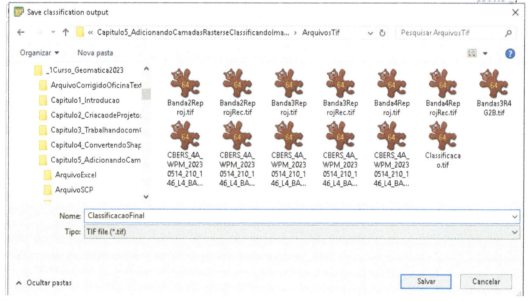

Fig. 5.24 Definindo uma pasta para salvar a imagem classificada

O programa classificou a imagem, criando dois arquivos, um GPKG (Fig. 5.25) e outro tif (Fig. 5.26).

94 | INTRODUÇÃO AO QGIS

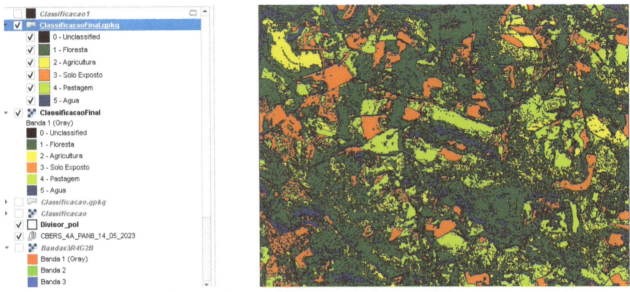

Fig. 5.25 Arquivo vetorial da classificação em formato GPKG

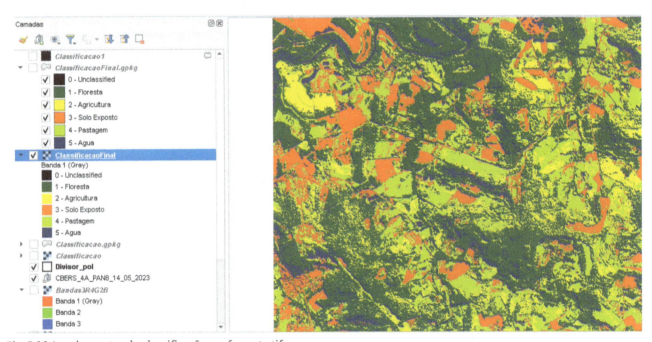

Fig. 5.26 Arquivo raster da classificação em formato tif

Use o arquivo "Divisor_pol" para recortar os dois arquivos, gerando as camadas: "ClassificacaoFinalRec.tif" e "ClassificacaoFinalRec.gpk".

Para tirar a parte preta da imagem ou do GPK, selecione a camada, clique com o botão direito do mouse e vá em "Simbologia" (Fig. 5.27). Depois, selecione a classe e pressione "–", e essa parte será excluída.

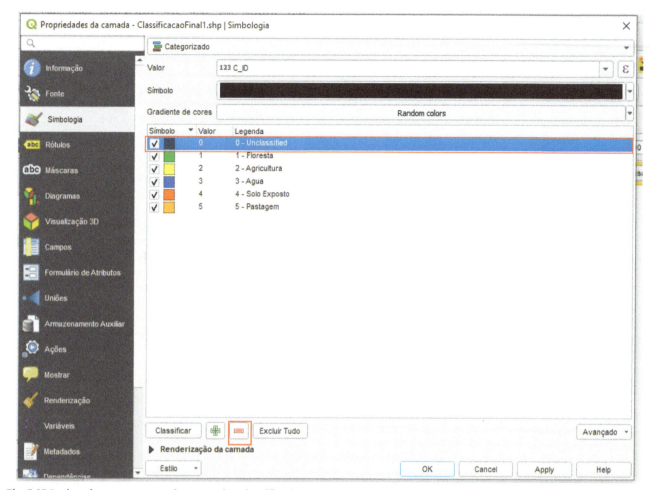

Fig. 5.27 Retirando a parte preta das camadas classificadas

5.6 Calculando a área das formas de uso

Agora é só calcular as áreas de cada tema. Selecione a imagem, vá em "Processar" e coloque na linha de busca "r.report" (Fig. 5.28).

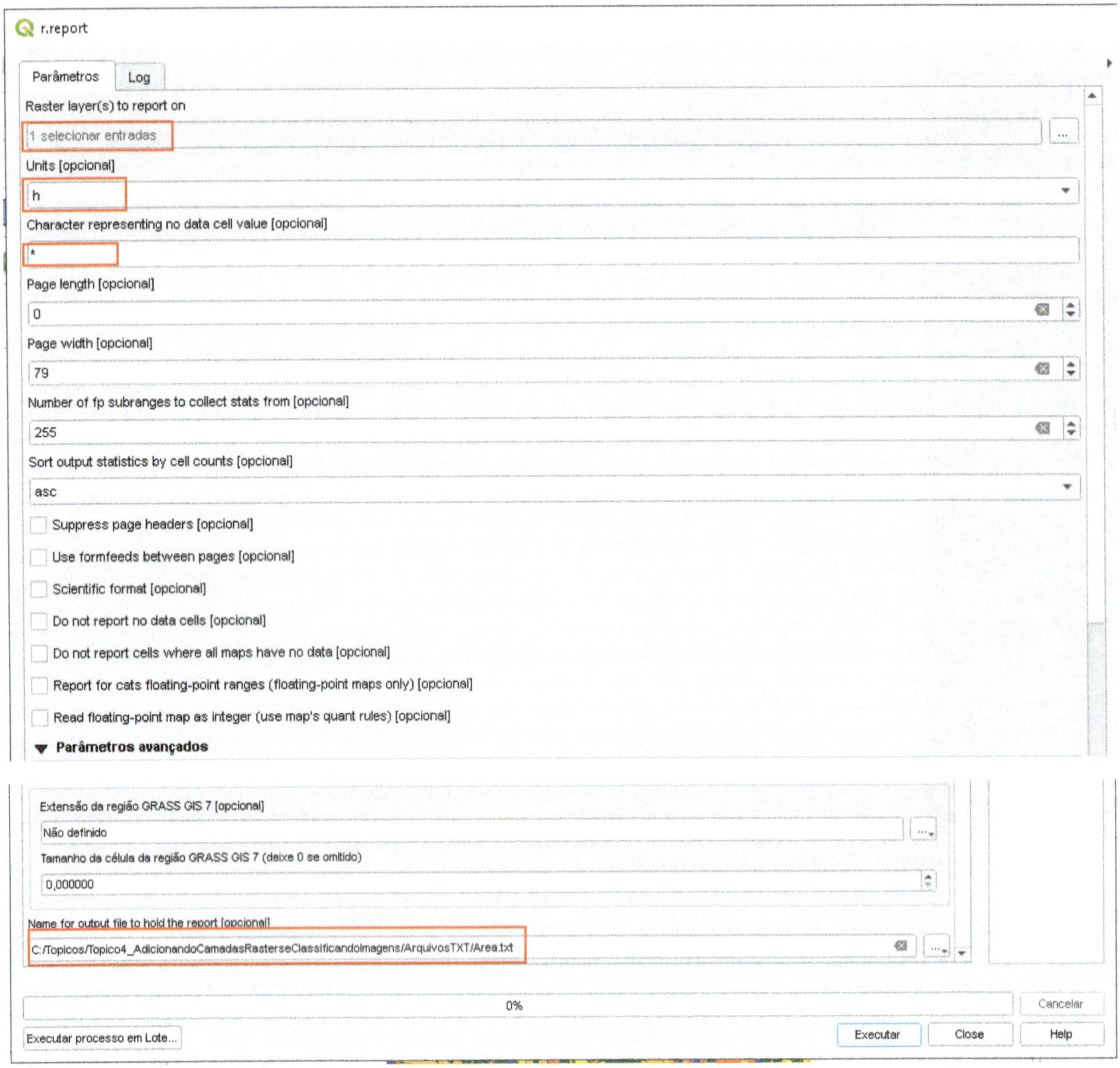

96 | INTRODUÇÃO AO QGIS

Fig. 5.28 Calculando a área de cada tema na imagem classificada tif

```
+------------------------------------------------------------------+
|                    RASTER MAP CATEGORY REPORT                    |
|LOCATION: temp_location                    Mon Apr 04 14:58:02 2022|
|------------------------------------------------------------------|
|         north:  7117360.00008501    east:  301419.99999814       |
|REGION   south:  7112390.00008509    west:  297899.9999982        |
|         res:                 10     res:               10        |
|------------------------------------------------------------------|
|MASK: none                                                        |
|------------------------------------------------------------------|
|MAP: (untitled) (rast_624b31a73a5ee2 in PERMANENT)                |
|------------------------------------------------------------------|
|                     Category Information                         |
|#|description                                          | hectares|
|------------------------------------------------------------------|
|3| . . . . . . . . . . . . . . . . . . . . . . . . . .|  59.90000|
|4| . . . . . . . . . . . . . . . . . . . . . . . . . .| 100.20000|
|2| . . . . . . . . . . . . . . . . . . . . . . . . . .| 120.33000|
|5| . . . . . . . . . . . . . . . . . . . . . . . . . .| 282.81000|
|6| . . . . . . . . . . . . . . . . . . . . . . . . . .| 420.01000|
|*|no data. . . . . . . . . . . . . . . . . . . . . . .| 766.19000|
|------------------------------------------------------------------|
|TOTAL                                                  |1749.44000|
+------------------------------------------------------------------+
```

Fig. 5.29 Arquivo de texto com o cálculo de área

Para calcular o somatório das áreas de cada tema: selecione o shapefile, abra a tabela de atributos (Fig. 5.30) e crie o campo "Área". Depois acione a calculadora e calcule a área de todos os polígonos (Fig. 5.31).

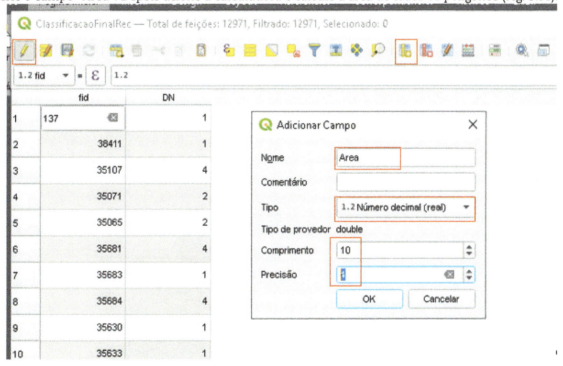

Fig. 5.30 Adicionando um campo na tabela de atributos de uma camada vetorial

Fig. 5.31 Calculando a área de todos os polígonos de uma camada vetorial

Depois clique em "Σ" e proceda conforme as Figs. 5.32 e 5.33, para gerar a estatística da camada.

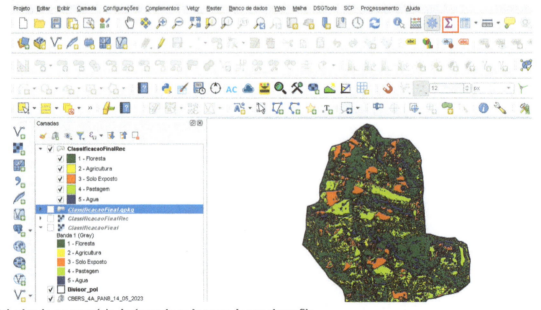

Fig. 5.32 Calculando o somatório de áreas de cada tema de um shapefile

5 Adição de camadas de rasters em um grupo de camadas do projeto | 99

Fig. 5.33 Gerando dados estatísticos de uma camada vetorial

Para calcular a área de vários polígonos, selecione a camada vetorial, clique em "Σ" e acione o ícone ε; dê dois cliques em "CASE" e digite a fórmula conforme a Fig. 5.34.

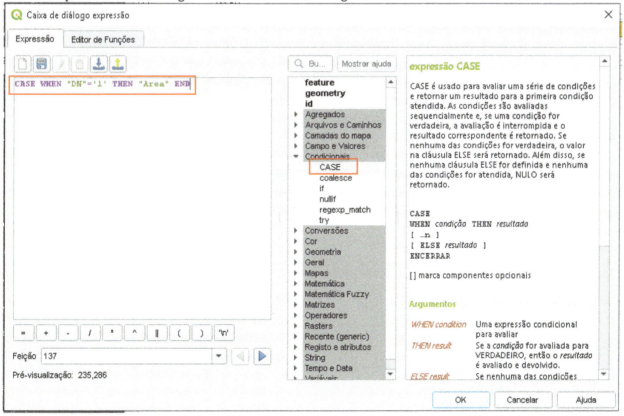

Fig. 5.34 Calculando a estatística de um tema, neste caso, o tema 1 = "floresta"

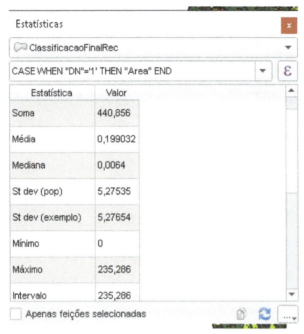

Fig. 5.35 Resultados estatísticos para o tema "floresta"

Outro método é unir polígonos que estejam espacialmente distantes, de modo que fiquem representados em uma única linha na tabela de atributos.

Primeiro, abrir a tabela de atributos. Veja que as classes estão identificadas na coluna DN por números de 1 a 1: (1) Floresta, (2) Agricultura, (3) Solo exposto, (4) Pastagem e (5) Água.

Vamos adicionar um campo de texto na tabela de atributos (Fig. 5.36) com o nome de "UsoSolo". Na primeira linha correspondente ao número (1), colocamos Floresta; na primeira linha correspondente ao número 2, colocamos "Agricultura"; na correspondente ao número 3, colocamos "Solo exposto"; na correspondente ao número 4, colocamos "Pastagem"; e na correspondente ao número 5, colocamos "Água".

Selecione todas as linhas do campo DN da tabela de atributos com o número 1 e clique em para mesclar as feições selecionadas. O programa deve juntar todos os polígonos do número 1 em uma única linha. Repetir para os demais. Depois é só acionar a calculadora e recalcular a área para o campo "Área". Os procedimentos para o cálculo de área são os mesmos da Fig. 5.31.

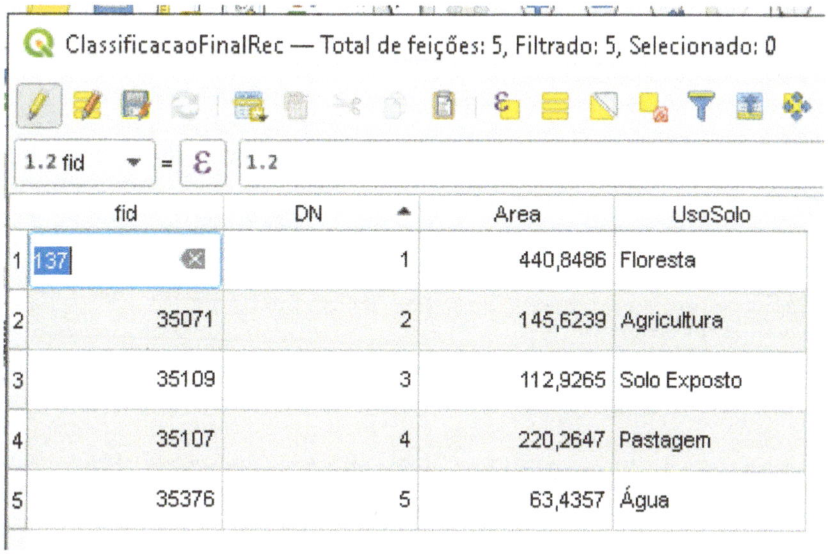

5 Adição de camadas de rasters em um grupo de camadas do projeto | 101

Fig. 5.36 Tabela de atributos com as feições mescladas

Também pode clicar em "Vetor" > "Geometrias" > "Coletar geometrias" (Fig. 5.37).

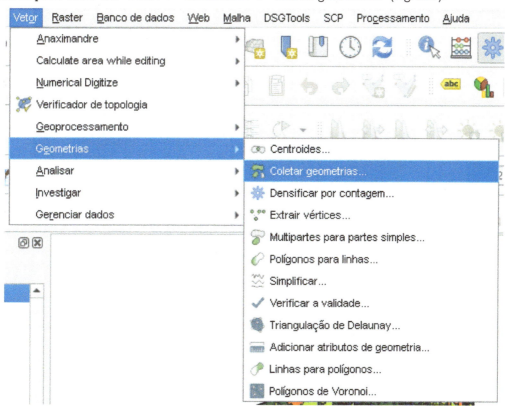

Fig. 5.37 Como coletar geometrias

Vai abrir a tela da Fig. 5.38. Em "Campo de detecção exclusivo", selecione DN.

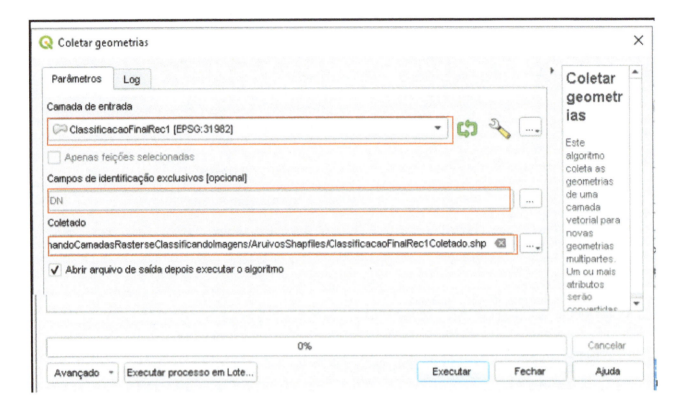

Fig. 5.38 Coletando as geometrias de uma camada vetorial

Pronto! Veja que a Fig. 5.39 juntou todos os polígonos. Insira um campo "Área", tipo decimal, e, conforme já explicado na Fig. 5.31, é só acionar a calculadora e recalcular a área para esse campo.

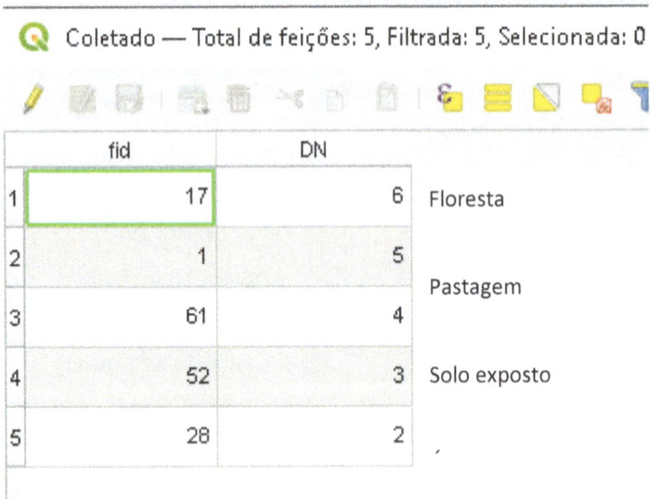

Fig. 5.39 Tabela de atributos do arquivo vetorial coletado

6 Inserção de imagens do Google Earth no QGIS 3.30.1

6.1 Instalando o plug-in QuickMapServices

Primeiro crie um projeto e salve com o nome "Projeto6" na pasta "Projeto" deste capítulo. É necessário que você tenha uma camada shapefile ou de imagem antes no projeto, senão ele insere uma imagem do mundo inteiro. Vamos inserir a camada "Divisor_pol.shp" (configure o SRC para Sirgas 2000).

Para instalar o plug-in QuickMapServices, vá em "Complementos" e o instale (Fig. 6.1).

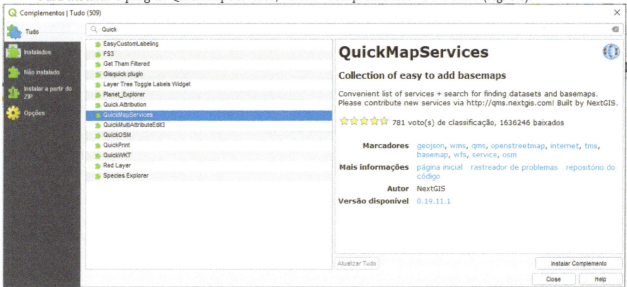

Fig. 6.1 Instalando o plug-in QuickMapServices

Depois, vá em "Web" > "QuickMapServices" > "Settings" (Fig. 6.2).

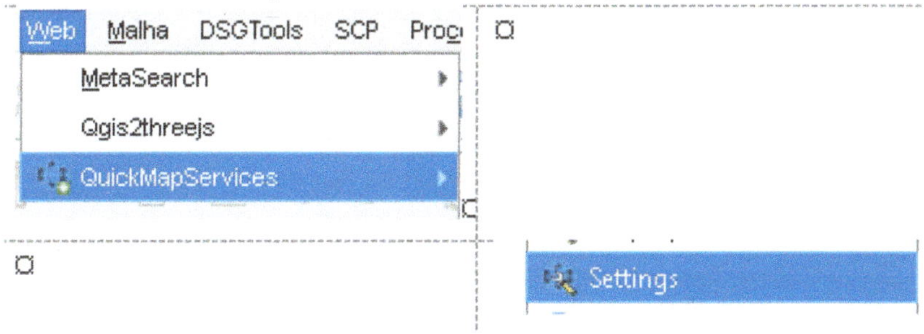

Fig. 6.2 Configurações do QuickMapServices

Vai abrir a janela da Fig. 6.3; clique em "More services".

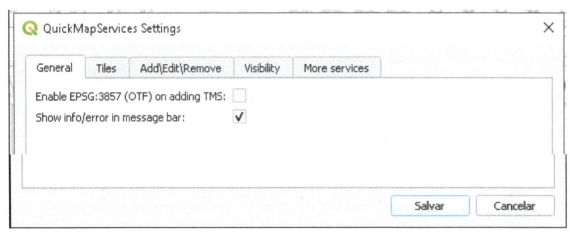

Fig. 6.3 Configurando o QuickMapServices

Em "More services" (Fig. 6.4), pressione "Get contributed pack"; dessa forma, o programa instala todas as possibilidades de pacotes de provedores on-line.

Fig. 6.4 Instalando todas as possibilidades de pacotes de provedores on-line

Agora quando entrar no menu "Web" > "QuickMapServices" (Fig. 6.5), aparece uma série de provedores on-line disponíveis. Para carregar imagens Google, clique em "Google" > "Google Satellite".

6 Inserção de imagens do Google Earth no QGIS 3.30.1 | 105

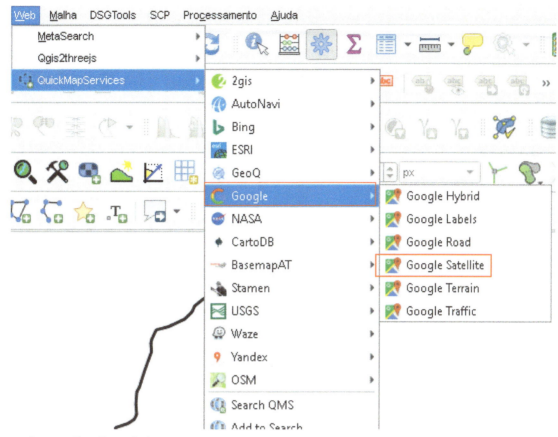

Fig. 6.5 Provedores on-line disponíveis

Pronto, o programa inseriu a imagem do Google Earth no seu projeto (Fig. 6.6).

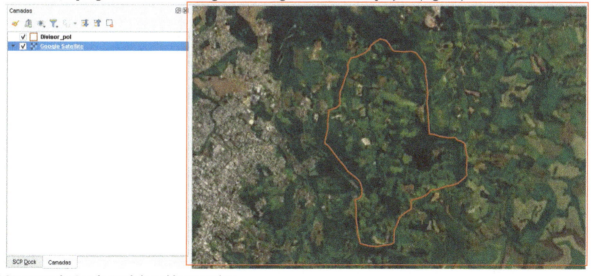

Fig. 6.6 Imagem do Google Earth inserida no projeto

6.2 Salvando a imagem carregada do Google Earth

A imagem que o programa carrega é do planeta inteiro. Para salvar a imagem do projeto em estudo, desabilite todos os vetores que estão sobre a imagem, vá em "Projeto" > "Importar/Exportar" > "Exportar mapa para imagem" (Fig. 6.7).

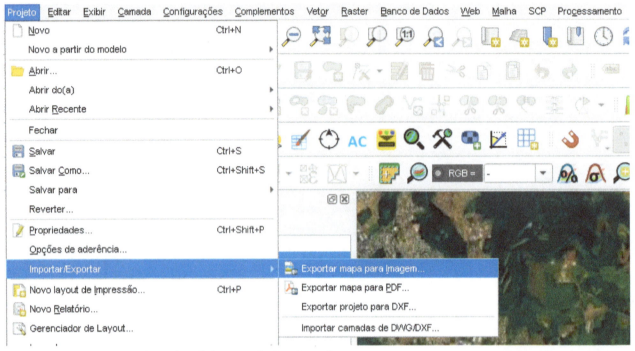

Fig. 6.7 Salvando um recorte do projeto da imagem do Google Earth

Na Fig. 6.8, em "Calcular a partir de layer", selecione a camada "Divisor_pol.shp", que tem a extensão da área a ser exportada. Configure conforme a figura, pressione "Save", escolha uma pasta e digite um nome de arquivo para salvar.

Vá em "Inserir camada raster" e insira o arquivo "ImaGoogleEarth.tif" (Fig. 6.9). Pronto, a imagem está inserida! Agora verifique se o SRC da camada está adequado; se não, configure-o. Pode remover a camada "GoogleSatellite" inserida pelo QuickMapServices, que é do mundo inteiro.

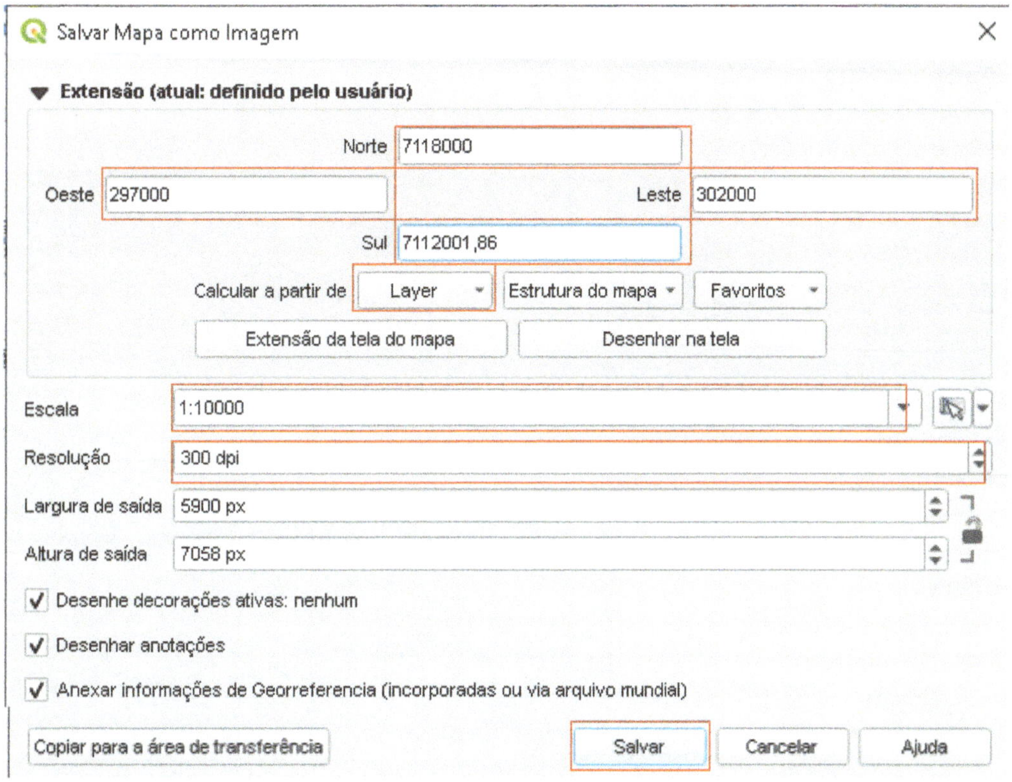

6 Inserção de imagens do Google Earth no QGIS 3.30.1 | 107

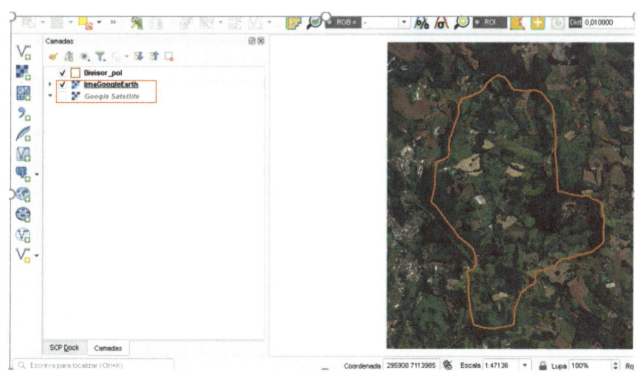

Fig. 6.8 Configurações para salvar o recorte da imagem do Google Earth

Fig. 6.9 Inserindo a imagem-recorte do Google Earth e excluindo a imagem geral

6.3 Instalando o Orfeo Toolbox (OTB) para realizar fusão de imagens no QGIS 3.30.1

O primeiro passo é acessar o site <https://www.orfeo-toolbox.org/>. Vai aparecer a página da Fig. 6.10.

Fig. 6.10 Página do Orfeo Toolbox

Vai abrir a Fig. 6.11. Clique sobre "Windows". Aparecerá uma janela pedindo para definir uma pasta para salvar "O OTB-8.1.1-Win64.zip".

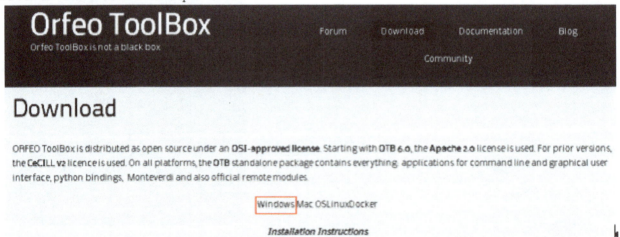

Fig. 6.11 Executando o download do OTB-8.1.1

No meu caso, o arquivo foi baixado na pasta "OTB-8.1.1-Win64.zip" (Fig. 6.12). Veja que é uma versão para sistemas 64 bits.

Será feito o download do arquivo comprimido "OTB-8.1.1-Win64.zip", o qual deve ser descomprimido no disco C. Dê duplo clique com o botão esquerdo do mouse sobre o arquivo para abrir o Winzip, e selecione "Extrair para o drive C", conforme a seguir.

Fig. 6.12 Download do OTB-8.1.1-Win64.zip

Clique em "Extrair" e selecione o drive C em "...".

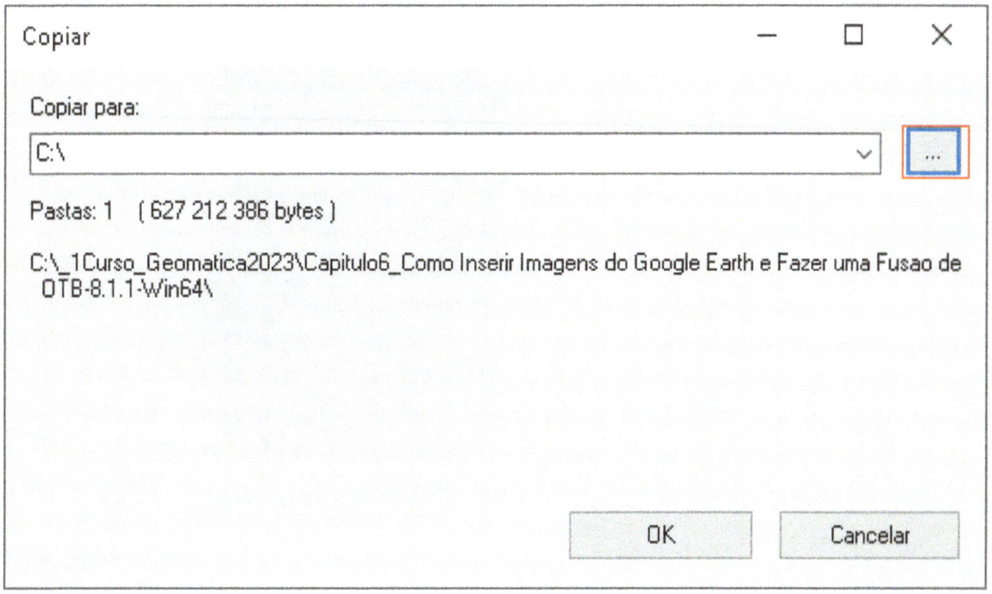

Fig. 6.13 Descomprimindo o OTB-8.1.1-Win64 no drive C

Veja que foi criada no drive C a pasta "C:\OTB-8.1.1-Win64". Com isso, a instalação do Orfeo Toolbox (OTB) está completa em nosso computador. O passo seguinte é a configuração dos algoritmos no núcleo de processamento do QGIS 3.30.1.

Para fazer a configuração, vá em "Configurações" > "Opções" > "Processamento" e abra a guia "Provedores" (Fig. 6.14).

110 | INTRODUÇÃO AO QGIS

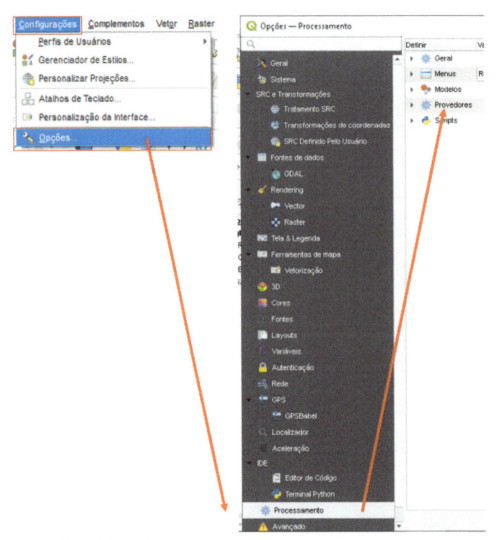

Fig. 6.14 Sequência para ativação do Orfeo Toolbox

Em "Provedores", abra a guia "OTB". Quando abrir a janela da Fig. 6.15, selecione "Ativar".

Em "Pasta OTB", dê dois cliques com o mouse na faixa azul e encontre a pasta no disco C em que você extraiu o arquivo, que é "C:\OTB-8.1.1-Win64", e selecione a pasta.

O passo seguinte é indicar a "Pasta da aplicação OTB". Dê duplo clique com o mouse à direita de "Pasta da aplicação OTB" e selecione a pasta "C:\OTB-8.1.1-Win64\lib\otb\applications".

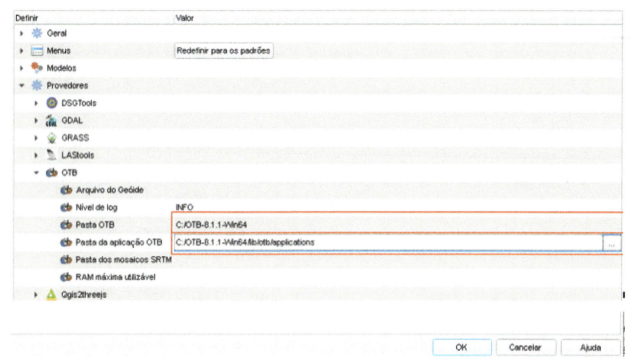

Fig. 6.15 Ativando o OTB Toolbox

Clique em "OK", e o Orfeo Toolbox estará configurado e disponível na caixa de ferramentas (Fig. 6.16).

Fig. 6.16 OTB Toolbox disponível na caixa de ferramentas

6.4 Fusão de imagens com Orfeo Toolbox (OTB) no QGIS 3.30.1

Vamos realizar a fusão das imagens CBERS_4A_Banda3_8M_2023_05_14_Recortada (R), CBERS_4A_Banda4_8M_2023_05_14_Recortada (G), e CBERS_4A_Banda2_8M_2023_05_14_Recortada (B) com a imagem do CBERS_4A_PAN2M_2023_05_14_Recortada. Para este caso, já temos as imagens recortadas da região da Bacia do Rio São José, em Francisco Beltrão.

Para facilitar a compreensão, vamos inserir as imagens no projeto novo que criamos só com o "Divisor_pol", a imagem do Google Earth e as imagens do exercício.

O primeiro passo é montar uma composição colorida das bandas 3(R), 4(G) e 2(B). Primeiro, pela ferramenta raster, adicionamos as três imagens como camadas no nosso projeto.

Ao clicar com o botão direito do mouse sobre uma das imagens, acesse "Propriedades" > "Informações" e vá em tipo de dado: "Int16 – inteiro de 16 bits com sinal", portanto, são imagens 16 bits com sinal.

Para montar a composição colorida, vá em "Raster" > "Miscelânea" > "Mosaico" (Fig. 6.17).

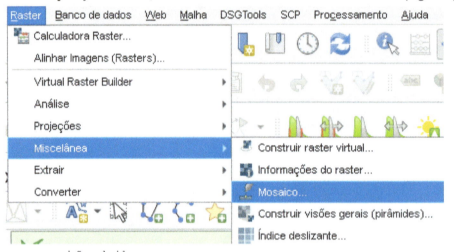

Fig. 6.17 Montando uma composição colorida

Em "Mosaico", a janela da Fig. 6.18 será aberta. Em "Camadas de entrada", selecionamos as camadas que carregamos, ou podemos ir em "Adicionar arquivo" e carregar direto de uma pasta. Observação: deixar as bandas na ordem 3(R), 4(G) e 2(B) – Fig. 6.19.

Deixe a janela configurada conforme a Fig. 6.18.

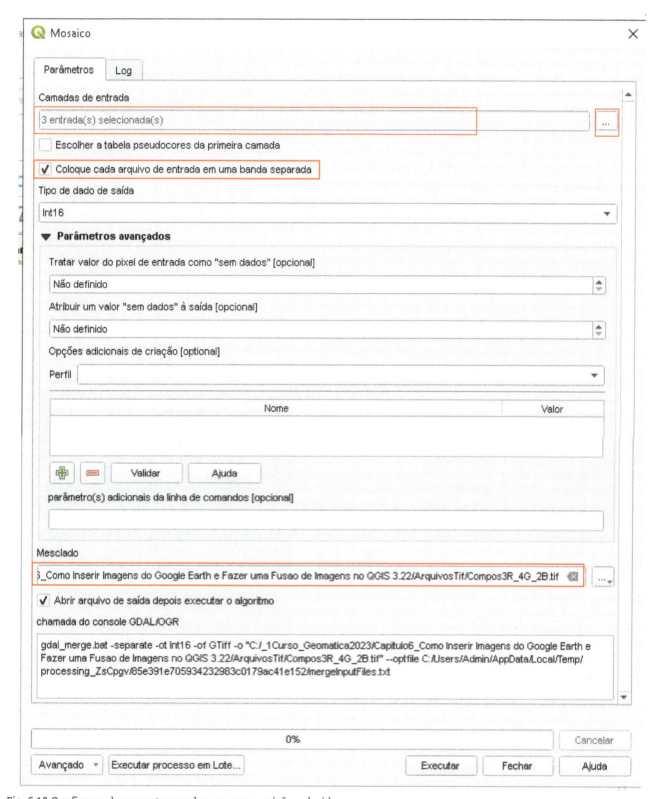

Fig. 6.18 Configurando a montagem de uma composição colorida

114 | INTRODUÇÃO AO QGIS

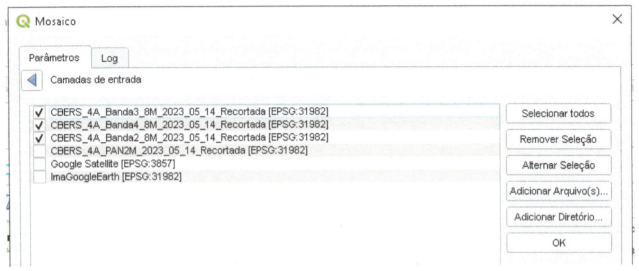

Fig. 6.19 Sequência correta das bandas para a composição colorida

Veja que o programa criou a imagem "Composicao3R_4G_2B", colorida.

Ao clicar com o botão direito do mouse sobre a imagem, acesse "Propriedades" > "Informações" e veja o tipo de dado: "Int16 – inteiro de 16 bits com sinal", portanto, são imagens 16 bits com sinal.

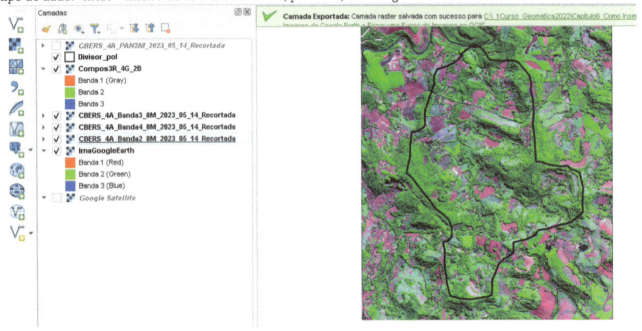

Fig. 6.20 Composição colorida

Agora vamos executar o "Superimpose". Vá em "Caixa de Ferramentas de Processamento" > "OTB" > "Geometry" > "Superimpose" (Fig. 6.21).

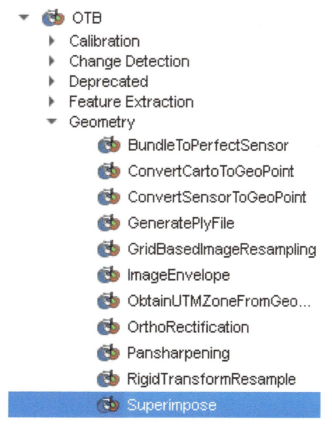

Fig. 6.21 Executando a ferramenta "Superimpose" para fusão de imagens

A janela da Fig. 6.22 será aberta. Em "Reference input", carregue a imagem PAN com 2 m de resolução (CBERS_4A_PAN2M_2023_05_14_Recortada). Em "The image to reproject", carregue a composição colorida "Composicao3R_4G_2B" e configure o resto conforme a sequência.

Em "Output image", salve em arquivo e coloque o nome "Superimpose". O programa gerou a imagem "Superimpose", 16 bits com sinal, com pixel 2/2 m, conforme a Fig. 6.23.

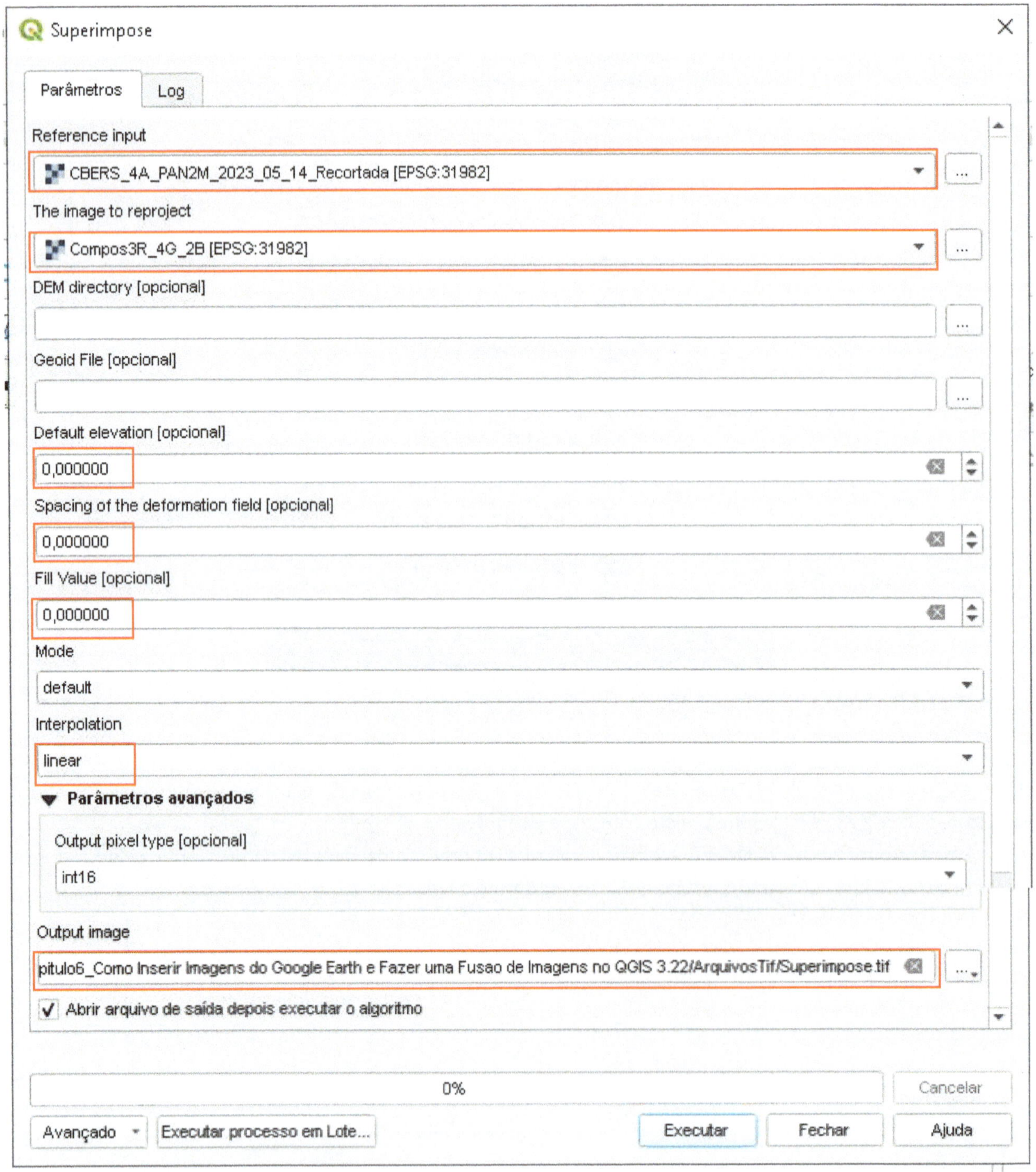

116 | INTRODUÇÃO AO QGIS

Fig. 6.22 Configurando a execução de "Superimpose"

6 Inserção de imagens do Google Earth no QGIS 3.30.1 | 117

 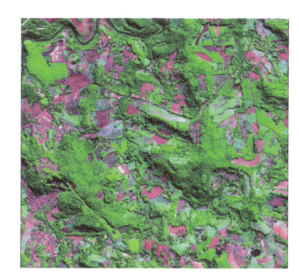

Fig. 6.23 Imagem gerada pela ferramenta "Superimpose"

Agora vamos realizar a fusão. Vá em "Caixa de Ferramentas de Processamento" > "OTB" > "Geometry" > "Pansharpening".

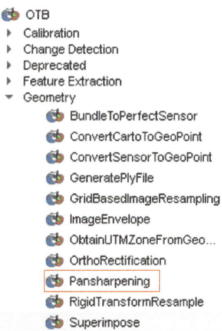

Fig. 6.24 Executando a ferramenta "Pansharpening"

Vai abrir a janela da Fig. 6.25. Em "Input PAN image", selecione o arquivo da banda pan com 2 m; neste caso, chamamos de "CBERS_4A_PAN2M_2023_05_14_Recortada", e depois selecione a imagem "Superimpose". Em "Algoritmo", selecione rcs, e defina um arquivo de saída em "Output image"; neste caso, chamamos de "FusaoCBERS4A_2m". E pronto! É só pressionar executar, e a imagem fusionada será gerada (Fig. 6.26).

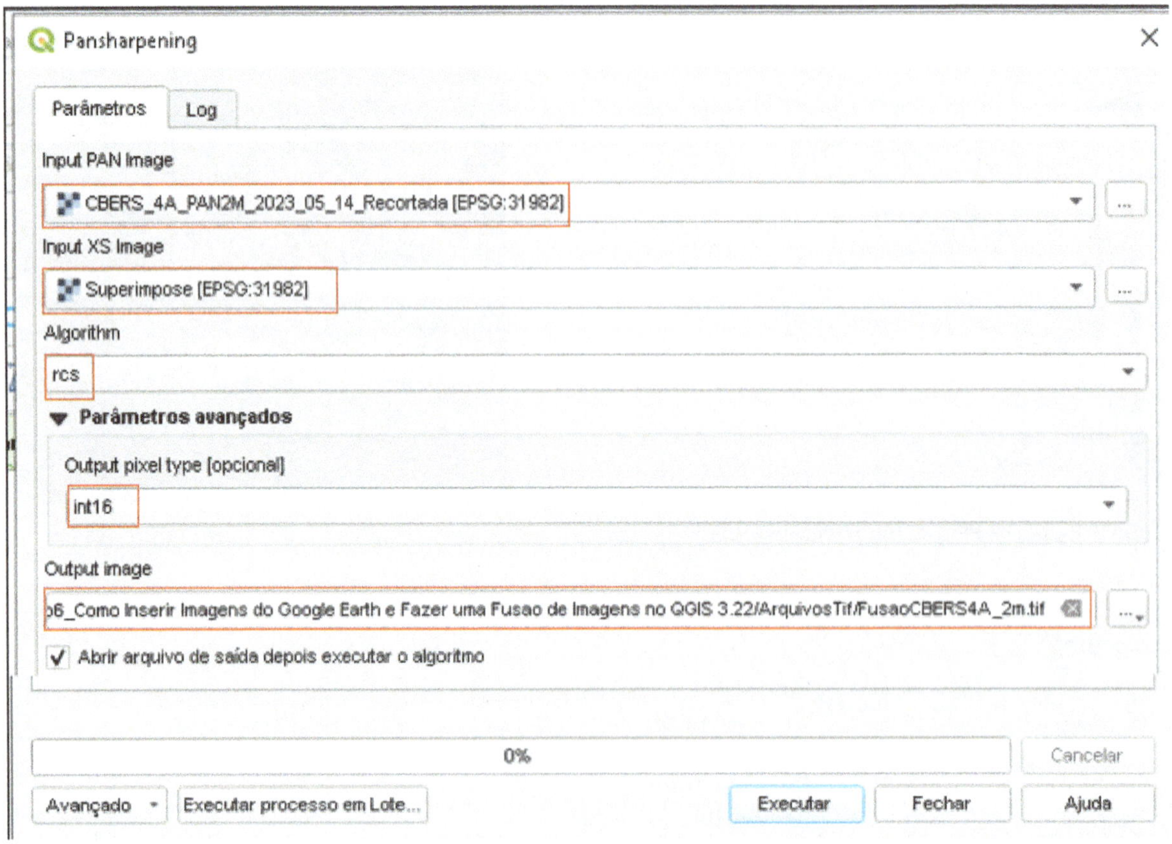

118 | INTRODUÇÃO AO QGIS

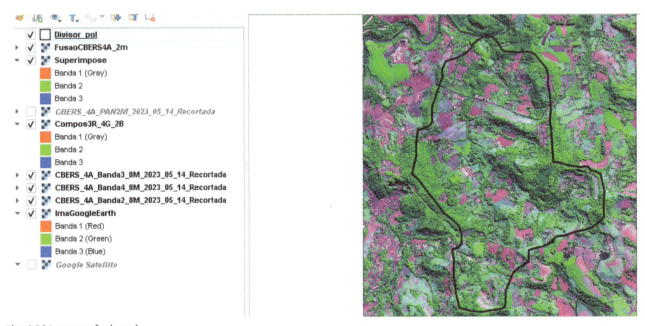

Fig. 6.25 Configurando o OTB > "Geometry" > "Pansharpening"

Fig. 6.26 Imagem fusionada

Pronto! O arquivo 16 bits foi gerado, agora é só ajustar o contraste. O contraste pode ser ajustado automaticamente, selecionando a camada e clicando no ícone  , ou então selecionando a camada e, ao clicar com o botão direito do mouse, seguindo o caminho "Propriedades" > "Histograma" > "Calcular histograma" (Fig. 6.27).

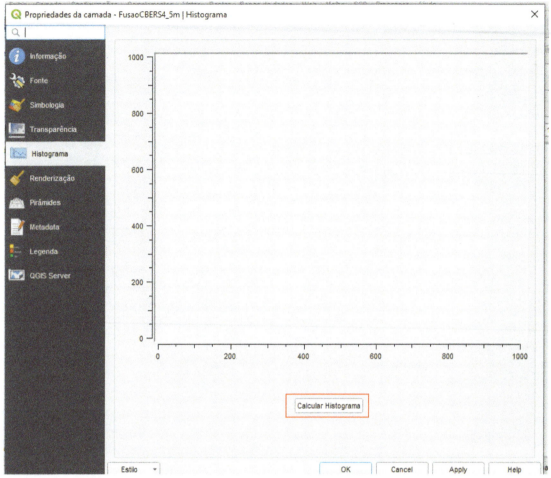

Fig. 6.27 Ajustando o histograma da imagem

Ajuste manualmente o histograma, de acordo com a Fig. 6.28.

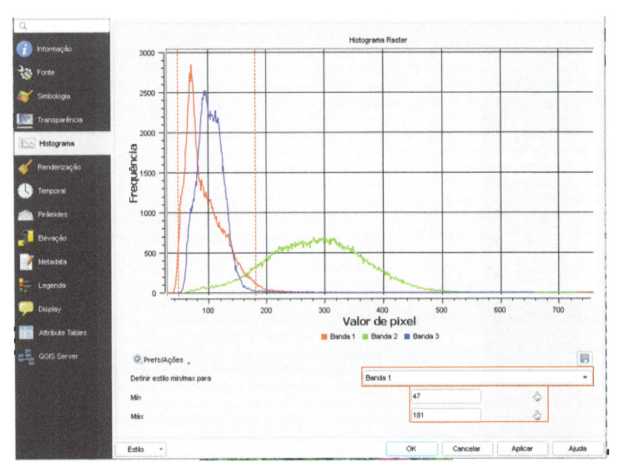

Fig. 6.28 Ajustando o histograma manualmente

Se quiser converter a imagem para outro formato, vá em "Raster" > "Converter" > "Converter (converter o formato)", conforme a Fig. 6.29.

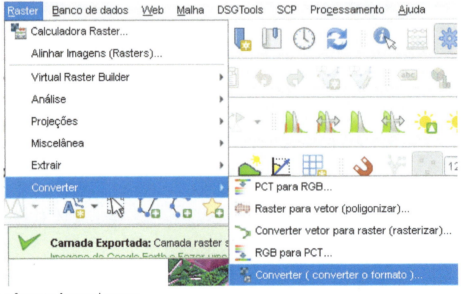

Fig. 6.29 Mudando o formato de uma imagem

Preencha a janela da Fig. 6.30, com as seguintes informações: em "Tipo de dado de saída", selecione "Byte" (1 byte = 8 bits). Defina um arquivo de saída em "Convertido". Pressione "Executar" e pronto! Seu arquivo 8 bits está gerado.

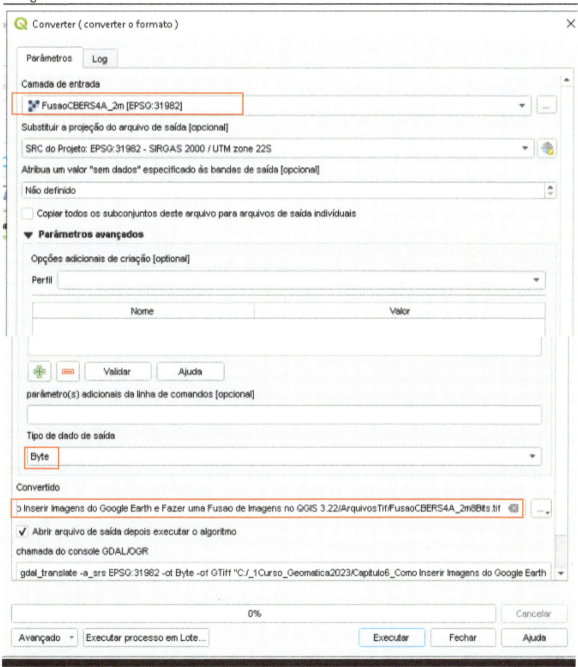

Fig. 6.30 Configurando a mudança de formato

7 Compositor

Depois de manusear as principais ferramentas do QGIS de geoprocessamento, vamos agora trabalhar com a montagem de nosso mapa (layout). No QGIS, esse layout é chamado de "Compositor".

Primeiro, crie o "ProjetoCompositor7" e salve na pasta "Projeto"; depois carregue o arquivo: "ClassificacaoFinal.tif". Vá em "Propriedades" > "Simbologia" e configure conforme a Fig. 7.1.

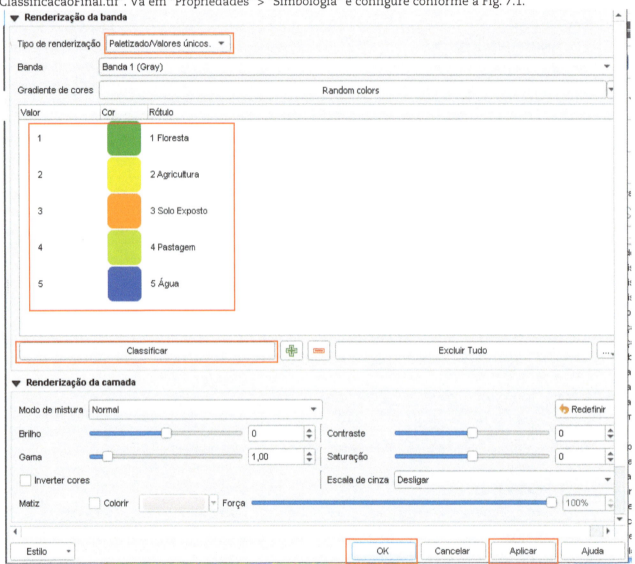

Fig. 7.1 Classificando uma imagem do uso do solo

Depois, insira os arquivos: "Divisor_pol.shp", "Perimetro_Municipio_pol.shp", "PR_LL_Sirgas2000.shp" e "Brasil_Regioes_Sirgas2000".

Vamos deixar nossa vista do QGIS com a seguinte aparência, com as camadas definidas na mesma ordem (Fig. 7.2):

7 Compositor | 123

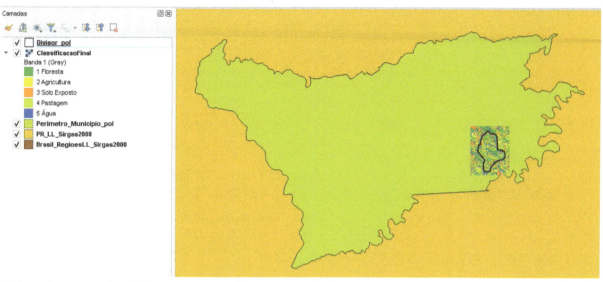

Fig. 7.2 Camadas a serem inseridas para execução dos exercícios

Deixe habilitadas só as camadas "Divisor_pol.shp" e "ClassificacaoFinal". Vá até a barra de menu > "Projeto" > "Novo layout de impressão" (Fig. 7.3).

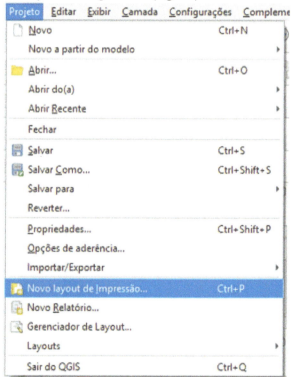

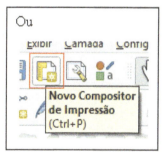

Fig. 7.3 Inserindo um layout de impressão

Uma pequena tela se abrirá (Fig. 7.4), onde devemos nomear o nosso compositor. Vamos nomeá-lo como "Compositor_curso".

124 | INTRODUÇÃO AO QGIS

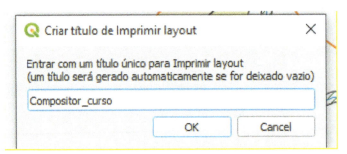

Fig. 7.4 Criando um compositor

Ao clicar em "OK", uma nova vista será aberta (Fig. 7.5), com novas barras de ferramentas e funções. Essa é a vista do compositor. Porém, a vista do QGIS continua ativa, e é possível alternar entre as duas.

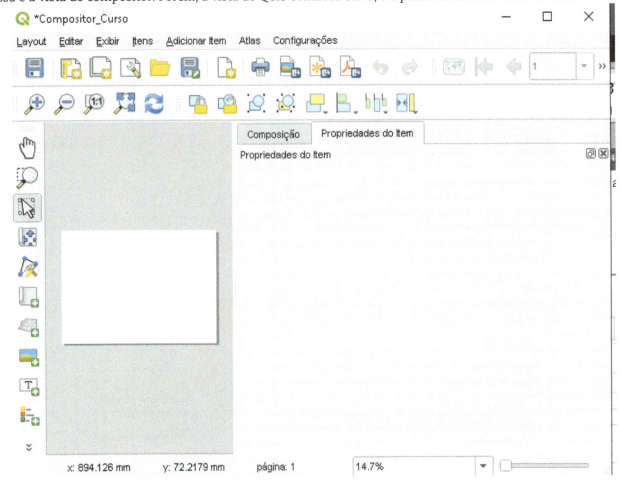

Fig. 7.5 Vista do compositor de impressão

Vamos conhecer melhor as funções e o compositor de impressão.

7.1 Compositor de impressão

O compositor de impressão fornece grandes recursos de layout e impressão. Permite que sejam adicionados elementos como o enquadramento do mapa QGIS, caixa de texto, imagens, legendas, barras de escala, formas básicas, setas, tabelas de atributos e molduras HTML. Pode ser dimensionado, agrupado, alinhado e posicionado cada elemento e ajustadas as propriedades para criar o seu layout. O layout pode ser impresso ou exportado como imagem, Postscript, PDF ou SVG, ou ser salvo como modelo e carregado outra vez em outro projeto. Finalmente, vários mapas baseados num modelo podem ser gerados através do Gerador de Atlas.

Veja na Fig. 7.6 as barras de ferramentas do compositor.

Fig. 7.6 Barras de ferramentas do compositor

Passe o mouse sobre cada ícone e você terá a descrição.

Vamos iniciar o layout do nosso trabalho abrindo o QGIS e deixando a vista como gostaríamos que ficasse no mapa final.

Em seguida, configure o layout, definindo qual será o tamanho da folha de impressão. Na Fig. 7.7 está o mapa para montar o layout.

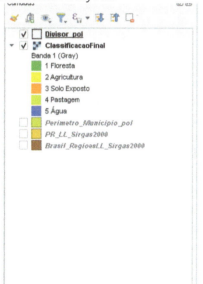
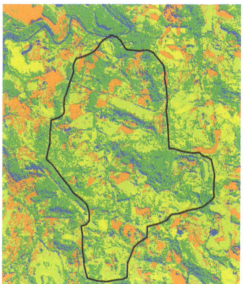

Fig. 7.7 Mapa a ser montado no compositor

Como já havíamos criado nosso compositor, vamos abri-lo, apontando para a barra de menus > "Projeto" > "Gerenciador de layout de impressão" > "Compositor_curso" (Fig. 7.8).

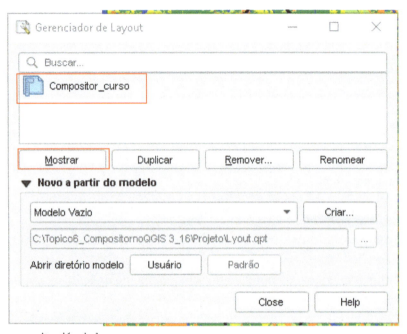

Fig. 7.8 Carregando um compositor já criado

Agora devemos fazer algumas configurações. Abra a aba "Exibir" da barra de menus e desmarque a opção "Mostrar réguas". É uma função que pouco usamos e serve para orientar a inserção de figuras na vista para que fiquem alinhadas. Isso é possível de fazer sem as réguas e aumenta o tamanho da tela de trabalho.

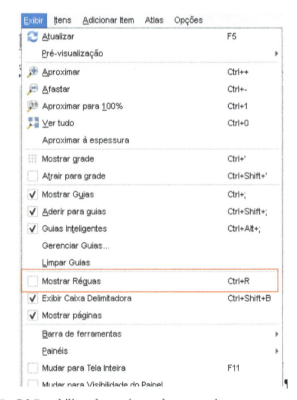

FIg. 7.9 Desabilitando as réguas do compositor

Podemos ver que as duas telas estão ativas (Fig. 7.10): a vista do nosso projeto e a vista do compositor de impressão. Essas telas ficam minimizadas na barra de tarefas do Windows e podem ser acessadas a qualquer momento.

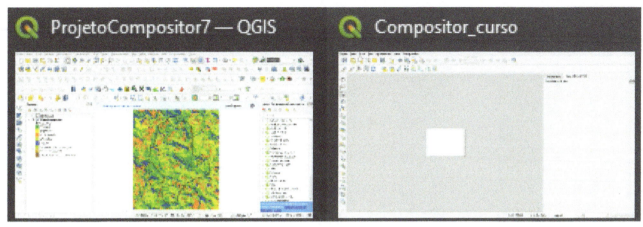

Fig. 7.10 Visualizando a janela do projeto e do compositor

Vamos configurar o tamanho da folha de impressão. No nosso caso, optamos pelo tamanho A1, porém essa configuração pode ser em A4, A3, A2 ou A0, por exemplo, sem prejuízo aos trabalhos.

Com o compositor aberto (Fig. 7.11), clique com o botão direito do mouse sobre a folha em branco e entre em "Propriedades da página".

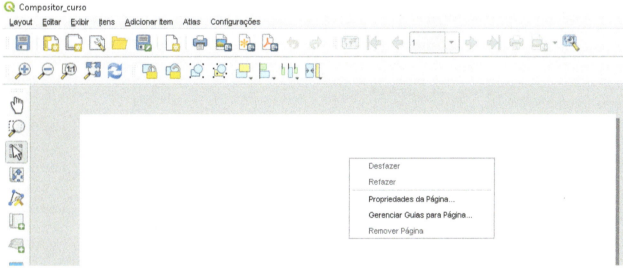

Fig. 7.11 Configurando o tamanho da página no compositor

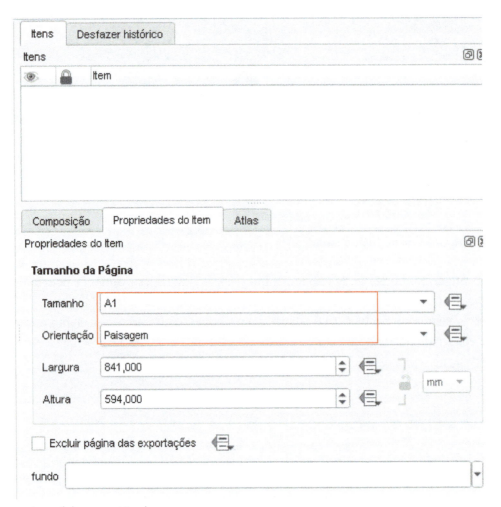

Fig. 7.12 Configurando a página para A1 paisagem

Observação: expanda totalmente para configurar a janela para A1, senão a folha ainda fica no tamanho A4.

7.2 Montando as margens do layout

Comece montando as margens do layout. Esse é um layout de exemplo, depois cada um dos usuários pode criar o seu próprio.

Na barra lateral (Fig. 7.13), clique na ferramenta "Adicionar formas" e adicione um retângulo.

Fig. 7.13 Adicionando formatos no layout

Ao fazer isso, seu cursor fica no formato de uma pequena cruz que facilita a definição da distância da borda da folha. Clique com o botão direito e arraste, formando o retângulo (Fig. 7.14).

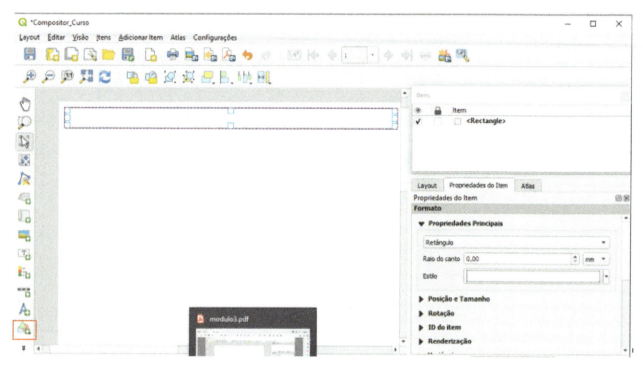

Fig. 7.14 Adicionando formatos em forma de retângulos

Vamos inserir mais um retângulo, agora pegando toda a vista, conforme a Fig. 7.15.

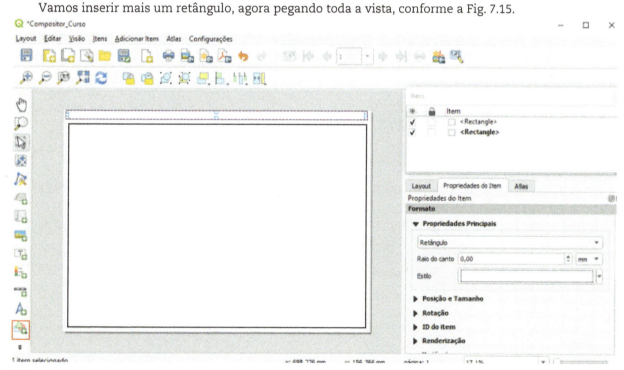

Fig. 7.15 Inserindo retângulo para toda a vista

Montados os retângulos básicos, vamos inserir o nosso mapa principal na vista. Para isso, vamos usar a ferramenta "Adicionar novo mapa" (Fig. 7.16).

Ao clicar nessa ferramenta, novamente o cursor fica na forma de uma cruz, e tem o mesmo comportamento de como se fôssemos inserir um retângulo. Clique com o botão direito e arraste, formando um retângulo, e, ao soltar o botão do mouse, aparecerá o vetor que estiver na vista do QGIS.

Conforme os procedimentos anteriores, veja que, enquanto estava arrastando o retângulo e ajustando-o às margens, não aparecia o mapa da vista. No momento em que soltamos o botão, a imagem ou vetor que está na vista do QGIS aparece no nosso compositor. Ela está deslocada, e por isso vamos ajustá-la e definir uma escala para ela.

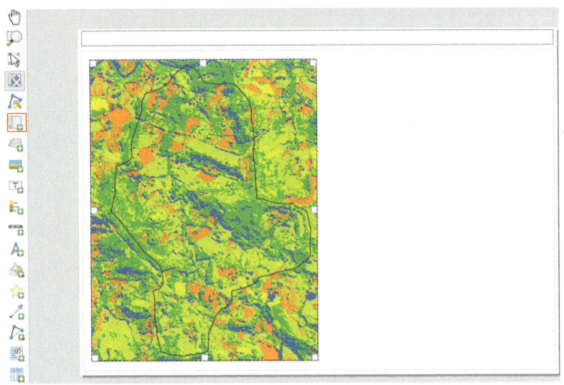

Fig. 7.16 Adicionando um mapa

Para corrigir esse deslocamento do vetor, vamos usar a ferramenta "Mover item do conteúdo".

Clique nessa ferramenta, clique sobre o vetor da vista com o botão esquerdo do mouse e arraste a figura até que fique centralizada na vista.

Vamos iniciar a configuração da nossa vista principal. Essa configuração deve ser feita no painel lateral: dê um clique sobre a vista do compositor, para destacar o vetor (Fig. 7.17).

Fig. 7.17 Destacando uma vista no compositor

No painel de controle, clique em "Propriedades do item". Deixe uma escala com números inteiros, por exemplo, 16.000 ou 10.000. Configure a SRC em que você deseja que o mapa seja montado (Fig. 7.18).

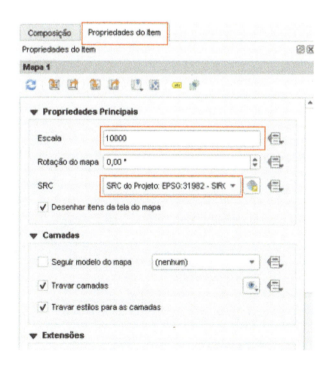

Fig. 7.18 Configurando escala e SRC

7.3 Configurando a grade de coordenadas

Subindo a tela, vamos configurar a grade de coordenadas, clicando sobre a palavra "Grades" (Fig. 7.19).

132 | INTRODUÇÃO AO QGIS

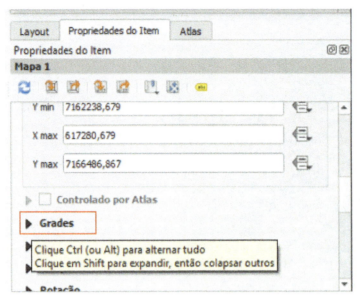

Fig. 7.19 Acessando a configuração da grade de coordenadas

Ao clicar em "Grades", a tela se expandirá, mostrando as alternativas ao lado (Fig. 7.20). Clique no sinal "+" e habilite as ferramentas, criando a Grade 1.

Fig. 7.20 Habilitando a configuração da grade

Clique em "Modificar grade":
- Tipo de grade: "Cruz";
- Unidades de intervalo: deixe como está;
- Intervalo: x = 1000,0000000, y = 1000,0000000 (esse intervalo depende do tamanho da folha e escala);
- Deslocamento: deixe em zero;
- Espessura do cruzamento: 10,00 mm.

Fig. 7.21 Configuração da grade – 1ª etapa

Suba a tela de controle até ficar visível a opção "Moldura da grade" (Fig. 7.22):
- Estilo de moldura: "Linhas interiores";
- Tamanho da moldura: 5 mm;
- Espessura da linha: 0,50 mm;
- Demais opções: deixe como estão.

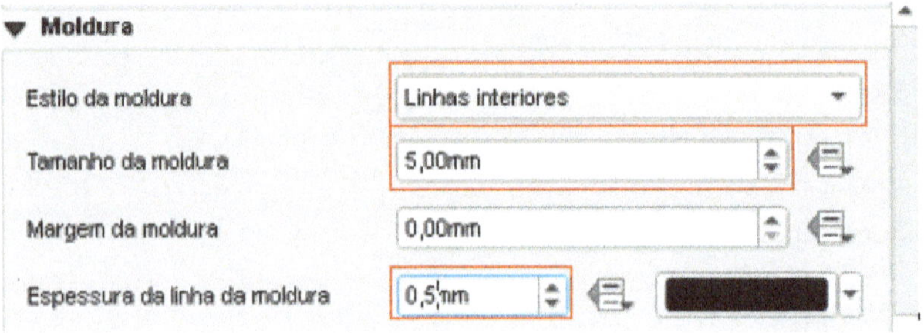

Fig. 7.22 Configurando a moldura

Vamos configurar "Desenhar coordenadas", conforme Fig. 7.23:
- Formato: manter o formato decimal;
- Esquerda:
- Mostrar todos;
- Fora da moldura;
- Vertical ascendente;
- Direita:
- Mostrar todos;
- Fora da moldura;
- Vertical ascendente;
  o Topo:
  - Mostrar todos;
  - Fora da moldura;
  - Horizontal;
  o Base:
  - Mostrar todos;
  - Fora da moldura;
  - Horizontal;
  o Fonte: normal, tamanho 20;
  o Precisão da coordenada: 0 (zero).

Fig. 7.23 Configuração da grade – 2ª etapa

Você pode deixar desabilitadas as coordenadas da direita e da base, apenas mostrando as coordenadas da esquerda e do topo. Isso deixa o mapa mais "limpo" e é suficiente para se fazer a leitura de coordenadas de algum ponto do mapa. Também podemos verificar que, ao deixarmos a precisão das coordenadas em zero, diminuiu-se o tamanho, facilitando a leitura.

Configurações diferentes podem ser feitas. Essa foi apenas uma sugestão de configuração de mapa.

Se tivermos rios e nascentes no mapa, para uma visualização melhor, vamos mudar o RGB para: R = 104, G = 235, B = 244. Depois que fizer isso no mapa, clique em "Atualizar pré-visualização".

7 Compositor | 135

7.4 Inserindo outras informações no layout

O próximo passo é inserir outras informações em nosso layout.

Vamos inserir uma logomarca, que pode ser de sua empresa, ou mesmo uma logomarca sua, que deve estar no formato de imagem.

Clique na ferramenta "Adicionar imagem" ( ); repare que o cursor fica em formato de cruz. Desenhe um quadrado no alto da tela, ao lado da tela principal. Ao soltar o botão de arraste, o quadrado fica no formato da Fig. 7.24 à esquerda.

Ao lado, no painel de controle, em "Propriedades principais", aparecerá a fonte da imagem, e abaixo um retângulo em branco e um pequeno retângulo com três pontinhos (Fig. 7.24).

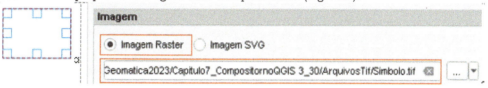

Fig. 7.24 Inserindo um símbolo no layout

Clique nesses pontinhos e aponte para o local onde está arquivada sua imagem: "_1Curso_Geomatica2023/Capitulo7_CompositornoQGIS 3_30/ArquivosTif:Simbolo". Dê um clique em símbolo e depois em "Abrir". Clique em qualquer ponto da tela e o resultado será esse:

Fig. 7.25 Símbolo do QGIS

O próximo passo é inserir no layout as legendas do mapa. Antes, deve-se garantir que o mapa não sofrerá alterações devido ao manuseio do compositor. Para isso, dê um clique sobre o mapa, selecionando-o, vá no painel de controle e marque a caixa "Travar camadas para o item do mapa" e, em seguida, ""Travar estilos para as camadas" (Fig. 7.26).

Fig. 7.26 Como travar as camadas e estilos do mapa

Para inserir as legendas, clique na ferramenta "Adicionar nova legenda" ( ). Ao desenhar o retângulo, veremos que a legenda aparece com um tamanho preconcebido pelo QGIS, logo, teremos que configurá-la. Para isso, no painel de controle, desmarque a caixa "Atualização automática" (Fig. 7.27).

Fig. 7.27 Inserindo legendas

Suba o painel e clique em "Fontes". Em "Título da fonte":
• Estilo da letra: Negrito;
• Tamanho: 28.

Em "Fonte do item":
• Estilo da letra: Normal;
• Tamanho: 22.

Em "Símbolo", mude o tamanho dos símbolos para 15 de altura e 15 de largura. Ainda no painel de controle, em "Espaçamento", use os seguintes valores:

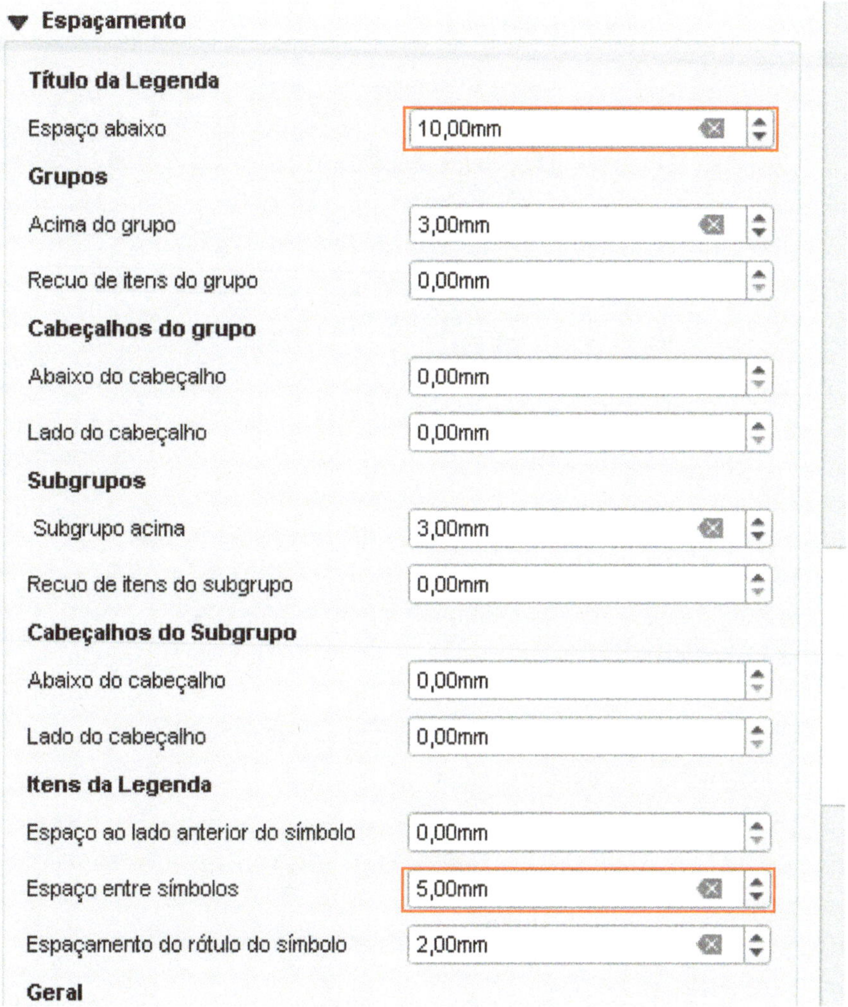

Fig. 7.28 Configurando os espaçamentos

Esses espaçamentos podem variar, dependendo do tamanho da folha de impressão e escala do mapa.

Podemos e devemos alterar os nomes das camadas, para que todos possam entender o que diz a legenda. Também podemos alterar a ordem das camadas. Para isso, vamos deixar desmarcada a opção "Atualização automática", e usar a barra de ferramentas na parte inferior do painel de controle:

Fig. 7.29 Configurando itens da legenda

Clique duas vezes sobre a camada cujo posicionamento se deseja alterar e em uma das ferramentas que indicam subir ou descer a camada na legenda.

Vamos fazer esse rearranjo com todas as camadas:

Fig. 7.30 Arranjo de camadas da legenda

Agora vamos mudar os nomes das camadas, para que todos que manusearem o mapa possam entender a legenda. Para isso, clicamos duas vezes sobre o nome da camada que queremos mudar. Uma pequena tela se abrirá, e nela vamos colocar o nome que queremos.

No caso de subtítulo, por exemplo, "Camada de uso", não nos interessa mantê-lo, então podemos clicar duas vezes sobre ele e deixar a tela vazia, e o subtítulo não aparecerá na legenda.

A legenda ficou como na Fig. 7.31. Ao marcarmos a opção "Moldura", criamos uma moldura para a legenda. Essa moldura pode ser ajustada para que nosso layout fique com melhor aparência.

7 Compositor | 139

Fig. 7.31 Legenda fina

O próximo passo é a adição dos dados da bacia:

Bacia do Rio São José, município de Francisco Beltrão. Área: 983,2800 há; perímetro: 14.434,66 m.

Vamos adicionar um texto. Para isso, usamos a ferramenta "Adicionar novo rótulo". Vejam que, no lado direito, abriu uma tela em que está escrito QGIS. Nessa tela, vamos digitar os dados que queremos. Devemos apagar o trecho "Lorem ipsum" e montar nosso texto:

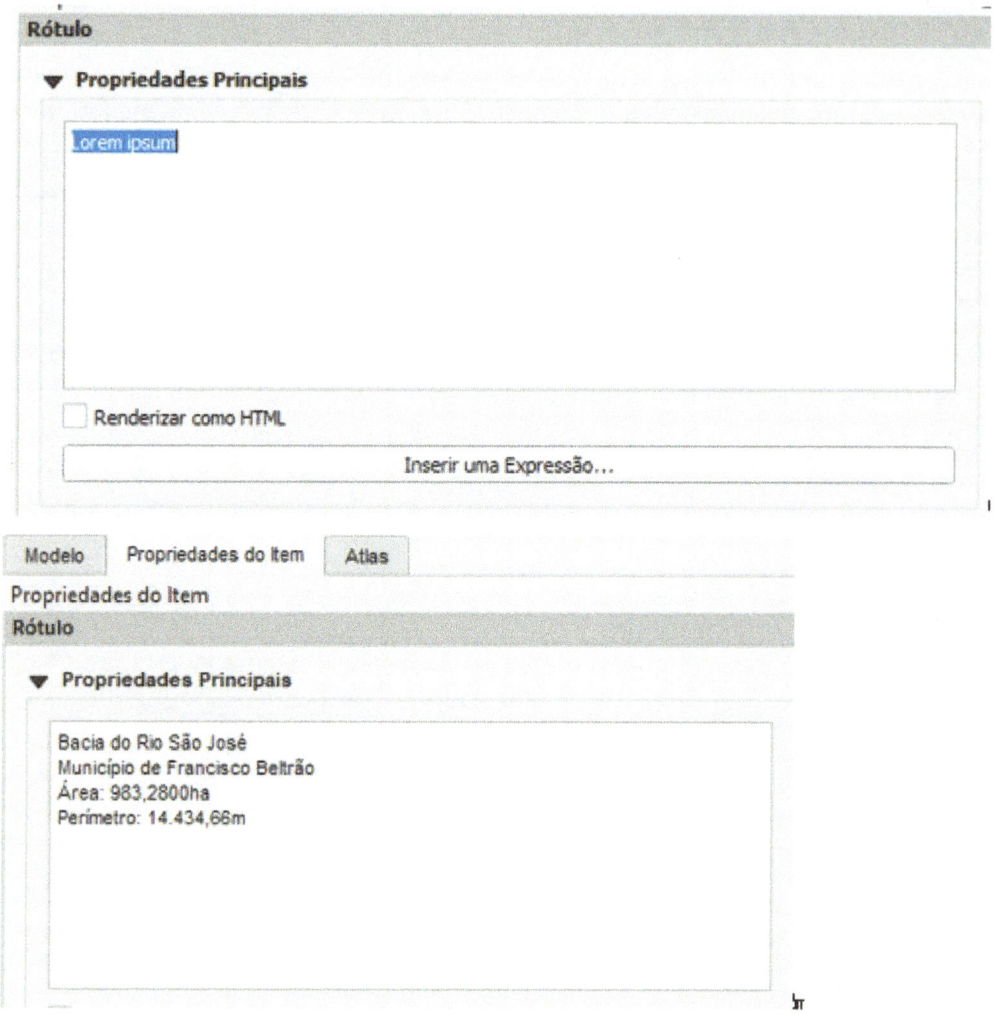

Fig. 7.32 Inserindo e configurando um texto

Vejam que tudo o que foi preenchido na caixa de "Propriedades principais" está dentro da nossa caixa de texto no mapa. Porém, precisamos ainda configurar o tamanho da fonte e os espaçamentos. Clique em "Fonte", deixe o estilo como "Normal" e o tamanho da fonte como 20. Configurar também "Moldura" e "Fundo".

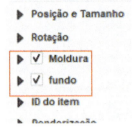

Fig. 7.33 Configurando a moldura e o fundo do texto

Podemos ainda espaçar um bloco de informações e outro, colocando entre eles, por exemplo, uma indicação do Norte (rosa dos ventos), escala etc.

Vamos espaçar o nosso primeiro bloco de informações e inserir uma seta indicadora do Norte e também a escala do mapa, e depois continuamos com um bloco de texto com informações do profissional responsável pelo projeto. Para isso, basta clicar na tecla "Enter" do seu teclado, tantas vezes forem necessárias, para criar o espaço para inserção das outras informações.

A rosa dos ventos é uma imagem. O QGIS já possui uma galeria com diversos tipos de imagem para ser adicionadas e, entre elas, algumas são de indicadoras de Norte. Para adicionar, clique na ferramenta "Adicionar imagem" e crie com o mouse o retângulo onde a imagem será inserida. No painel de controle (Fig. 7.34), clique na opção "Imagem SVG", que vai abrir uma pequena tela com as figuras de diversos arquivos; é só dar dois cliques sobre uma figura e ela irá aparecer no quadro da imagem. Será aberta uma tela com muitos símbolos, onde se pode achar a melhor rosa dos ventos para o trabalho. Não são muitas as opções, porém é possível baixar imagens de rosa dos ventos da internet e adicioná-las em seu projeto.

Vamos escolher esse modelo do QGIS. Dê um clique sobre ea imagem e imediatamente ela já é carregada no lugar determinado. Podemos diminuir ou aumentar o tamanho do indicador de Norte, de acordo com a necessidade.

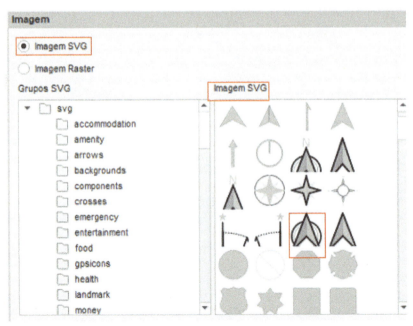

Fig. 7.34 Inserindo Norte

Agora, temos que adicionar a escala de barras dentro do nosso mapa. Para tal, utilizaremos a ferramenta "Adicionar nova barra de escala". Podemos também fazer ajustes nessa barra de escalas, conforme Fig. 7.35.

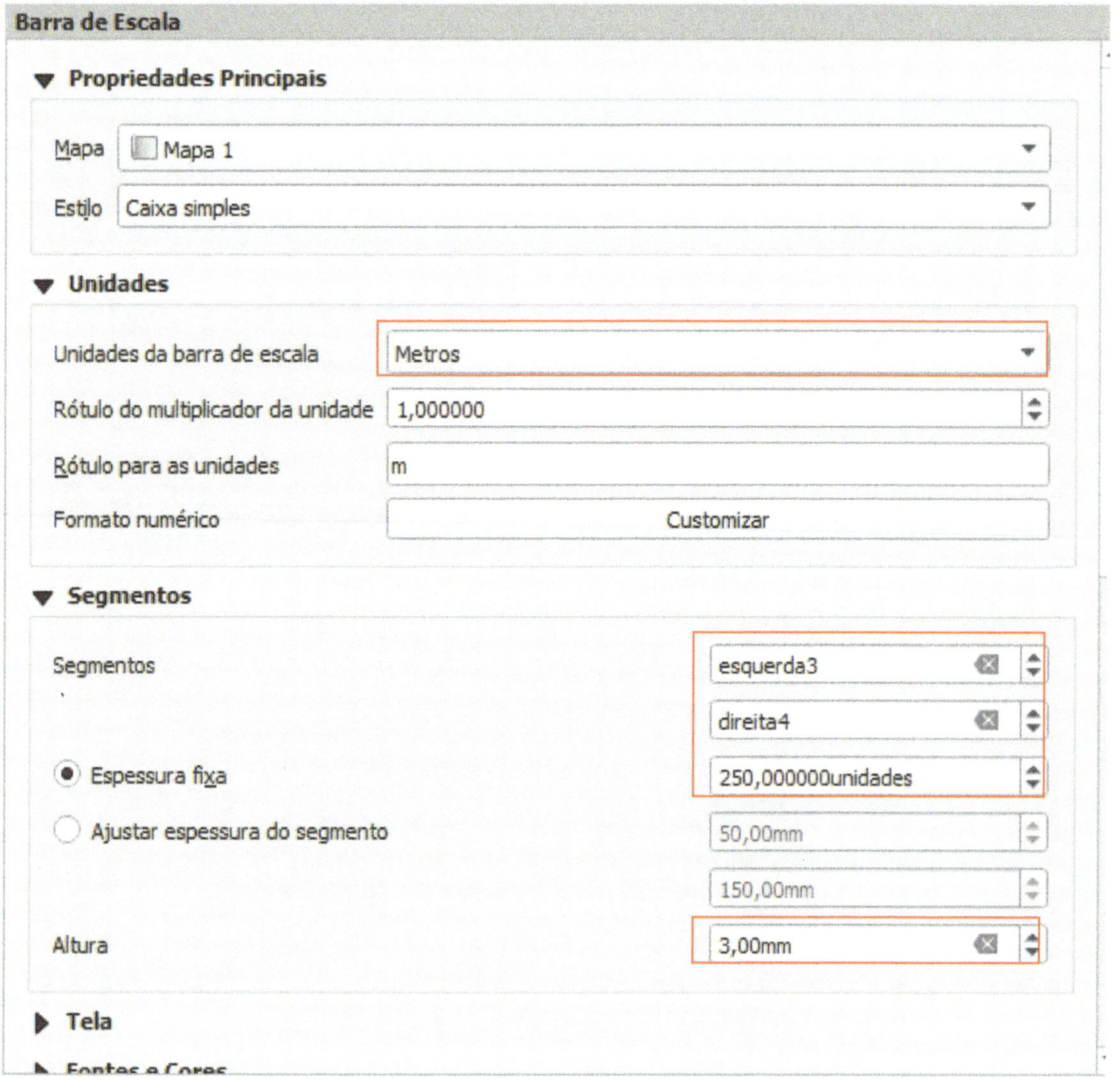

Fig. 7.35 Adicionando escala gráfica

Com a mesma ferramenta de "Adicionar nova barra de escala", será inserida a barra de escala, porém, no painel de controle, "Propriedades principais" > "Estilo", escolhemos a opção "Numérico".

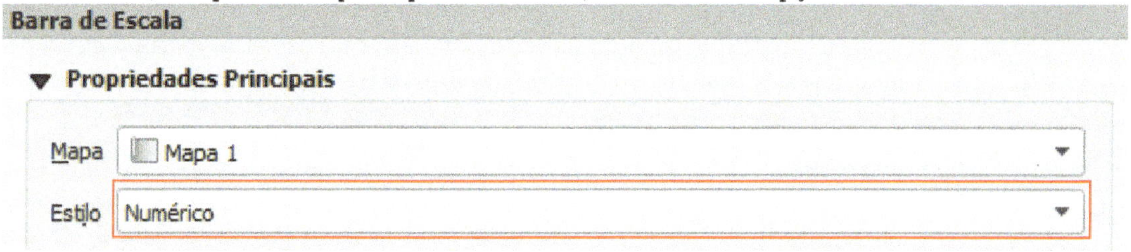

Fig. 7.36 Adicionando escala numérica

Depois, clicamos em "Tela", que se expandirá, e em seguida sobre "Fonte...". Escolhemos estilo (normal), tipo de letras e tamanho (26).

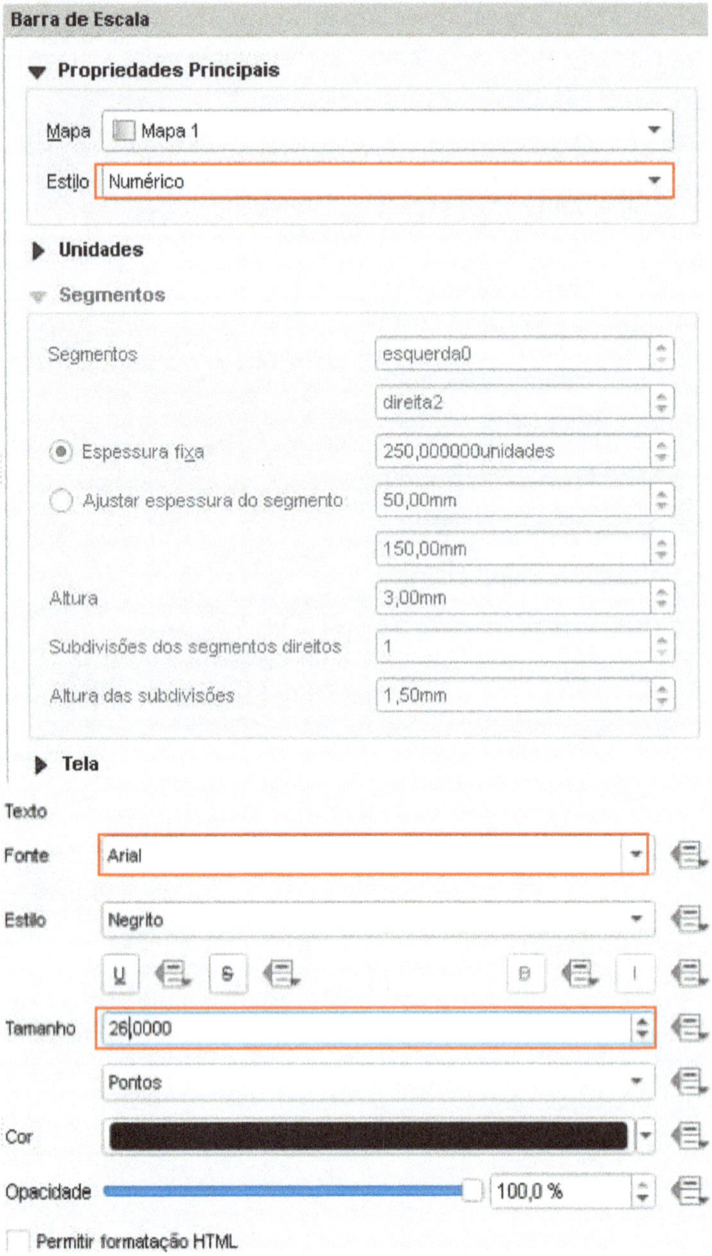

142 | INTRODUÇÃO AO QGIS

Fig. 7.37 Definindo a fonte da escala numérica

Na sequência, vamos adicionar o título do nosso mapa. Use a ferramenta "Adicionar novo rótulo". Faça o retângulo ao longo do retângulo superior e, quando soltar o botão do mouse, será aberta a caixa de texto no painel de controle. Nomearemos o mapa como "MAPA DE PERÍMETRO E USO DO SOLO".

Observe que teremos que configurar o texto do mapa. Clique em "Fonte":

• Estilo, tipo de fonte: Negrito;

• Tamanho: 72;

• Cor: R = 15, G = 160, B = 0.

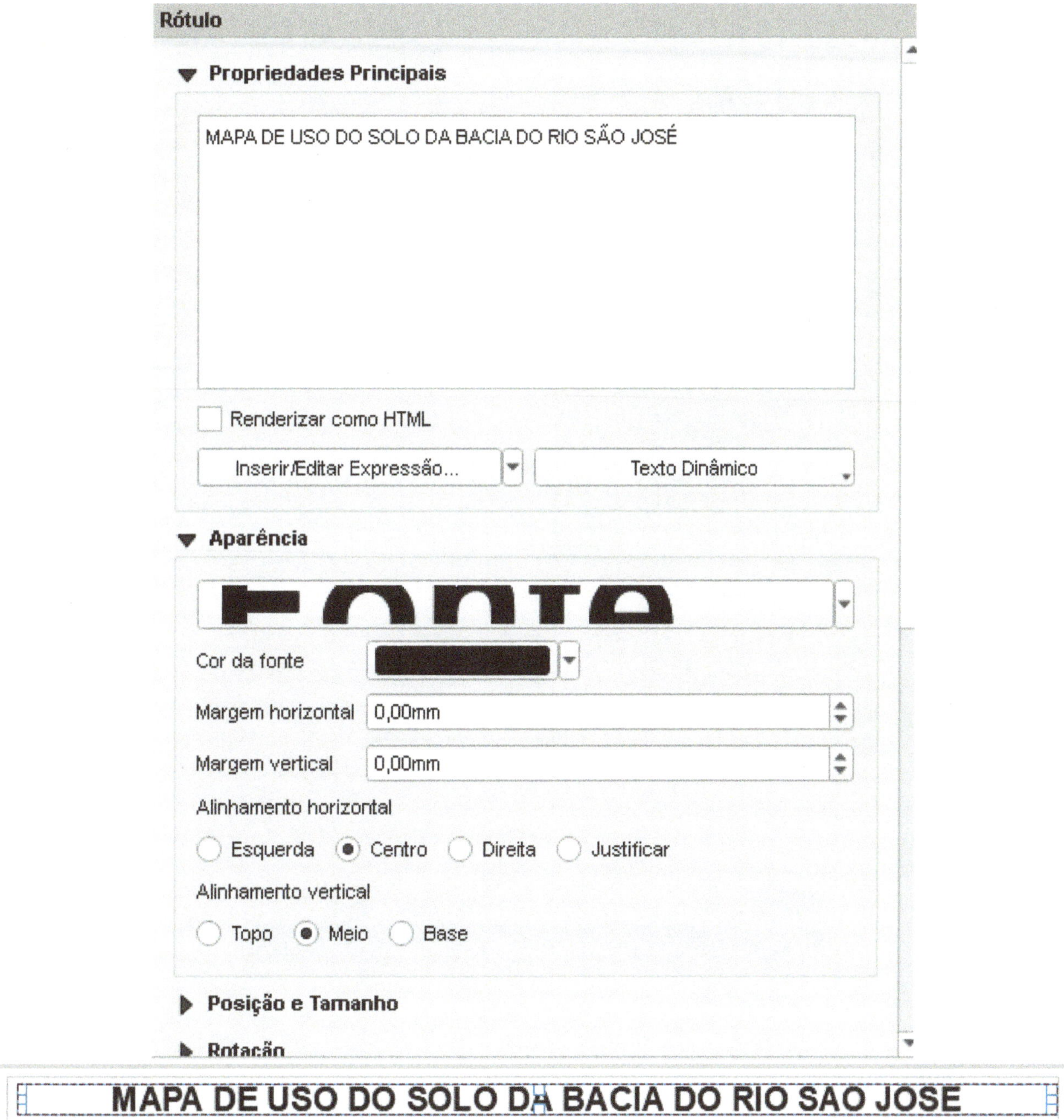

Fig. 7.38 Inserindo o título do mapa

Agora clicamos novamente sobre o texto, damos espaço suficiente para que o novo bloco de texto não fique sobre a legenda e a escala e inserimos os dados do profissional responsável pelo trabalho.

Insira também um mapa do município com a localização da bacia, e um mapa do Brasil, com a localização do Estado do Paraná e, dentro do Estado, a localização do município de Francisco Beltrão.

O resultado final de nosso layout ficará conforme a Fig. 7.39.

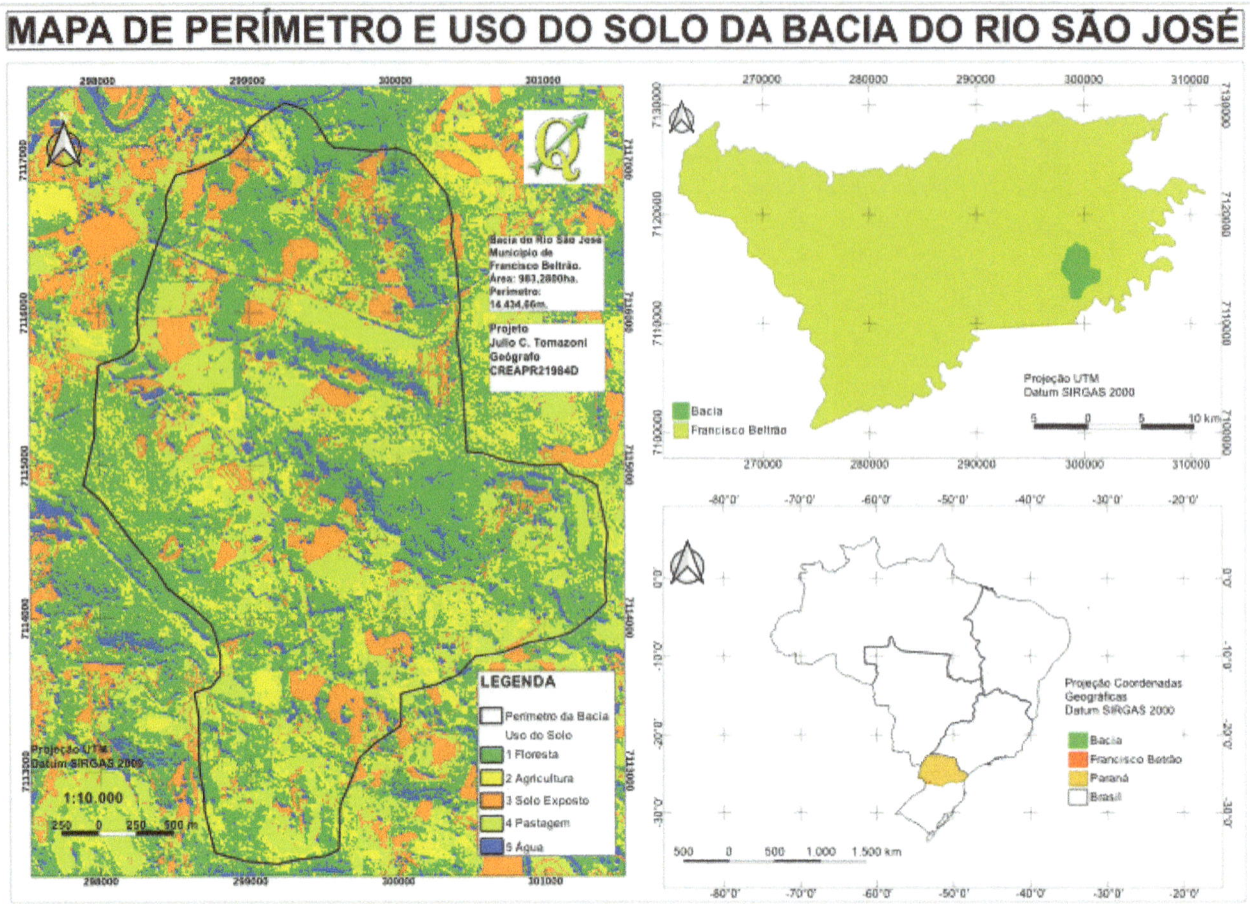

144 | INTRODUÇÃO AO QGIS

Fig. 7.39 Mapa final

Vamos clicar na barra de menus, em "Layout" e "Salvar projeto".

Fig. 7.40 Salvando o layout

Agora, vamos exportar nosso mapa em PDF ou em imagem – as duas formas são passíveis de impressão (Fig. 7.41).

7 Compositor | 145

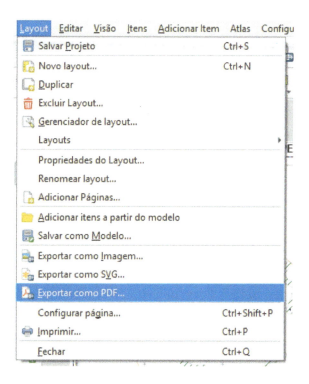

Fig. 7.41 Exportando como PDF

Esse será o nosso mapa em PDF, pronto para impressão:

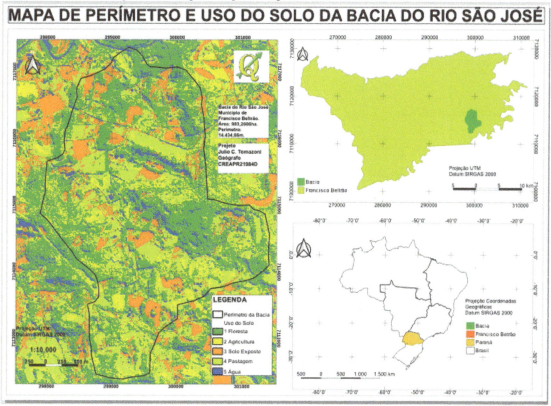

Fig. 7.42 Mapa em PDF para impressão

8 Áreas de preservação permanente

Agora vamos ver como podemos criar arquivos shapes ou de outro tipo vazios, e como montar esses shapes no QGIS.

Se preferir criar um projeto novo, dê um nome e salve-o na pasta "Projeto". Carregue da pasta "ArquivosShapefiles" os arquivos "Divisor_pol.shp" e "Rios_lin.shp". Para os dois casos a SRC é Sirgas 2000 UTM 22S. Para a camada "Divisor_pol", vá em "Propriedades" e deixe o preenchimento no formato "Sem pincel" (vazio). Já para a camada "Rios_lin", vá em "Propriedades" e deixe as linhas na cor azul.

Carregue da pasta "ArquivosTif" o arquivo "ClassificacaoFinal.tif". Vá em "Propriedades" > "Tipo renderização" (Paletizado/Valores únicos) e, para a imagem, coloque (1) Floresta, (2) Agricultura, (3) Solo exposto, (4) Pastagem e (5) Água.

Se preferir continuar com o projeto anterior, é só carregá-lo, e os arquivos já estão inseridos.

8.1 Criando nova camada shapefile

Primeiro, vamos acessar, na barra de menu, a aba "Camada". Clique em "Criar nova camada" e depois em "Shapefile" (Fig. 8.1).

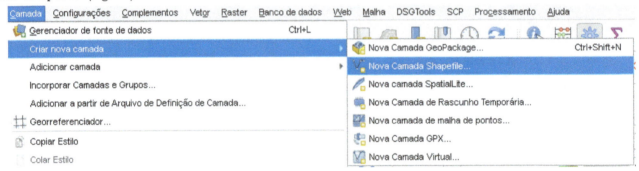

Fig. 8.1 Criando uma camada de pontos

Na tela que se abrirá (Fig. 8.2), preencha os seguintes dados:
- Tipo de geometria: vamos marcar como "Ponto".
- SRC selecionado: verifique se a camada está no SRC das demais camadas de seu projeto. Nesse caso, Sirgas 2000.
- Novo campo: você poderá criar um campo na tabela, se achar necessário, por exemplo, em caso de "Polígono", criar o campo "Área".

Clique em "OK", e está criada a camada "NascentesCurso".

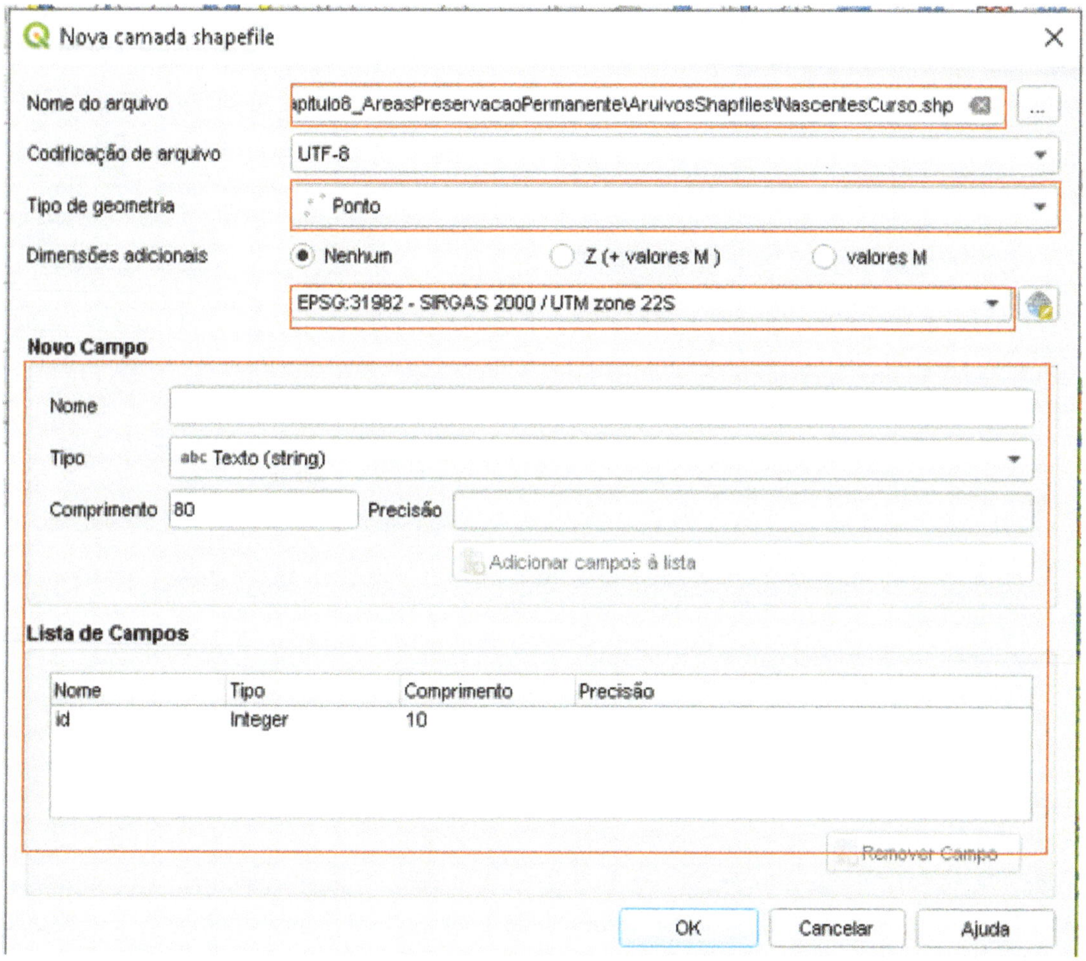

8 Áreas de preservação permanente | 147

Fig. 8.2 Configurando a criação de uma camada de pontos

A nova camada shapefile "NascentesCurso " (Fig. 8.3).

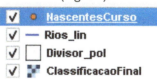

Fig. 8.3 Nova camada "NascentesCurso"

Porém, essa camada está vazia, ou seja, não possui nenhum dado vetorial. Temos, então, de inserir nessa camada os dados necessários. Começamos colocando a camada em modo de edição. Para que possamos alterar um shapefile, é obrigatório que esse shape esteja em modo de edição, caso contrário, não conseguiremos fazer quaisquer alterações na camada.

Nós podemos juntar duas camadas, criando uma terceira, sem colocá-las em modo de edição, porém as duas camadas originais que foram juntadas continuam inalteradas na sua pasta, porque elas só serão alteradas se estiverem no modo de edição.

Para colocar uma camada em modo de edição, clicamos com o botão direito do mouse no nome da camada e vamos até a opção "Alternar edição". Ao clicar com o botão esquerdo, ativamos o modo de edição (Fig. 8.4A).

Também podemos usar o ícone da barra de ferramentas; no entanto, antes devemos clicar uma vez sobre o nome da camada, destacando-a, e depois clicamos na ferramenta lápis. Sabemos que a camada está em modo de edição porque aparece ao lado do seu nome um ícone em forma de lápis (Fig. 8.4B).

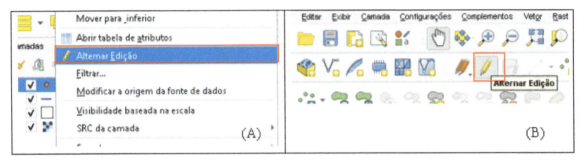

Fig. 8.4 Colocando uma camada em modo de edição

No momento que uma camada é colocada em modo de edição, a barra de ferramentas de edição é habilitada (fica colorida).

Vamos clicar no ícone "Adicionar ponto" para começarmos a vetorização dessa camada.

Fig. 8.5 Adicionando pontos

Antes de iniciar, porém, devemos configurar as "Opções de aderência". Na barra de ferramentas, clicamos em "Habilitar aderência"; abrindo essa janela, clicamos em "Opções de aderência" e uma tela se abrirá. Nessa tela, acessamos "Abrir opções de aderência" (Fig. 8.6).

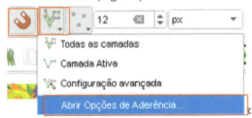

Fig. 8.6 Acessando as opções de aderência

Nas opções que aparecem (Fig. 8.7), vamos escolher qual camada nós queremos que tenha essa aderência. Como estamos colocando as nascentes nos rios, é na camada "Rios_lin ", cujas feições a serem criadas devem fazer a aderência. Depois marcamos:
- Tipo = ao vértice e segmento;
- Tolerância = 10,00000;
- Unidades = pixels.

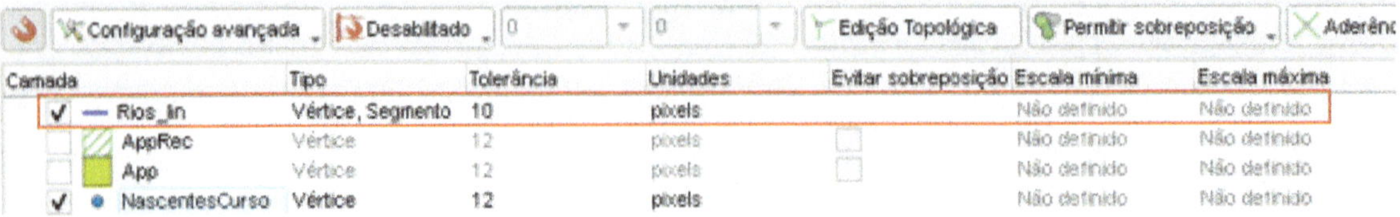

Fig. 8.7 Configurando a aderência

Vamos começar a inserir as feições em nossa camada.

Coloque a camada "NascentesCurso" em modo de edição, clicando com o botão direito no nome da camada e depois em "Alternar edição" (Fig. 8.4). Veja que foi habilitada a barra de ferramentas de edição. Dê um clique na ferramenta "Adicionar ponto".

Com o mouse, aproxime o ponto, como se fosse um tipo de alvo. Ao se aproximar do início da linha do rio (Fig. 8.8), onde deverão ficar localizadas as nascentes, por estar ligada à aderência, aparece uma pequena cruz vermelha, indicando que o ponto já está no lugar correto. Ao clicar, aparecerá uma pequena tela. Não há necessidade de preenchê-la, clique em "OK". Repita a operação para cada nascente a ser inserida.

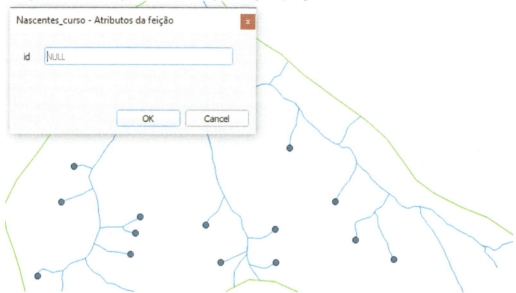

Fig. 8.8 Inserindo o ponto das nascentes dos rios

Após terminar a adição de feições, clique com o botão direito no nome da camada, vá até "Alternar edição" e, no quadro que se abrirá, clique em "Salvar" (Fig. 8.9).

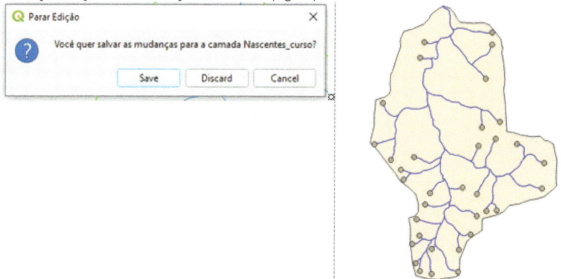

Fig. 8.9 Salvando a camada NascentesCurso

Pronto! Com isso, nossa camada de nascentes foi criada e salva no seu computador.

Vamos mudar a cor das nascentes para ficar de acordo com o padrão que estamos adotando (Fig. 8.10). O procedimento é o mesmo: clique com o botão direito sobre o nome da camada, no caso "NascentesCurso", vá em "Propriedades" > "Simbologia", clique dentro do quadro de cores, e na tela que abrir preencha o RGB com os seguintes valores: R = 0, G = 128, B = 192.

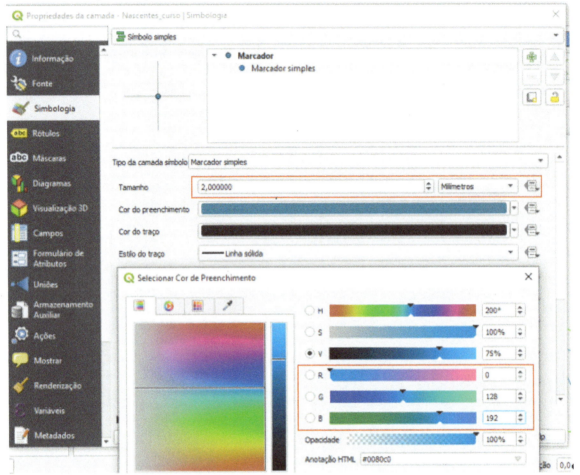

Fig. 8.10 Mudando a cor do ponto das nascentes

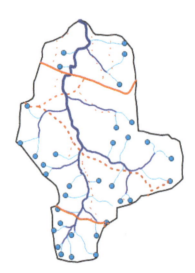

Fig. 8.11 Nascentes com as novas cores

Agora vamos salvar nosso projeto, clicando na barra de menu > "Projeto". Salve como "Projeto8".

8.2 Criando o buffer das áreas de preservação permanente

A próxima etapa é fazer recortes para ajustar os rios dentro da área do perímetro que nos interessa. Serão usadas as ferramentas de geoprocessamento; destaca-se que as camadas não precisarão ficar em modo de edição, pois, na verdade, essas ferramentas criam novas camadas, mantendo as camadas originais.

Vá até a barra de menu e abra "Vetor" > "Ferramentas de geoprocessamento". Nessa aba, há várias ferramentas para fazer geoprocessamento. Inicie com a ferramenta "Buffer", que cria uma área de tamanho variável conforme a necessidade, em torno de um ponto, linha ou polígono.

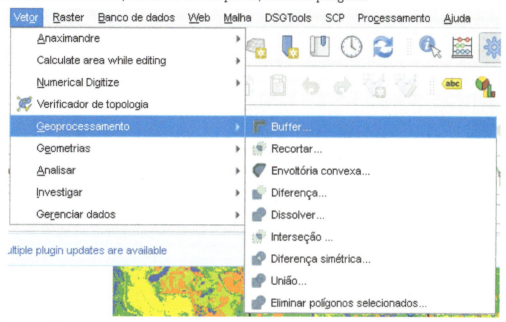

Fig. 8.12 Criando um buffer

Vamos fazer o buffer dos rios. Esse buffer representará a área de proteção permanente (APP) que deveria existir em torno dos rios. De acordo com Lei Federal, essa faixa é de 30 metros para cada lado do rio, salvo exceções, que variam de acordo com o tamanho da área onde ele está localizado.

Clique na opção "Buffer...", e a tela da Fig. 8.13 será aberta.

- "Entrar com camada vetorial": escolha a camada onde queremos que seja feito o buffer; nesse caso, "Rios_lin".
- "Segmentos para aproximar": mantenha o 5.
- "Distância": 30 m.
- "Dissolver resultados": deixe marcado.
- "Shapefile de saída": clique em "Buscar" e ache a pasta onde será salva a nova camada, que chamaremos de "Rios_Buffer".
- "Abrir arquivos de saída": deixe marcado.
- Clique em "Executar".

152 | INTRODUÇÃO AO QGIS

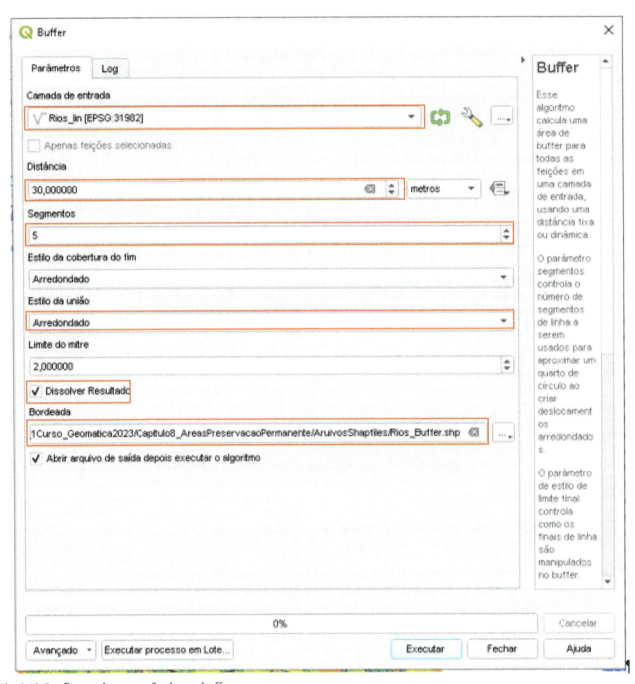

Fig. 8.13 Configurando a geração de um buffer

O resultado do buffer está na Fig. 8.14A.

Se passarmos a camada "Rios_lin" para cima da camada "Rios_Buffer", o resultado será o da Fig. 8.14B.

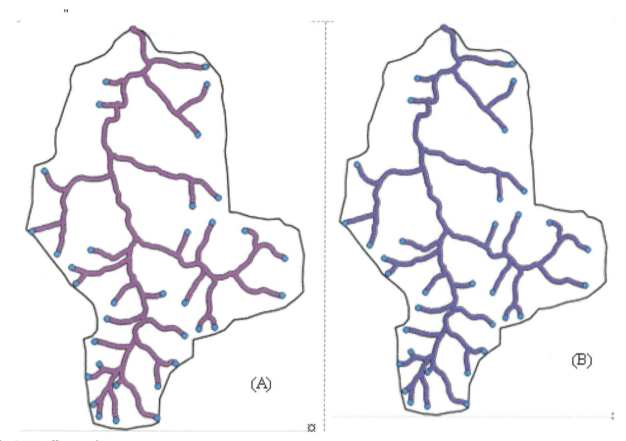

Fig. 8.14 Buffer gerado

Repetindo o processo feito nos rios, vamos fazer o buffer das nascentes:
- Selecione no painel de camadas "NascentesCurso".
- Clique em "Vetor" > "Ferramentas de geoprocessamento" > "Buffer".

Na tela que se abrirá, preencha com o seguinte:
- Camada de entrada vetorial: "NascentesCurso".
- Usar apenas feições selecionadas: deixar desmarcado.
- Segmentos para aproximar: deixar como está.
- Distância do buffer: 50.
- Dissolver resultados: marcar.
- Shapefile de saída: clicar em "Buscar" e salvar a camada na pasta "Shapes" com o nome "NascentesCursoBuffer".
- Abrir arquivo de saída: marcar.

154 | INTRODUÇÃO AO QGIS

Fig. 8.15 Gerando o buffer das nascentes

Esse é o resultado:

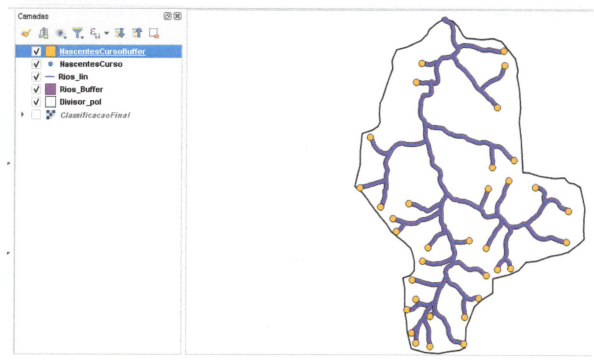

Fig. 8.16 Buffer das nascentes

Vamos fazer uso de mais uma ferramenta de geoprocessamento. Como vimos, temos dois shapes de APP, porém estão dissociados, ou seja, não temos um só shape de APP para calcularmos a sua real dimensão. Vamos então unir esses shapes e criar um novo. Para isso, vamos até a barra de menu > "Vetor" > "Geoprocessamento" > "União" (Fig. 8.17).

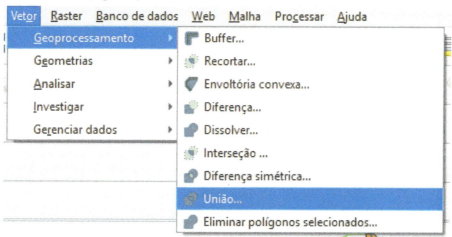

Fig. 8.17 Unindo o buffer dos rios ao buffer das nascentes

Abrirá a tela "União", que deve ser preenchida da seguinte maneira (Fig. 8.18):
- Camada de entrada com a camada vetorial: "NascentesCursoBuffer".
- Camada de sobreposição: "Rios_Buffer".
- União: clicar em "Buscar" e salvar a nova camada na pasta "Shapes" com o nome "Rios_Nasc_buffer".
- Abrir arquivo de saída: marcar e clicar em "Executar".

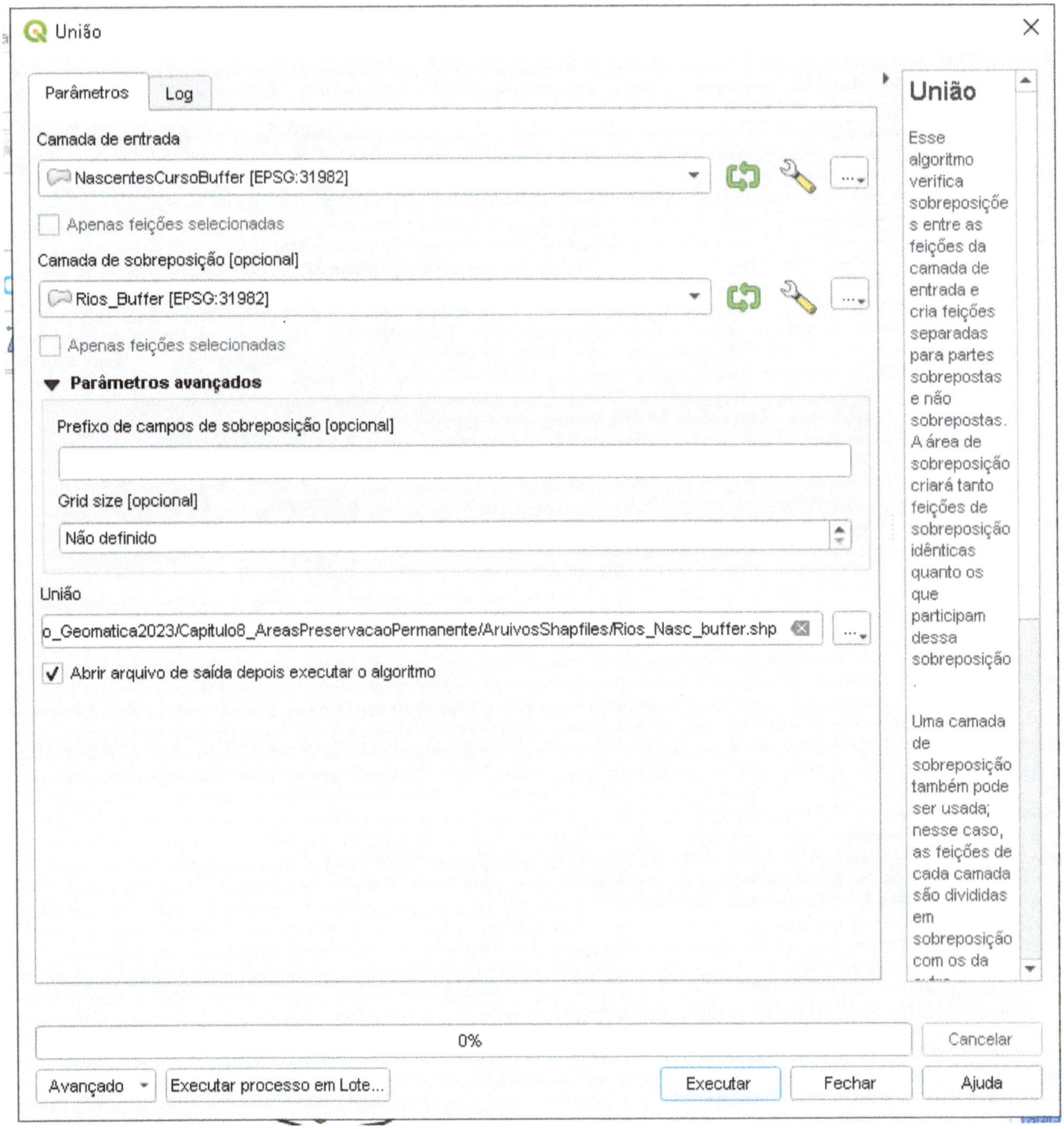

156 | INTRODUÇÃO AO QGIS

Fig. 8.18 Configurando a união do buffer dos rios com o das nascentes

8 Áreas de preservação permanente | 157

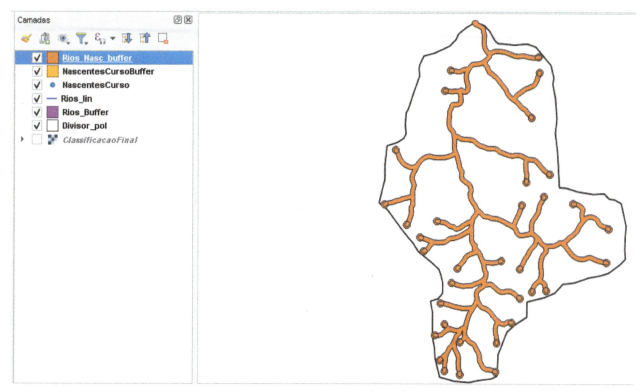

Fig. 8.19 Camada resultante da união de dois buffers

Mesmo que já tenhamos um só shape com os dados de APP de rios e nascentes, podemos observar que, na aparência, ainda parece que estão separadas, embora estejam em uma mesma camada. Para resolver isso, usaremos agora outra ferramenta de geoprocessamento: "Dissolver" (Fig. 8.20).

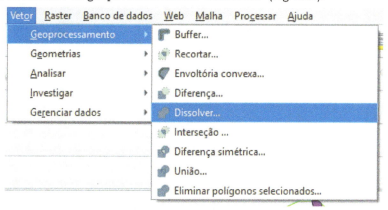

Fig. 8.20 Ferramenta "Dissolver"

Vamos preencher a tela da seguinte forma (Fig. 8.21):
- Entrar com a camada vetorial: "Rios_Nasc_buffer".
- Usar apenas feições selecionadas: não marcar.
- Dissolver campo: manter o campo "ID", que é comum às duas feições.
- Dissolvido: clicar em "Buscar" e salve a nova camada na pasta "Shapes" com o nome "App".
- Abrir arquivo de saída: deixe marcado e clique em "Executar".

158 | INTRODUÇÃO AO QGIS

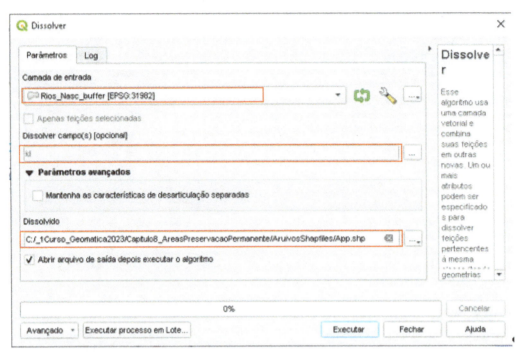

Fig. 8.21 Configurando a dissolução de polígonos da "App"

Na Fig. 8.22 está o resultado do nosso novo shape:

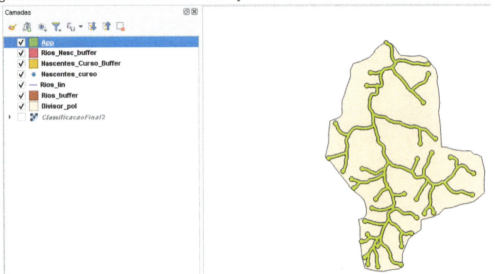

Fig. 8.22 APP gerada dos rios e das nascentes

Vamos retirar as seguintes camadas do painel do nosso projeto, pois, por ora, não precisaremos mais delas:
- "Rios_Nasc_buffer";
- "NascentesCursoBuffer";
- "Rios_Buffer".

Perceba que criamos várias camadas a partir de uma ou mais camadas, e mesmo assim estas permanecem como originais.

Coloque as camadas "NascentesCurso" e "Rios_lin" acima da camada "App" e veja o resultado na Fig. 8.23.

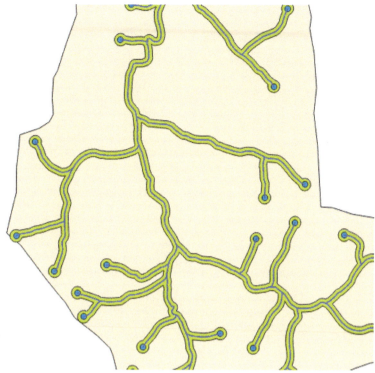

Fig. 8.23 Ativando a camada dos rios acima da "App"

Como podemos observar a partir da criação de "App", como alguns rios e nascentes terminavam exatamente sobre a linha de perímetro da área, esses buffers ultrapassaram esse perímetro. Para fazer a correção, vamos usar as ferramentas de geoprocessamento "Interseção" ou "Recortar".

As duas fazem o mesmo processo; a diferença entre elas está nos dados armazenados em suas tabelas. Quando se usa a ferramenta "Interseção", o shape resultante leva os dados de tabela dos dois shapes que estão participando do processo: "Divisor_pol" e "App". Quando se usa a ferramenta "Recortar", o shape resultante leva apenas os dados do que está sendo recortado, no caso "App".

Vamos, então, na barra de menu > "Vetor" > "Geoprocessamento" > "Interseção" (Fig. 8.24):

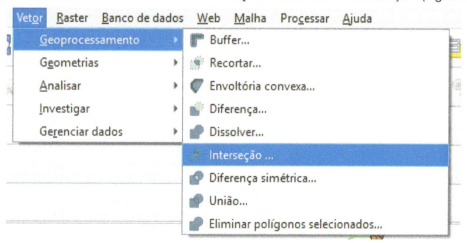

Fig. 8.24 Usando a ferramenta "Interseção"

Abrirá uma tela (Fig. 8.25) para preencher com os seguintes dados:
- Entrar com a camada vetorial: "App".
- Usar apenas feições selecionadas: deixar desmarcado.

160 | INTRODUÇÃO AO QGIS

- Camada de sobreposição: "Divisor_pol".
- Apenas feições selecionadas: deixar desmarcado.
- Shapefile de interseção: clicar em "Buscar" e salvar a nova camada na pasta "Shapes" com o nome "AppRec" (recortado).
- Abrir o arquivo de saída depois de executar o algoritmo: marcar.

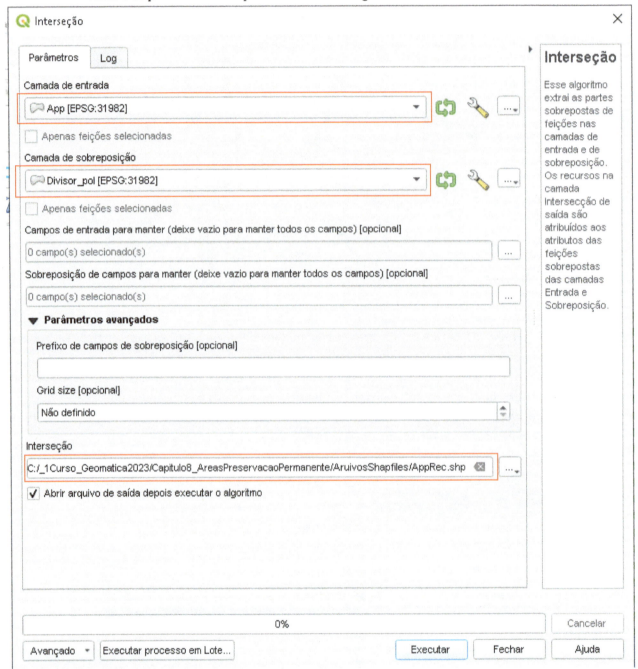

Fig. 8.25 Usando a ferramenta "Interseção" para recortar a APP

Esse será o resultado: "AppRec" já recortado conforme o perímetro da área e, por baixo, o "App" mostrando os excessos que foram eliminados (Fig. 8.26).

8 Áreas de preservação permanente | 161

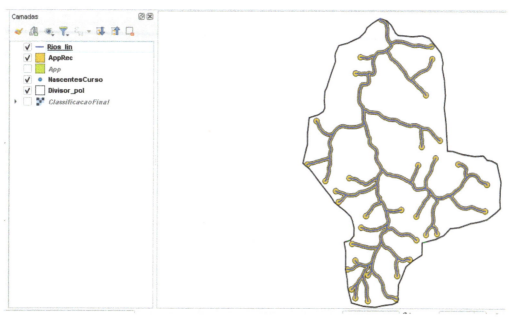

Fig. 8.26 APP após recorte

Agora, vamos mudar a cor de "APPRec" para ficar mais coerente com o que a APP representa. Para isso, como já vimos, clicamos com o botão direito do mouse sobre o nome da camada, "Propriedades" > "Simbologia" (Fig. 8.27):

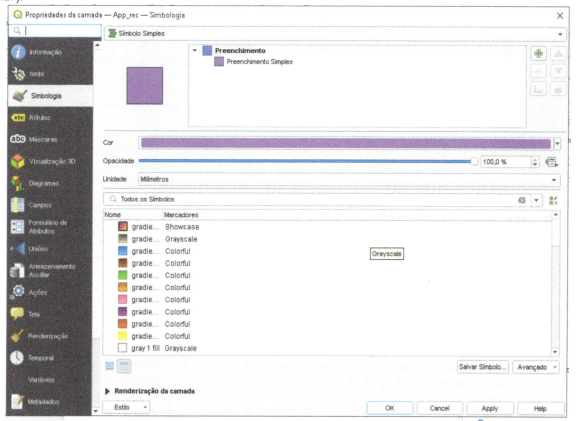

Fig. 8.27 Mudando a cor da camada AppRec

Vamos criar um estilo diferente, para ficar claro onde existe APP e onde existe mata nativa fora da APP:
- Em "Estilo de preenchimento", clique em "Preenchimento simples".

- Na tela que abre, clique em "Estilo de preenchimento" e escolha a opção "BDiagonal".
- Para "Estilo do traço", use "Linha sólida".
- Clique dentro do quadro de cores > "Preenchimento" e preencha o RGB com os valores: R = 38, G = 115, B = 0.

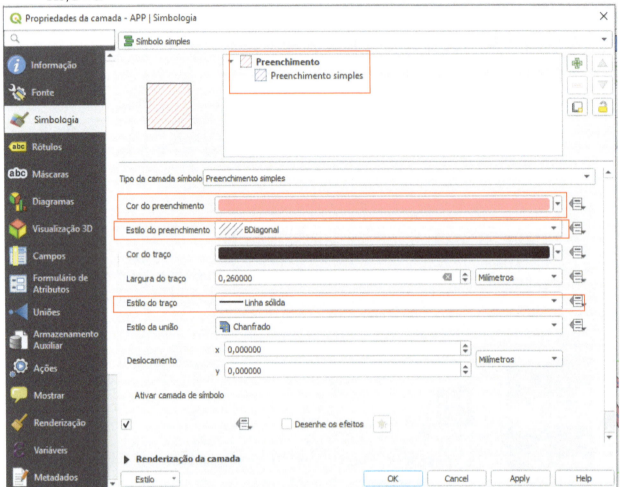

Fig. 8.28 Criando uma hachura para a camada "AppRec"

- Clique dentro do quadro de cores > "Borda" e preencha o RGB com os mesmos valores: R = 38, G = 115, B = 0. Mantenha a espessura da linha em 0,260000. Clique em "OK" e veja o resultado:

8 Áreas de preservação permanente | 163

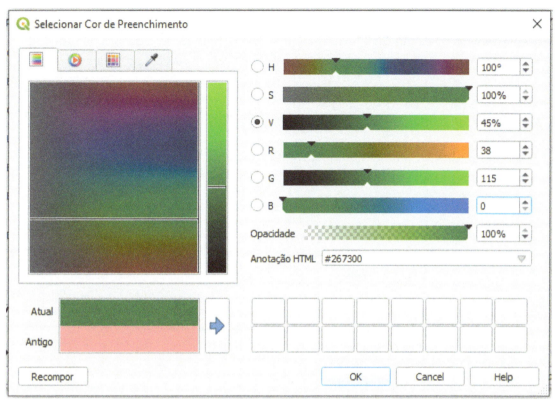
Fig. 8.29 Configurando a cor da "AppRec"

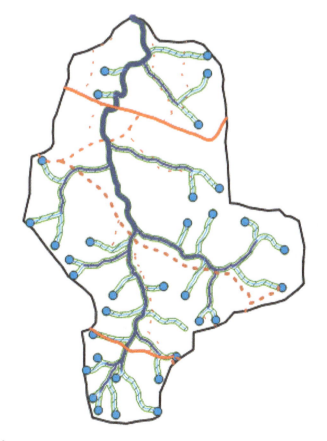
Fig. 8.30 "AppRec" com nova hachura

Você poderá salvar essas cores básicas e as mais rebuscadas no seu quadro de cores existente em "Propriedades da camada" > "Simbologia". Para isso, dê dois cliques sobre o quadro que mostra as cores do nome da camada localizado no painel de camadas (na verdade, esse é um atalho para chegar até o quadro de "Simbologia").

8.3 Calculando área e perímetro das APPs

Vamos editar a tabela de atributos da camada "APP" para calcularmos a área e o perímetro.

Selecione a camada "APPRec", clique com o botão direito do mouse e vá em "Abrir tabela de atributos".

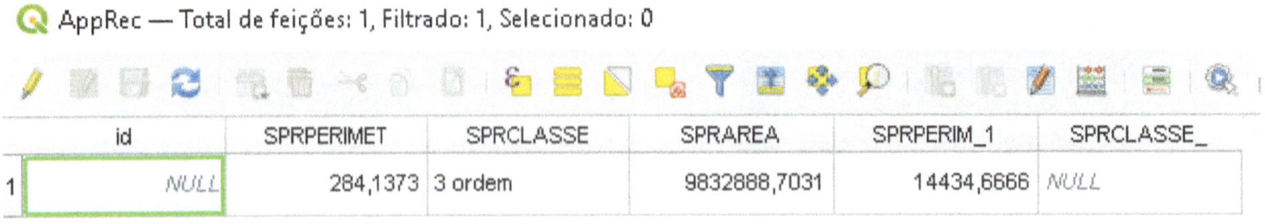

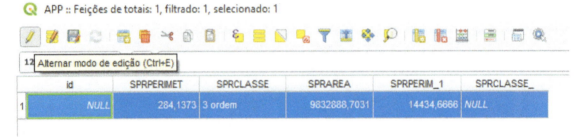

Fig. 8.31 Tabela de atributos da AppRec

Selecione "Alternar modo de edição", vá no ícone "Excluir campo" e exclua os campos "SPRRIMET", "SPRCLASSE", "SPRAREA", "SPRPERM_1" e "SPRCLASSE".

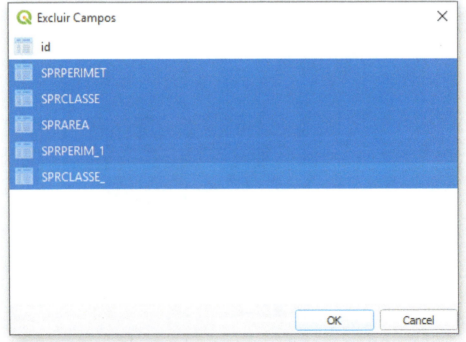

Fig. 8.32 Excluindo os campos da tabela de atributos

Fig. 8.33 Campos a serem excluídos da tabela de atributos

Vá em "Inserir campo" e adicione os campos "Área" e "Perímetro" (Fig. 8.34).

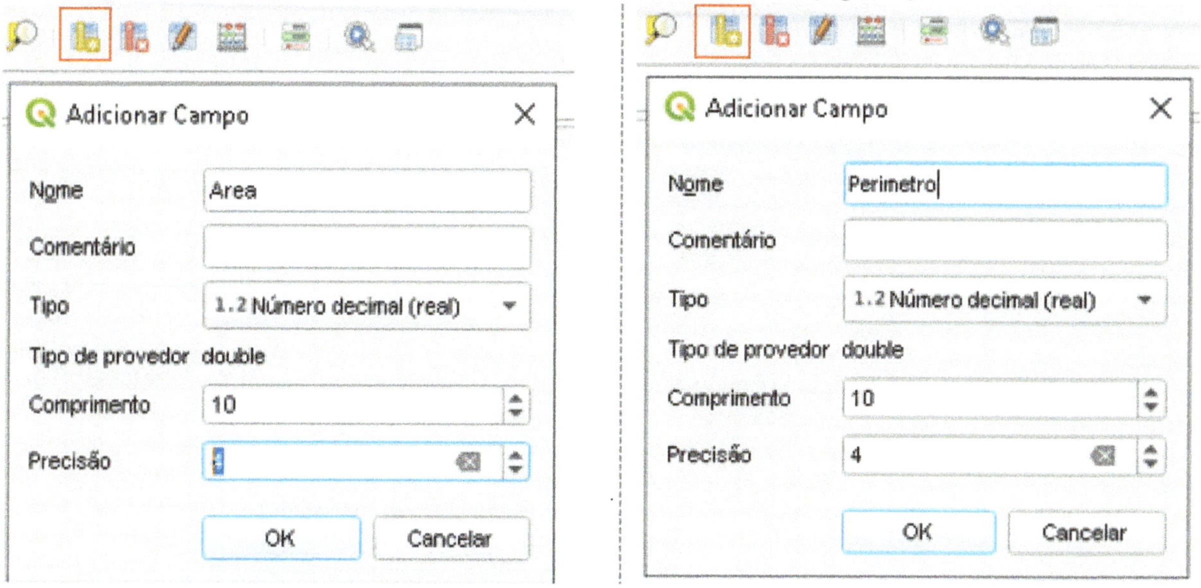

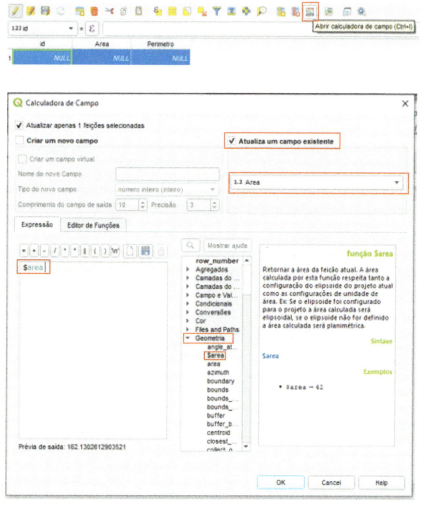

Fig. 8.34 Inserindo campos na tabela de atributos

Agora, vamos calcular a área e o perímetro da APP. Clique em "Abrir calculadora de campo" (Fig. 8.35).

Fig. 8.35 Calculando a área

166 | INTRODUÇÃO AO QGIS

Está calculada a área! Veja na Fig. 8.36 que já está em hectares (ha), pois, no início, o projeto foi configurado para calcular a área dessa forma.

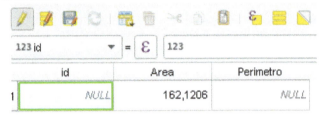

Fig. 8.36 Área calculada em hectares

Para o perímetro, o procedimento é o mesmo, e o resultado será em metros (m) – ver Figs. 8.37 e 8.38.

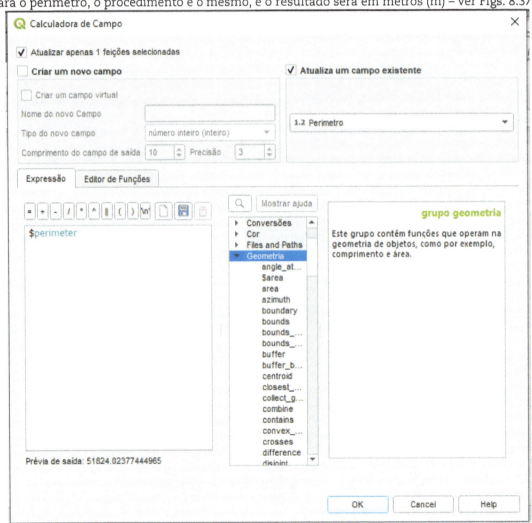

Fig. 8.37 Calculando o perímetro

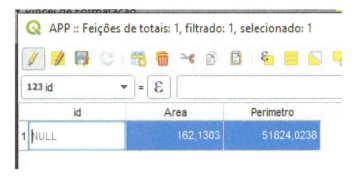

Fig. 8.38 Perímetro calculado

Para editar campos de uma tabela de atributos, vá em "Processar" > "Caixa de ferramentas de processamento". Digite na linha de comando "Campos" > "Editar campos" (Fig. 8.39).

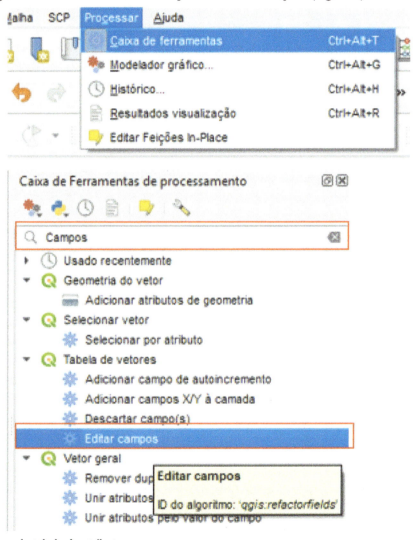

Fig. 8.39 Editando campos da tabela de atributos

Dando duplo clique em "Editar campos", vai abrir a janela da Fig. 8.40. É só fazer as alterações e pressionar "Executar". O programa vai gerar uma nova camada com o nome "Arquivo de saída", com a tabela de atributos.

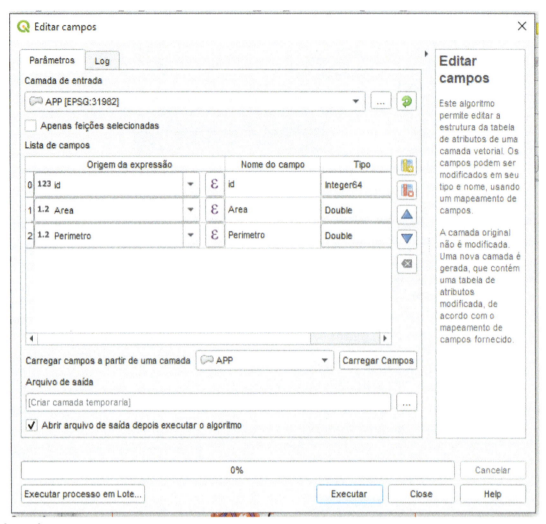

Fig. 8.40 Alterando os campos

9 Como salvar um arquivo de pontos no AutoCAD Map 3D 2021 em formato shapefile com o atributo da altitude

9.1 Procedimentos executados no AutoCAD Map 3D 2021

Primeiro, carregar o arquivo dwg ou dxf. Nesse caso, é o arquivo "PontosPerimetro.dxf", que contém os pontos cotados no AutoCAD Map 3D 2021 (Fig. 9.1).

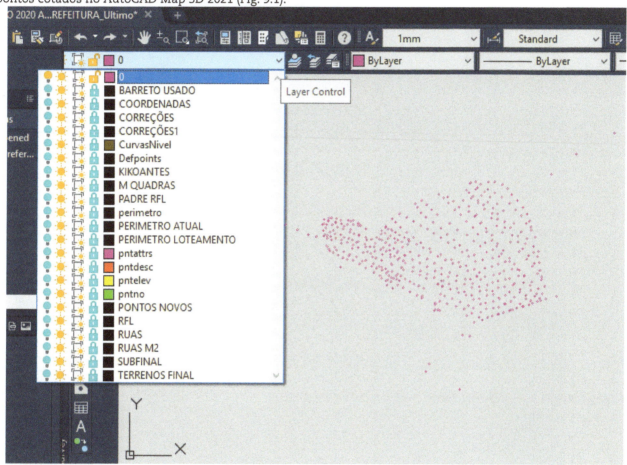

Fig. 9.1 Arquivo "PontosPerimetro" no AutoCad Map 2021

Verifique em qual layer do arquivo estão os pontos cotados. Neste caso, é na layer 0. Deixe só a layer dos pontos ativa na tela.

Vá em "Map Drafting" > "Import" > "Export" e selecione "Export" (Fig. 9.2).

170 | INTRODUÇÃO AO QGIS

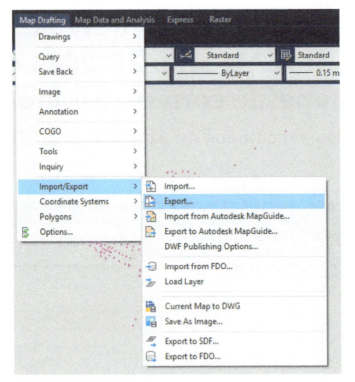

Fig. 9.2 Exportando os pontos cotados

Configure conforme a sequência das Figs. 9.3 a 9.6.

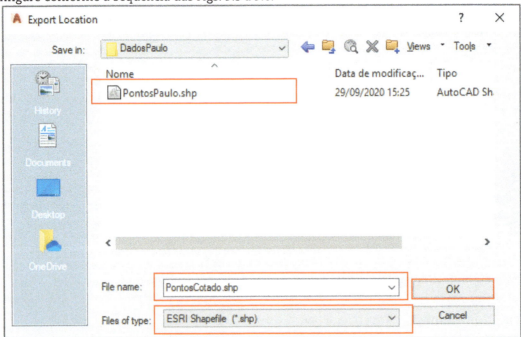

Fig. 9.3 Exportando os pontos cotados

9 Como salvar um arquivo de pontos no AutoCAD Map 3D 2021 em formato shapefile com o atributo da altitude | 171

Clique em "OK" e vai abrir essa janela:

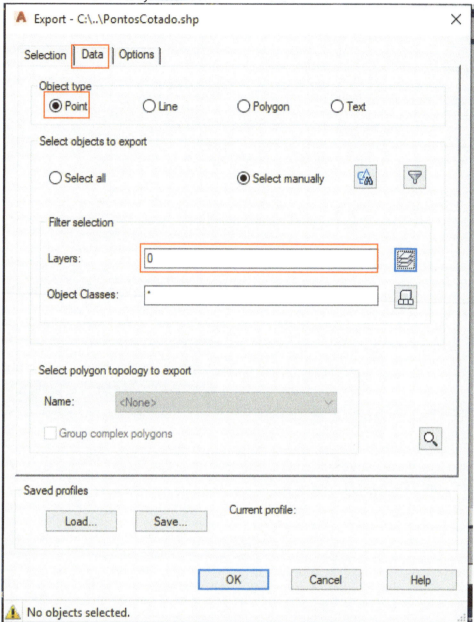

Fig. 9.4 Definindo a layer a ser exportada

Vá em "Data" e selecione o atributo que você quer exportar.

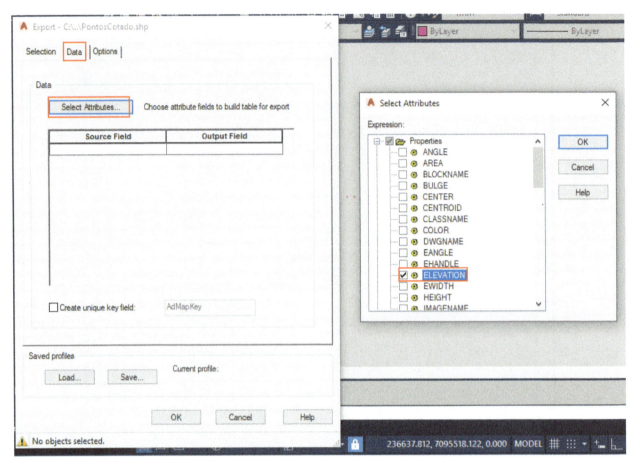

Fig. 9.5 Definindo o atributo a ser exportado

Deixando a layer certa selecionada (para o caso, layer 0) e clicando em [ícone], o desenho será aberto para você selecionar os pontos a serem exportados.

Depois de selecionados os pontos, clique em "OK" e o arquivo será exportado para o lugar desejado.

9 Como salvar um arquivo de pontos no AutoCAD Map 3D 2021 em formato shapefile com o atributo da altitude | 173

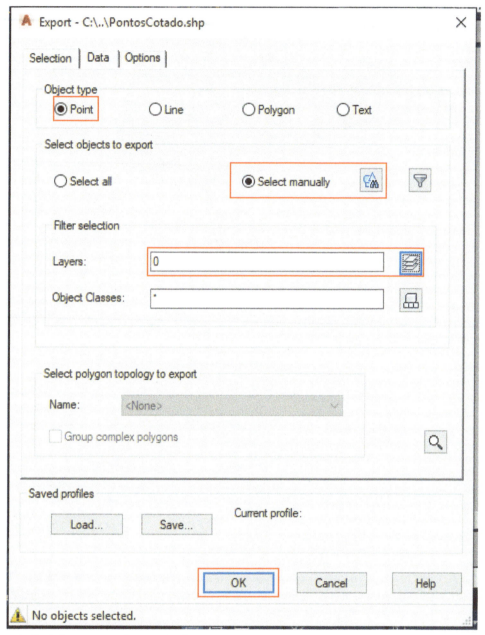

Fig. 9.6 Procedimento final do processo de exportação

9.2 Como gerar curvas de nível a partir um arquivo de pontos cotado no QGIS 3.30.1 em formato shapefile

Primeiro, vamos adicionar no QGIS 3.30.1 uma camada contendo os pontos cotados em formato shapefile ("PontosCotados.shp") e outra camada contendo o polígono, com limite da área de estudos ("PolignoContorno.shp"), também em formato shapefile (Fig. 9.7).

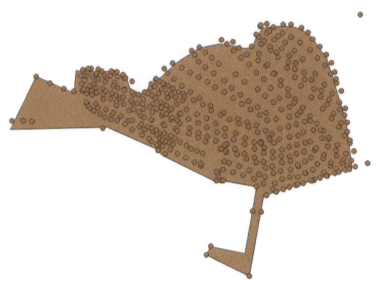

Fig. 9.7 Inserindo as camadas "PontosCotados" e "PolígnoContorno"

Verificamos que, se abrirmos a tabela de atributos, a camada "PontosCotados" tem um campo chamado ELEVATION, que contém a cota dos pontos.

Fig. 9.8 Tabela de atributos da camada "PontosCotados"

Vamos usar o método "Interpolar" > "Interpolação TIN" (Fig. 9.9). Por esse método, será gerado um arquivo raster, com cota, para cada pixel interpolado. É esse dado raster que vai ser utilizado para gerar as curvas de nível.

Para começar, acesse o menu "Processar" > "Caixa de ferramentas de processamento". Na linha de busca, digite "Interpola" e selecione "Interpolação TIN".

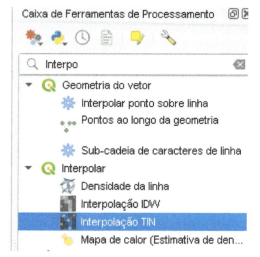

Fig. 9.9 Método "Interpolar" > "Interpolação TIN"

Configurar conforme a Fig. 9.10.

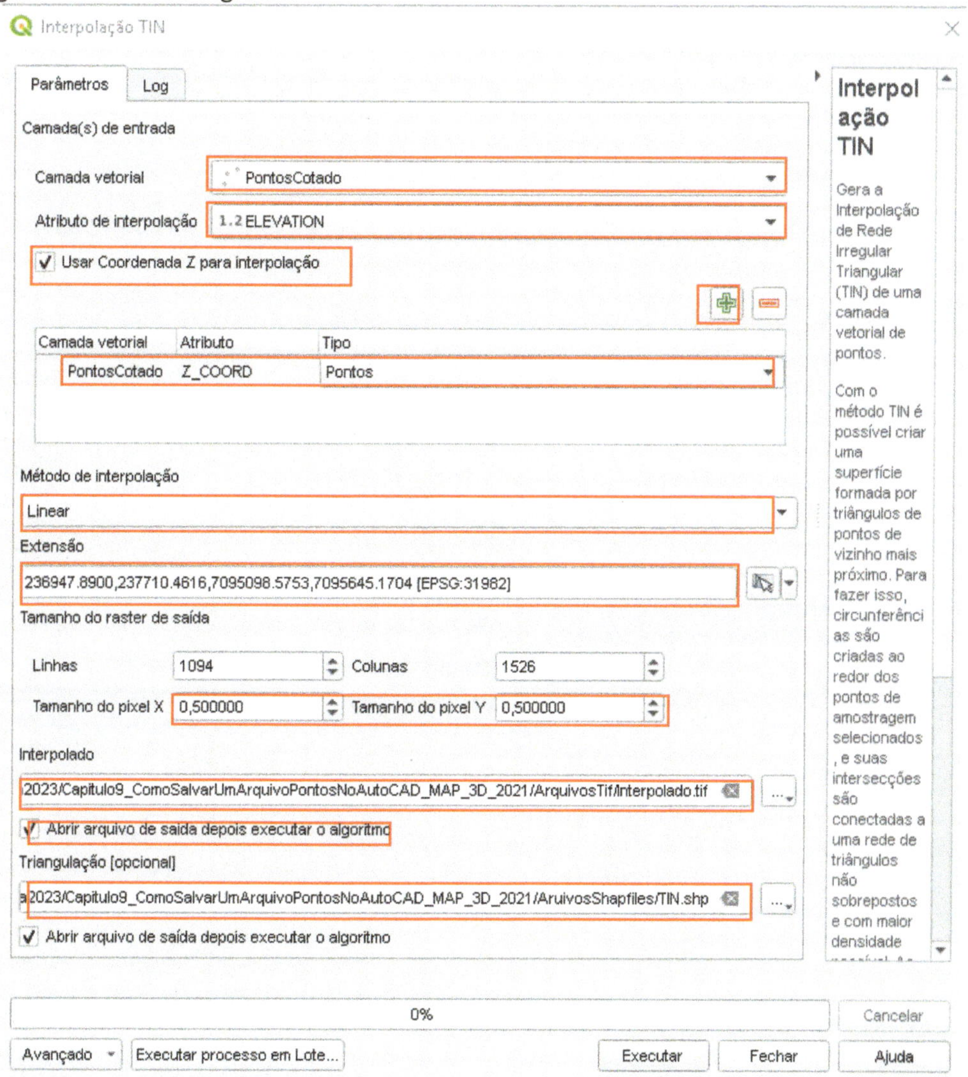

Fig. 9.10 Configuração do processo de interpolação

Em "Extensão", clique nas reticências e selecione "Usar a extensão da camada", selecionando a camada "PoligonoContorno". Veja que, em tamanho do pixel, você pode configurar conforme desejar.

Na Fig. 9.11 está a camada raster com os dados interpolados.

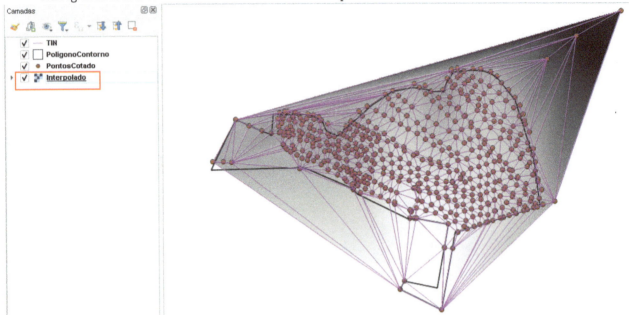

Fig. 9.11 Imagem da camada interpolada

Para gerar as curvas de nível a partir da camada "Interpolado", vá no menu "Raster" > "Extrair" > "Contorno" (Figs. 9.12 e 9.13).

Fig. 9.12 Extraindo as curvas de nível

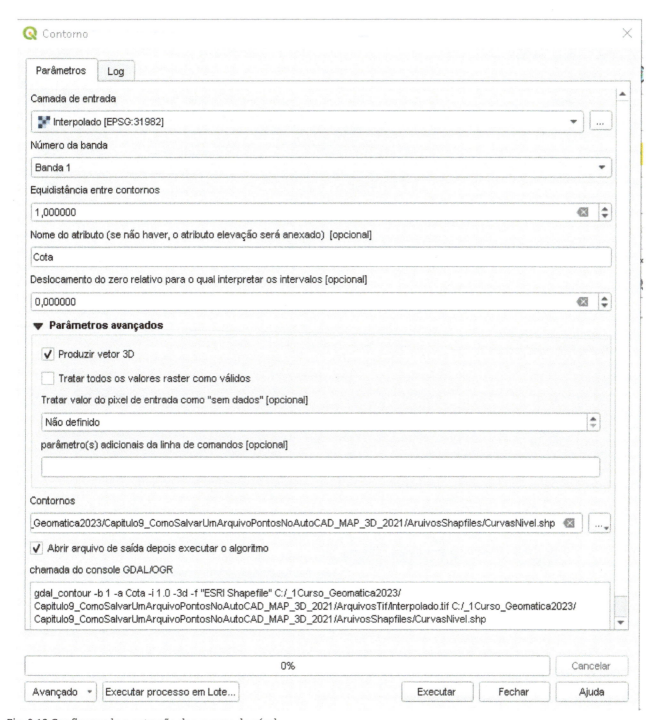

Fig. 9.13 Configurando a extração das curvas de nível

Na Fig. 9.14 estão as curvas de nível geradas:

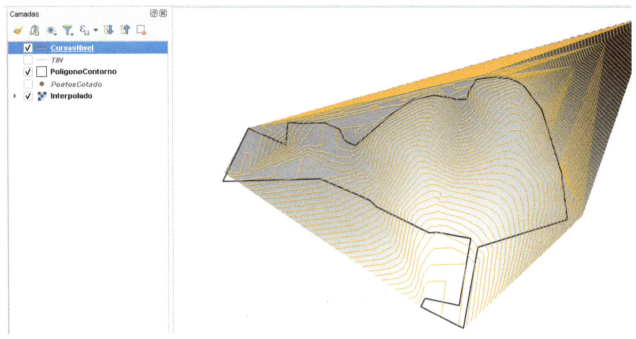

Fig. 9.14 Curvas de nível geradas

Usar o comando "Vetor" > "Geoprocessamento" > "Recortar" para ficar só com as curvas dentro da área de estudos (Fig. 9.15).

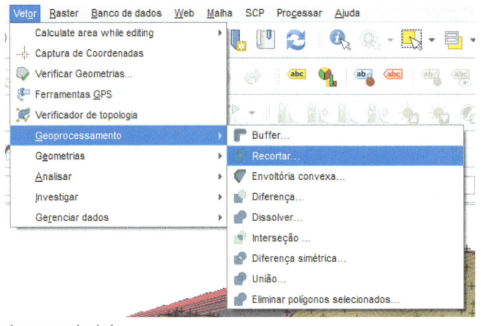

Fig. 9.15 Recortando as curvas de nível

9 Como salvar um arquivo de pontos no AutoCAD Map 3D 2021 em formato shapefile com o atributo da altitude | 179

Fig. 9.16 Configurando o recorte das curvas de nível

Na Fig. 9.17 está o arquivo recortado:

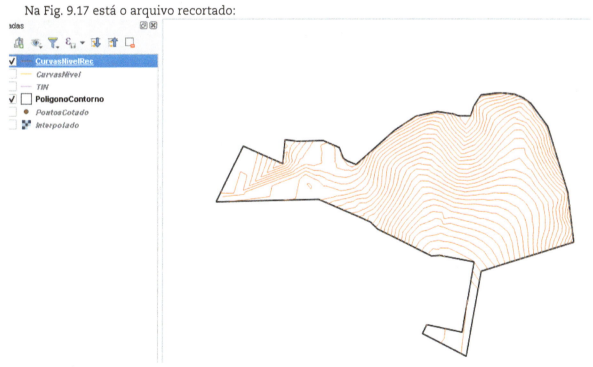

Fig. 9.17 Curvas de nível recortadas

9.3 Como gerar os rótulos nas curvas de nível

Primeiro, selecione a camada na lista de camadas. Clique com o botão direito do mouse e vá em "Propriedades" > "Rótulo". Selecione "Rótulos individuais" (Fig. 9.18).

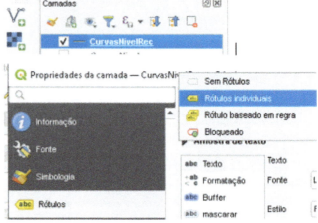

Fig. 9.18 Inserindo rótulos individuais

Vai aparecer a janela da Fig. 9.19. Em "Valor", selecione "Cota" e pressione ε para selecionar a regra.

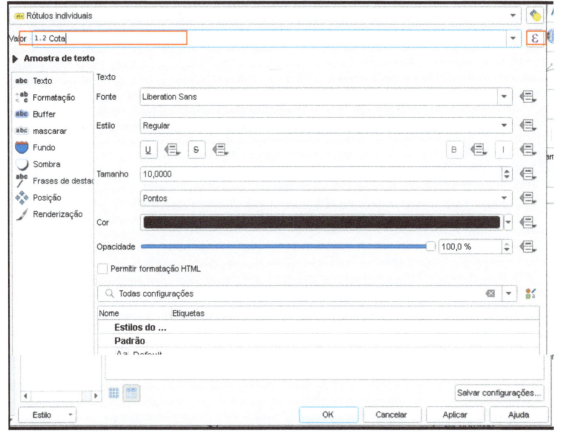

Fig. 9.19 Configurando os rótulos e acionando o condicionamente "CASE"

Na janela da Fig. 9.20, selecione "Condicionais" > "CASE". Dê duplo clique em "CASE".

9 Como salvar um arquivo de pontos no AutoCAD Map 3D 2021 em formato shapefile com o atributo da altitude | 181

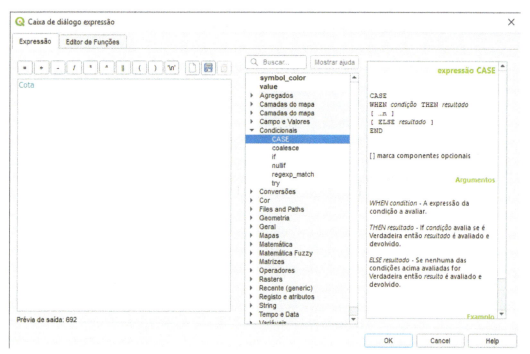

Fig. 9.20 Acessando o condicionante "CASE"

E configure conforme da Fig. 9.21.

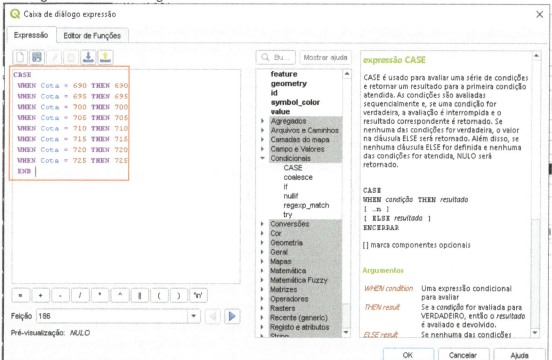

Fig. 9.21 Configurando e executando o condicionante "CASE"

Pressione "OK" e depois "Apply". Pronto! Os rótulos serão inseridos nas curvas de nível (Fig. 9.22).

182 | INTRODUÇÃO AO QGIS

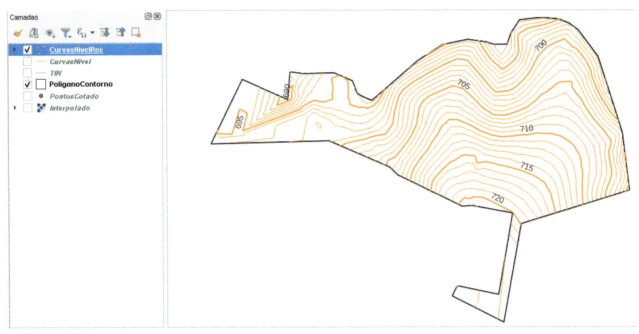

Fig. 9.22 Curvas de nível com rótulos

10 Uso de MDE Alos Palsar com 12,5 m de resolução espacial

10.1 Baixando o MDE do site e carregando o arquivo no QGIS

O primeiro passo é executar o navegador Google Chrome ou Mozilla Firefox. Na demonstração, utilizaremos o navegador Google Chrome, com o idioma configurado para Português Brasil. Depois, acessar o link: <http://search.asf.alaska.edu/>. No site, acesse "Entrar" e faça seu cadastro (Fig. 10.1).

Fig. 10.1 Acessando o site do EarthData

Vai abrir a tela da Fig. 10.2. Preencha um nome de usuário e uma senha e clique em "Register" para fazer o seu cadastro. Depois, acesse a página de download.

Fig. 10.2 EarthData Login

Primeiro selecione em "Dataset" (Fig. 10.3) o arquivo que você quer, no caso, Alos Palsar.

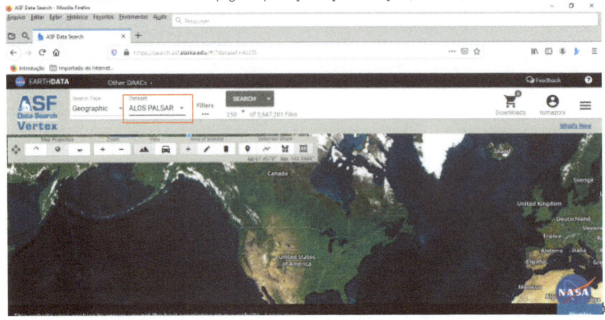

Fig. 10.3 Acessando o dataset

Depois, é só ir para a área de estudos. No exemplo, procuraremos a cidade de Francisco Beltrão (PR), a região da Bacia do Rio São José. Para chegar lá, vá movendo o mapa e dando zoom.

Você pode definir melhor sua área de interesse pelas ferramentas disponíveis. Vamos utilizar a "Box draw". Selecionamos a região de interesse, conforme a Fig. 10.4.

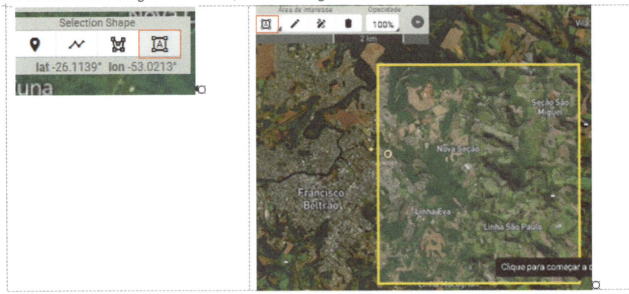

Fig. 10.4 Criando um retângulo sobre a área de estudos

Depois clicamos em "Procurar" para buscar as imagens (Fig. 10.5). O site vai apresentar uma lista de imagens, e é só clicar em cima do nome delas para ver se abrangem a área de estudo.

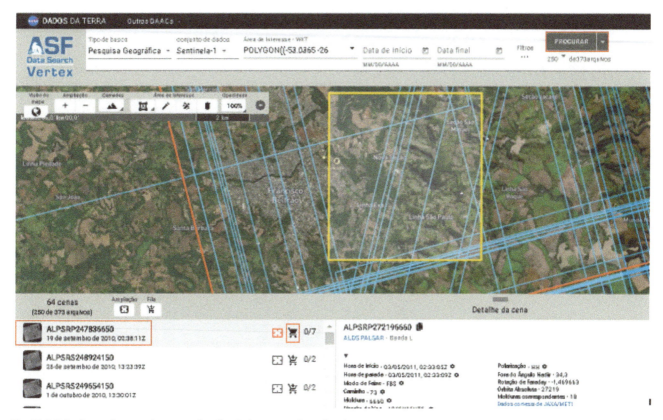

Fig. 10.5 Selecionando uma imagem do Alos Palsar para download

Clicar em "Transferências" na Fig. 10.6, depois em "Download file", e o arquivo será baixado na pasta que você escolher ou na pasta de download do computador. Faça o download e pegue o arquivo "Terreno de Alta Resolução Corrigido", que significa alta resolução corrigida.

O arquivo foi baixado como "ALPSRP272196660-AP_27219_FBS_F6660_RT1.zip". Agora é só copiar para a pasta de trabalho e descomprimir o arquivo. Após esse processo, carregue o arquivo "AP_27219_FBS_F6660_RT1.dem.tif" no QGIS.

186 | INTRODUÇÃO AO QGIS

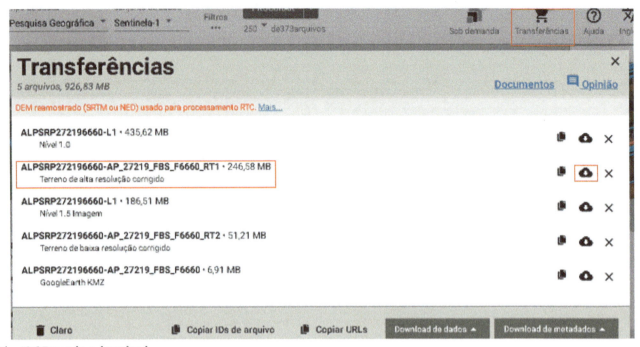

Fig. 10.6 Fazendo o download

No QGIS 3.30.1, carregue os arquivos "Divisor_pol.shp" e "Rios_lin.shp" da pasta ArquivosShapefiles. Configure a SRC das duas camadas para Sirgas2000/UTM Zone 22S. Salve o projeto com o nome de "Projeto10".

Ainda no QGIS 3.30.1, vá em "Adicionar camada raster" e carregue o arquivo raster "AP_27219_FBS_F6660_RT1.dem.tif". Selecione esse arquivo e vá em "Raster" > "Extrair" > "Recortar" pela extensão (Fig. 10.7).

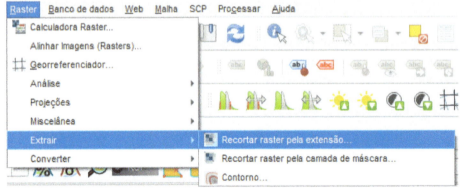

Fig. 10.7 Recortando o MDE pela extensão de outra camada

Recorte o arquivo, conforme a Fig. 10.8, ficando só com a área de interesse. Depois, pode remover a camada "AP_27219_FBS_F6660_RT1.dem.tif".

10 Uso de MDE Alos Palsar com 12,5 m de resolução espacial | 187

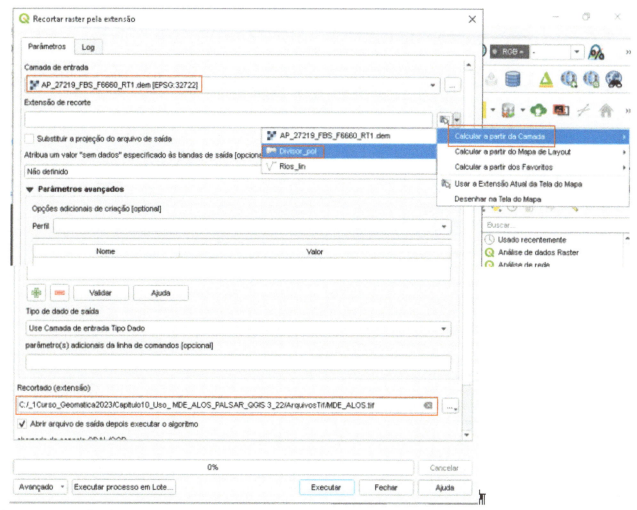

Fig. 10.8 Recortando a imagem gerando o MDE_ALOS

O arquivo recortado está na Fig. 10.9.

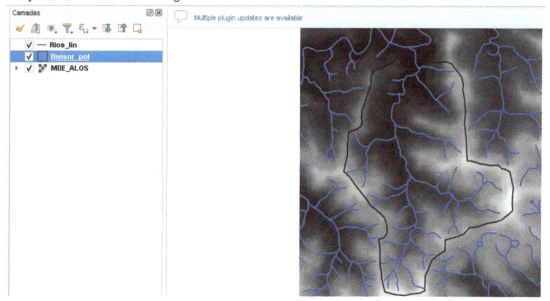

Fig. 10.9 MDE recortado

Observação: o arquivo está com SRC WGS84; deve-se reprojetá-lo para Sirgas 2000.

188 | INTRODUÇÃO AO QGIS

10.2 Como gerar curvas de nível a partir do MDE Alos Palsar

Selecione a camada que contém o MDE e clique em "Raster" > "Extrair" > "Contornos" (Figs. 10.10 e 10.11).

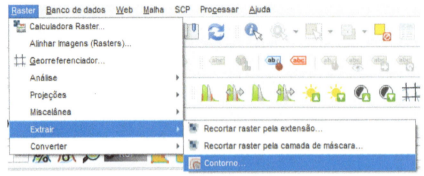

Fig. 10.10 Gerando as curvas de nível a partir do MDE

Fig. 10.11 Extraindo as curvas de nível

Veja que as curvas de nível foram geradas (Fig. 10.12).

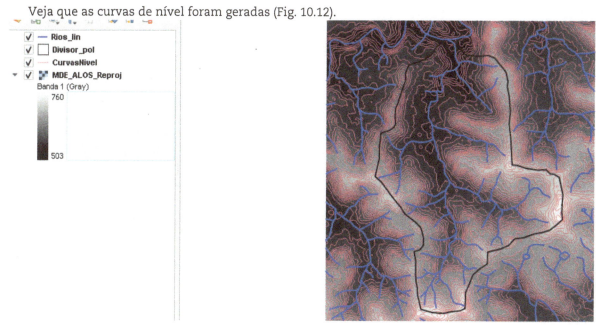

Fig. 10.12 Curvas de nível geradas

Se abrir a tabela de atributos, verá que lá estão os dados das curvas de nível:

	ID	Cota
1	0	560,0000000000...
2	1	540,0000000000...
3	2	550,0000000000...
4	3	560,0000000000...
5	4	560,0000000000...
6	5	560,0000000000...
7	6	570,0000000000...
8	7	580,0000000000...
9	8	580,0000000000...
10	9	530,0000000000...
11	10	580,0000000000...
12	11	570,0000000000...
13	12	580,0000000000...
14	13	580,0000000000...
15	14	540,0000000000...
16	15	560,0000000000...

Fig. 10.13 Tabela de atributos da camada das curvas de nível

Proceda conforme a seção 9.3 para gerar os rótulos nas curvas de nível, e deixe conforme a Fig. 10.14.

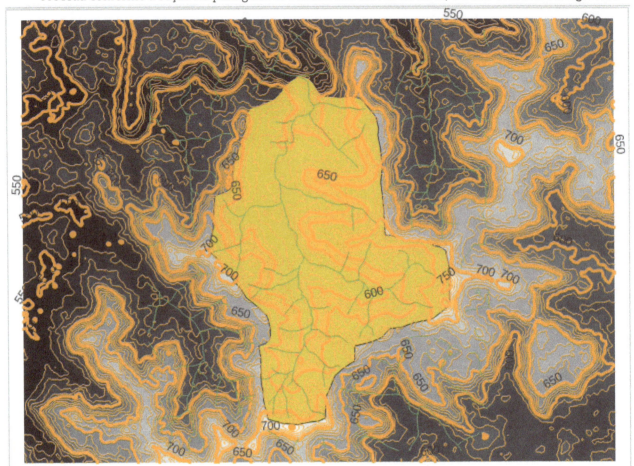

Fig. 10.14 Curvas de nível com rótulos

11 Análise hidrológica no QGIS

O SAGA não vem instalado no QGIS 3.30.1. Para instalá-lo, vá em "Complemento" > "Gerenciar e instalar Complemento", selecione a opção "Tudo" e na linha de buscas digite "Saga". Vai aparecer o plug-in "Processing Saga NextGen Provider", conforme Fig. 11.1. Instale-o.

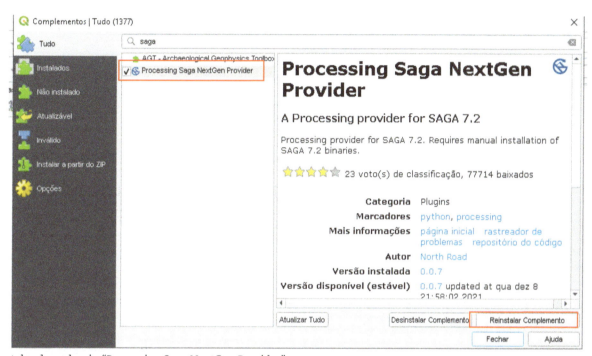

Fig. 11.1 Instalando o plug-in "Processing Saga NextGen Provider"

Acesse o site: <https://saga-gis.sourceforge.io/en/index.html> e faça download do arquivo "saga-9.0.2_x64.zip". Na Fig. 11.2, clique em "Download".

Fig. 11.2 Iniciando o processo de download do SAGA

Clique no ícone verde ("Baixe a última versão", Fig. 11.3), e o arquivo "saga-9.0.2_x64.zip" será descarregado na sua pasta de download.

Fig. 11.3 Fazendo download do SAGA

Descomprima o arquivo "saga-9.0.2_x64.zip" no Drive C, criando a pasta "C:/saga-9.0.2_x64".

Agora, vá em "Configurações" > "Opções" > "Provedores" > "SAGANG" > "SAGA folder". Carregue a pasta "C:/saga-9.0.2_x64" (Fig. 11.4).

Fig. 11.4 Configurando a pasta "SAGA folder"

Pronto! Se você conferir na caixa de ferramentas de processamento, lá estará o provedor SAGA Next Gen, pronto para ser usado.

11.1 Extração da rede de drenagens

Crie um projeto e insira o arquivo "MDE_ALOS" no QGIS 3.30.1. Vá em "Processar" > "Caixa de ferramentas" > "Fill sinks (wang & liu)" (Fig. 11.5).

11 Análise hidrológica no QGIS | 193

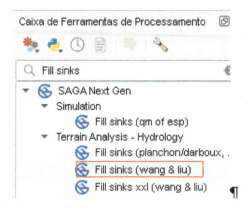

Fig. 11.5 Acessando o algoritmo "Fill sinks (wang & liu)"

Ao dar duplo clique em "Fill sinks (wang & liu)", vai abrir a caixa da Fig. 11.6.

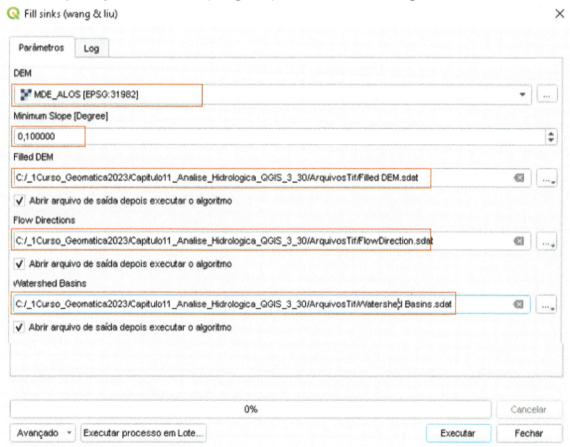

Fig. 11.6 Configurando o algoritmo "Fill sinks (wang & liu)

Observe que foram geradas as seguintes camadas: "Filed DEM.sdat" (essa camada é o MDE preenchido); "FlowDiretion.sdat" (essa camada é a direção de fluxo); e "WatershedBasins.sdat" (essa camada contém as bacias hidrográficas da área de estudos).

Observação: se preferir, pode exportar essas imagens para o formato tif.

Selecione a camada "Filed DEM.sdat" e depois vá em "Processar" > "Caixa de ferramentes" > "Channel network and drainage basins" (Fig. 11.7).

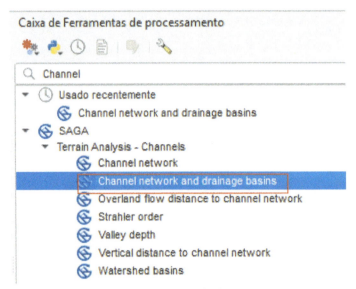

Fig. 11.7 Acessando o algoritmo "Channel network and drainage basins"

Ao dar duplo clique, abrirá a janela da Fig. 11.8. O algoritmo foi programado para gerar as seguintes camadas:

"FlowDiretion1.sdat": essa camada é a direção de fluxo;

"FlowConnectivity.sdat": essa camada contém a conectividade;

"StrahlerOrder.sdat": essa camada contém as bacias segundo a ordem de Strahler;

"DrainageBasins.sdat": essa camada contém as bacias de drenagem;

"Channel.shp": essa camada contém os vetores da rede de drenagem;

"Basins.shp": essa camada contém os polígonos das bacias hidrográficas;

"Juncions.shp": essa camada contém os pontos de nascente, exutório e junções intermediárias.

Observação: você pode atribuir o nome das camadas da forma que quiser ao configurar o algoritmo (Fig. 11.8). Os arquivos sdat podem ser exportados para o formato tif, se você preferir.

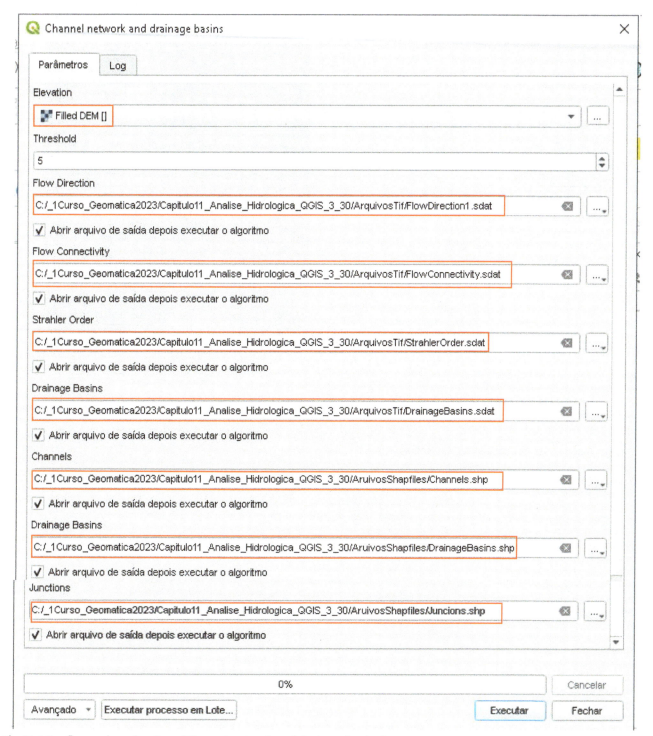

Fig. 11.8 Configurando o algoritmo "Channel network and drainage basins"

Pronto! Geramos a hidrografia e delimitamos as bacias (Fig. 11.9).

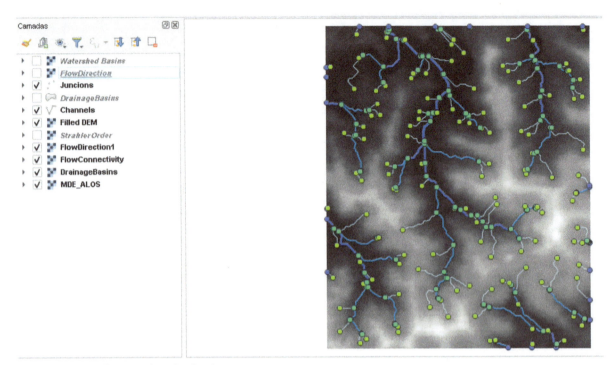

Fig. 11.9 Rede hidrográfica gerada pelo algoritmo

Se abrir a tabela de atributos da camada "Juncions.shp", na coluna "Type" você vai ver que existem quatro categorias de pontos: "Outlet", que são os exutórios dos rios; "Spring", que são as nascentes; "Junction" e "Mouth", que são as junções intermediárias.

ID	TYPE	ORDER	BASIN
1	Outlet	2	1
2	Outlet	1	2
3	Outlet	3	3
4	Spring	1	0
5	Junction	3	0
0	Mouth	3	4
0	Mouth	1	5
6	Spring	1	0
7	Spring	1	0
8	Junction	2	0

Fig. 11.10 Tabela de atributos da camada "Juncions.shp"

Se abrir a tabela de atributos da camada "Channels.shp", na coluna "Order" você vai ver que existem categorias de linhas (1, 2, 3, 4 ...), que são a classificação de Strahler.

Channels — Total de feições: 237, Filtrado: 237, Selecionado: 0

	SEGMENT_ID	NODE_A	NODE_B	BASIN	ORDER	ORDER_CELL	LENGTH
1	1	5	3	3	3	7	49,9999999990
2	2	4	2	2	1	5	67,6776695290
3	3	6	12	8	1	5	195,7106781200
4	4	8	1	1	2	6	296,5990257600
5	5	7	8	6	1	5	105,1776695300
6	6	9	5	5	1	5	181,0660171800

Fig. 11.11 Tabela de atributos da camada "Channels.shp"

12 Como corrigir a geometria de arquivos shapefile no QGIS 3.30.1

12.1 Inserindo arquivo shapefile e verificando a topologia no QGIS 3.30.1

Primeiro, crie um projeto e salve-o. Depois insira o arquivo com a camada shapefile no QGIS 3.30.1. Neste caso, é o arquivo "Municipio_pol.shp" (Fig. 12.1). Configure o SRC para Sirgas 2000 UTM 22S.

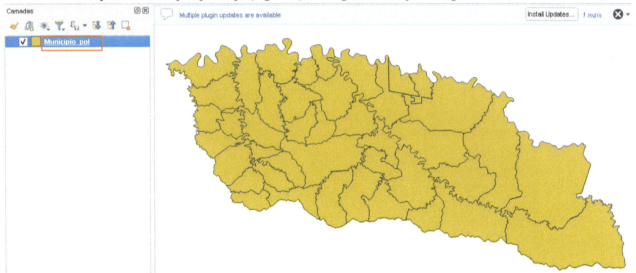

Fig. 12.1 Municípios do sudoeste do Paraná

Em seguida, instale o complemento "Verificador de topologia" (Fig. 12.2).

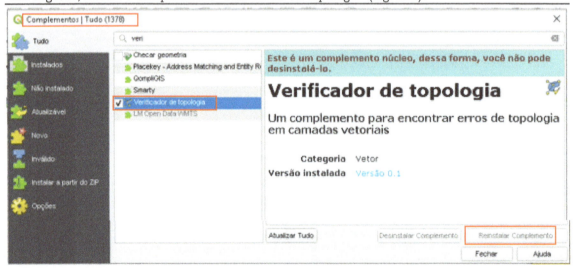

Fig. 12.2 Instalando o verificador de topologia

Com o verificador de topologia instalado, selecione a camada "Municipio_pol.shp" execute a ferramenta para ver se tem algum erro de geometria no arquivo (Fig. 12.3A).

No painel do verificador, selecione "Configurações de regras de topologia" (Fig. 12.3B).

12 Como corrigir a geometria de arquivos shapefile no QGIS 3.30.1 | 199

Fig. 12.3 Acionando a ferramenta "Verificador de topologia"

Quando abrir a janela da Fig. 12.4, configure-a conforme a imagem e pressione "+" para adicionar a configuração. Pressione "OK".

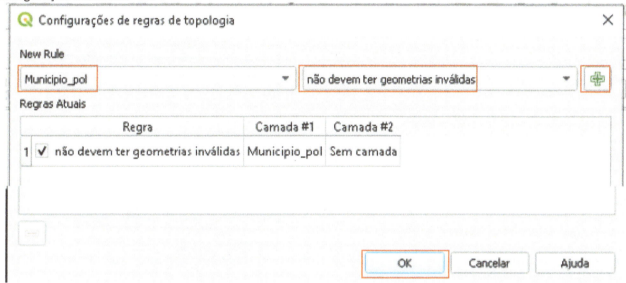

Fig. 12.4 Configurando o verificador de topologia

Pressione "Validar tudo" (Fig. 12.5A). No mapa, ficarão destacados em vermelho os polígonos com geometria com problema (Fig. 12.5B).

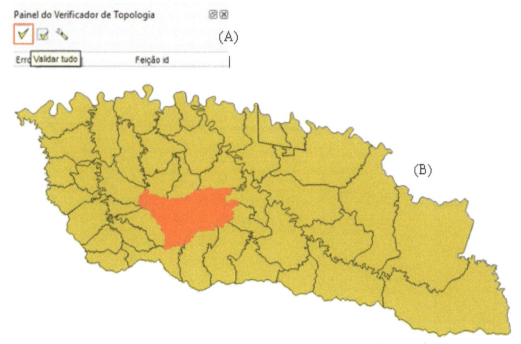

Fig. 12.5 Validando a geometria dos polígonos

O segundo passo é corrigir a geometria com problema. Para isso, vá em "Processar" > "Caixa de ferramentas de processamento" > "Geometria" > "Corrigir geometrias" (Fig. 12.6).

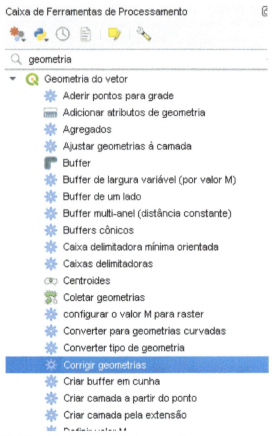

Fig. 12.6 Corrigindo a geometria dos polígonos

Configure a janela que abrir conforme a Fig. 12.7.

Fig. 12.7 Configurando a correção de geometrias

Clique em "Executar" e será aberto o arquivo "Municipio_pol_Corrigido.shp", sem problema de geometria.

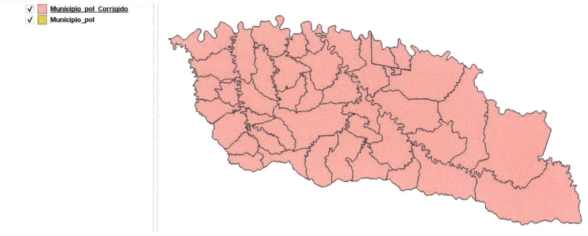

Fig. 12.8 Camada com a geometria corrigida

12.2 Editando campos da tabela de atributos

Agora vamos editar a tabela de atributos para organizar os seus campos. Selecione a camada "Municipio_pol_Corrigido", clique com o botão direito do mouse > "Propriedades" > "Fonte" e deixe a codificação da fonte de dados como UTF-8.

Selecione novamente a camada "Municipio_pol_Corrigido", clique com o botão direito do mouse > "Abrir tabela de atributos" (Fig. 12.9).

Fig. 12.9 Tabela de atributos da camada "Municipio_pol_Corrigido"

Selecione novamente a camada "Municipio_pol_Corrigido e, na caixa de ferramentas, digite na linha de busca "Campos" > "Editar campos" (Fig. 12.10).

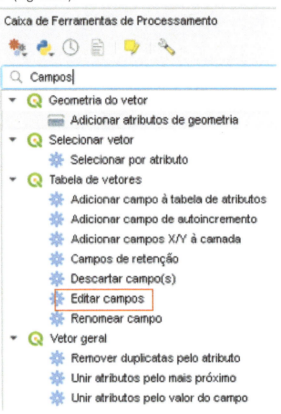

Fig. 12.10 Acionando a ferramenta "Editar campos"

Vai abrir a janela da Fig. 12.11, onde você pode editar os títulos dos campos, inserir campos novos e mudar a sua ordem na tabela.

12 Como corrigir a geometria de arquivos shapefile no QGIS 3.30.1 | 203

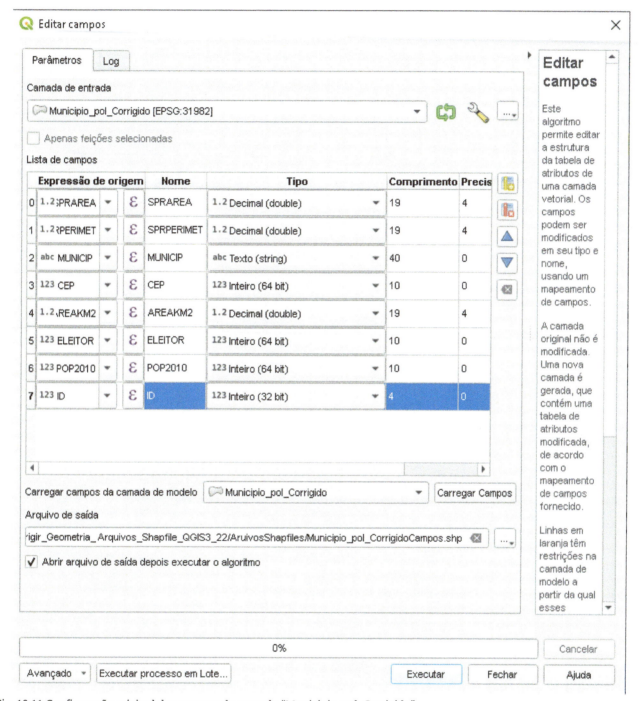

Fig. 12.11 Configuração original dos campos da camada "Municipio_pol_Corrigido"

Deixe configurado conforme a Fig. 12.12.

204 | INTRODUÇÃO AO QGIS

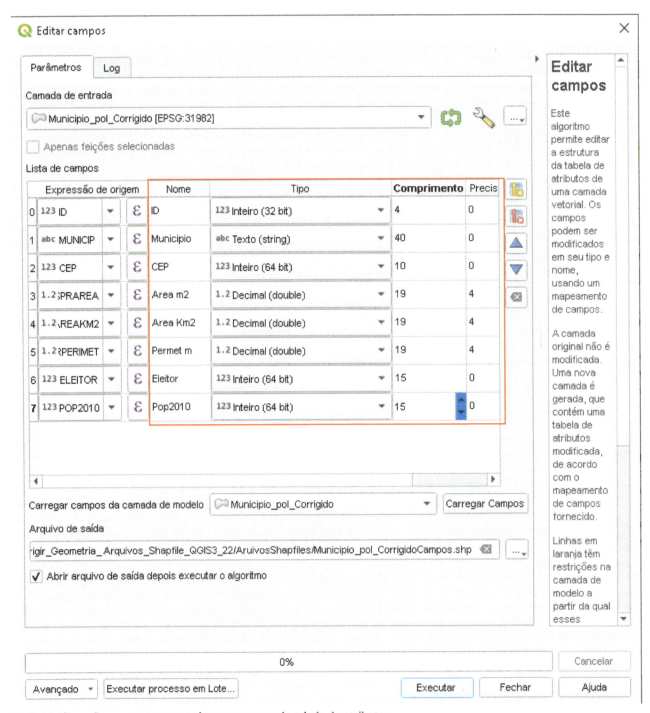

Fig. 12.12 Alterações a serem executadas nos campos da tabela de atributos

Quando pressionar "Executar", o programa vai gerar um novo arquivo shapefile com o nome "Municipio_pol_CorrigidoCampos.shp" com a tabela de atributos corrigida. Vamos ver como ela ficou na Fig. 12.13.

Fig. 12.13 Tabela de atributos na nova camada corrigida

12.3 Formatando rótulos e simbologia

Agora vamos formatar os rótulos e a simbologia. Clique com o botão direito do mouse sobre a camada "Municipio_pol_CorrigidoCampos.shp", vá em "Propriedades da camada" > "Rótulos" e configure conforme a Fig. 12.14.

206 | INTRODUÇÃO AO QGIS

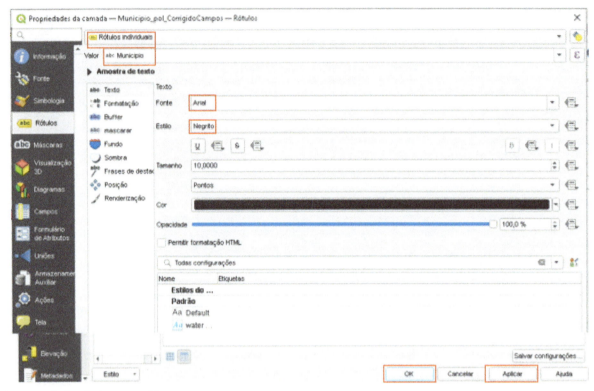

Fig. 12.14 Inserindo rótulos aos polígonos

Pronto! O nome aparecerá sobre o polígono de cada município (Fig. 12.15).

Fig. 12.15 Municípios com rótulo

Clique de novo com o botão direito do mouse sobre a camada "Municipio_pol_CorrigidoCampos.shp", vá em "Propriedades da camada" > "Simbologia" e configure conforme a Fig. 12.16.

12 Como corrigir a geometria de arquivos shapefile no QGIS 3.30.1 | 207

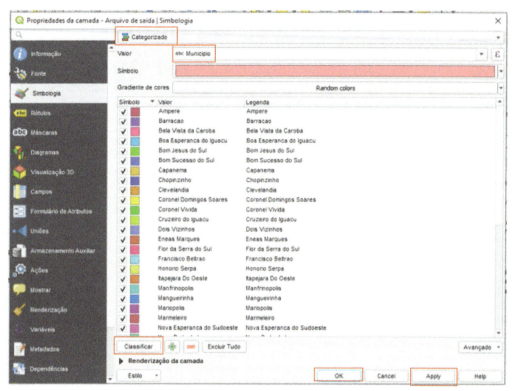

Fig. 12.16 Configurando a simbologia

Pronto! Cada polígono do mapa, que representa um município, aparecerá com uma cor diferente (Fig. 12.17).

Fig. 12.17 Camada com a simbologia formatada

13 Associação de tabela de dados alfanuméricos do Excel com base cartográfica no QGIS 3.30.1

O primeiro passo é abrir o QGIS 3.30.1, criar um projeto e carregar o arquivo "MunicipiosCorrigidoFinal.shp". Em seguida, vamos adicionar a planilha do Excel, que contém os dados alfanuméricos que queremos unir à base cartográfica no QGIS. O processo é simples: no Explorer do Windows, arraste com o mouse o arquivo para dentro do QGIS 3.30.1 (Fig. 13.1). Neste caso, é o arquivo "PastaTotalTrabalhar.xls".

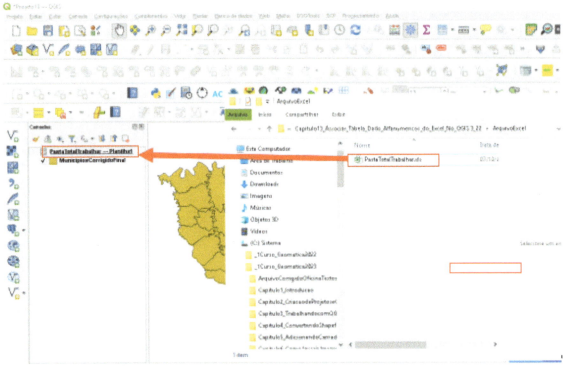

Fig. 13.1 Adicionando uma planilha do Excel no projeto do QGIS

Agora vamos olhar as tabelas de atributos das duas camadas; veremos que a coluna "ID" é comum às duas camadas.

O ideal é que as colunas comuns sejam dados numéricos, pois em texto é mais complicado de fazer a união. Os dados das duas colunas devem ser identificadores únicos para cada município, ou seja, não podem se repetir.

Vamos fazer a união. Selecione com o mouse a camada "MunicipiosCorrigidoFinal.shp", clique com o botão direito e vá em "Propriedades" "Uniões". Ao selecionar "Uniões", clicar em "+" (Fig. 13.2).

13 Associação de tabela de dados alfanuméricos do Excel com base cartográfica no QGIS 3.30.1 | 209

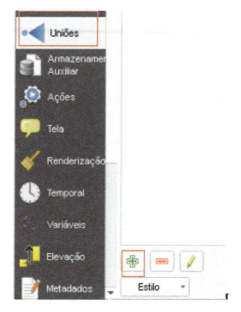

Fig. 13.2 Acionando uniões de camadas

Configurar a janela que abrir conforme a Fig. 13.3.

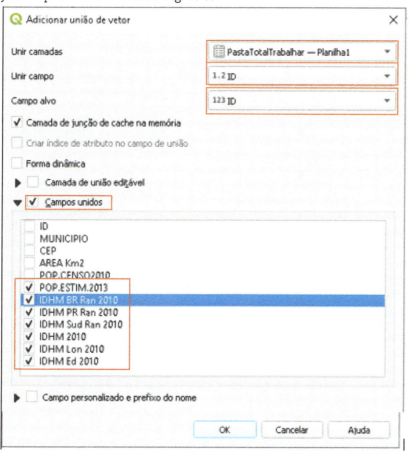

Fig. 13.3 Configurando a união de camadas

Clique em "OK" > "Aplicar" > "OK".

Ao abrir a tabela de atributos da camada "MunicipiosCorrigidoFinal.shp", constate que ocorreu a união das tabelas de atributos, e o título dos campos unidos vem com o nome da tabela da Excel (Fig. 13.4).

ID	MUNICIP	Area m2	Per m	AREAKM2	CEP	ELEITOR	POP2010	ilhar — Planilha1_P	ilhar — Planilha1_ID
1	Ampére	593904702,5000	282398,2365	298,3300	85628000	13603	17308	18281	1638
2	Barracão	325854081,7500	150230,4861	169,8300	85700000	6627	9737	10143	1720
3	Bela Vista da Caroba	298576658,0000	170197,5705	148,1000	85745000	3368	3939	3926	2412
4	Boa Esperança do Iguaçu	300949107,2500	166490,6822	151,9800	85680000	2441	2768	2763	1904
5	Bom Jesus do Sul	349635090,0000	158238,2575	173,9700	85708000	3176	3796	3824	1995
6	Bom Sucesso do Sul	391089915,5000	209838,0112	195,8600	85515000	2959	3296	3372	719
7	Capanema	839715101,5000	359860,6083	418,7000	85760000	15243	18512	19182	1720
8	Chopinzinho	1917702071,0000	427581,6818	959,6900	85560	16070	19673	20077	764
9	Clevelândia	1405703521,0000	417822,5532	70[illegible] 959,6900	85530000	13786	17232	17501	2078
10	Coronel Domingos Soares	3114091535,0000	546170,8318	1557,8900	85557000	5585	7238	7525	4144
11	Coronel Vivida	1366349705,0000	389359,8826	684,4100	85550000	15795	21737	22036	1217
12	Cruzeiro do Iguaçu	321266605,7500	177957,4266	161,4900	85598000	3665	4274	4383	1638
13	Dois Vizinhos	838261888,0000	291216,5037	418,3200	85660000	29306	36198	38385	265
14	Enéas Marques	387089332,7500	185763,7123	191,9900	85630000	5509	6101	6223	508
15	Flor da Serra do Sul	508768554,5000	267830,2036	254,8800	85618000	4784	4725	4822	185
16	Francisco Beltrão	1463957761,0000	420990,8571	734,9800	85601000	61622	78957	84437	2386

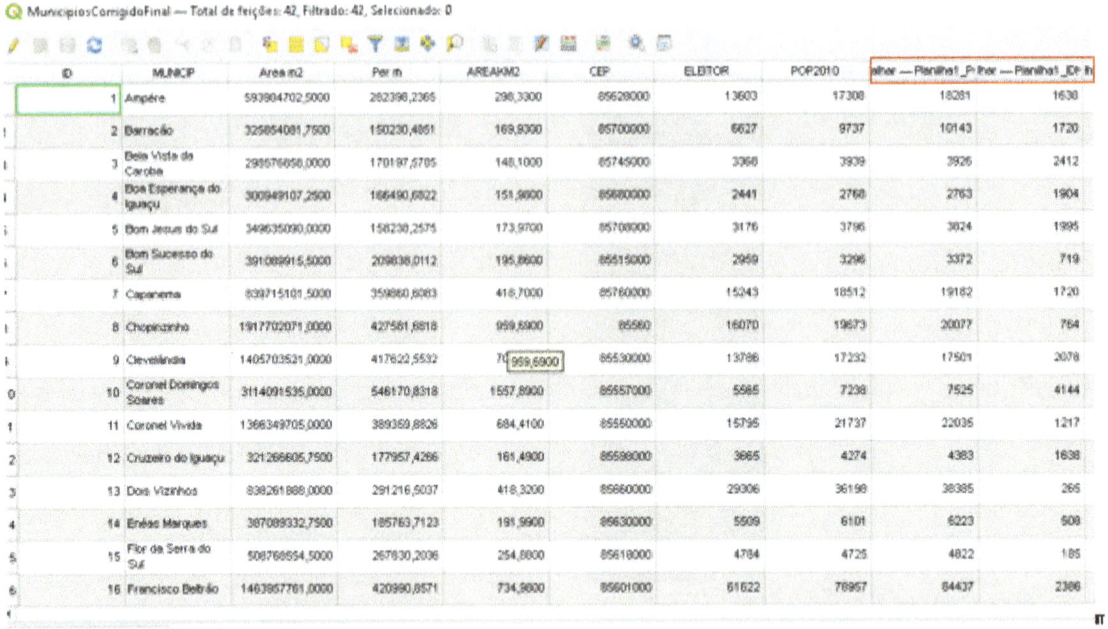

Fig. 13.4 Tabela de atributos depois do processo de união

Isso é um erro. Antes de fechar o projeto, devemos clicar em “Processar” > “caixa de ferramentas” > “Tabela de vetores” > “Editar campos” (Fig. 13.5). Escreva na linha de busca “Campo” e vá em “Editar campo”. Deixe o título de cada campo com apenas dez caracteres, que é o que o programa aceita.

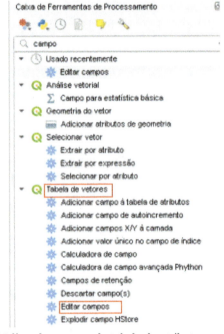

Fig. 13.5 Editando campos da tabela de atributos

Na janela que será aberta, configure-a conforme a Fig. 13.6. Em “Arquivo de saída” coloque “MunicipiosCorrigidoFinal1.shp”.

13 Associação de tabela de dados alfanuméricos do Excel com base cartográfica no QGIS 3.30.1

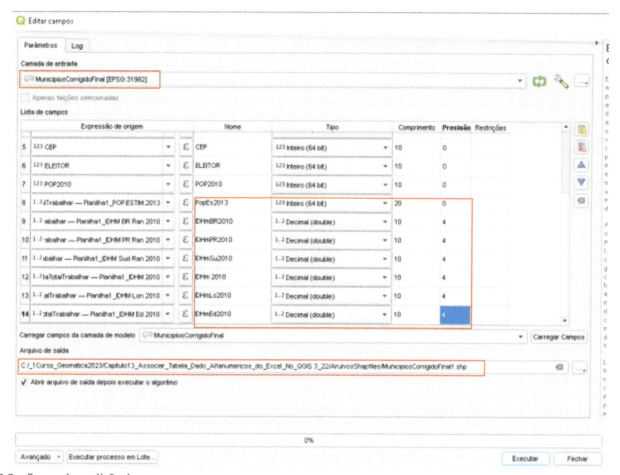

Fig. 13.6 Configurando a edição de campos

Será gerado o arquivo "MunicipiosCorrigidoFinal1.shp" com a tabela de atributos corrigida.

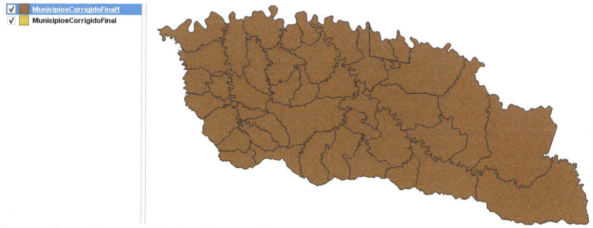

Fig. 13.7 Nova camada gerada com a tabela de atributos corrigida

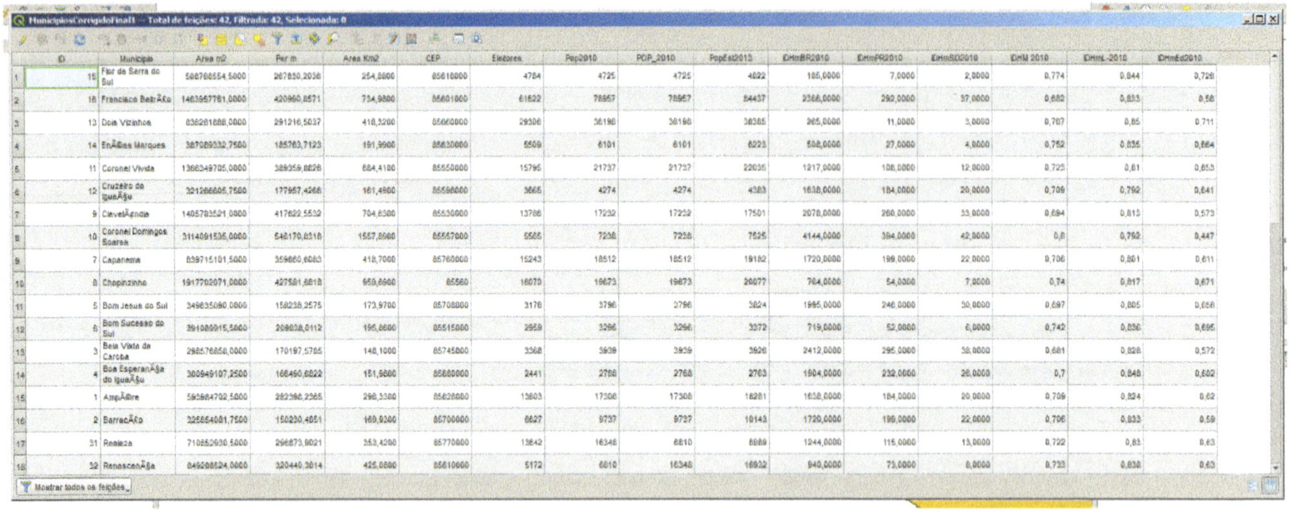

Fig. 13.8 Tabela de atributos da nova camada gerada

14 Geração de mapas temáticos a partir de tabela de atributos de arquivo shapefile de polígonos no QGIS 3.30.1

14.1 Carregando arquivo shapefile

Crie um projeto e carregue o arquivo "MunicipiosCorrigidoFinal1.shp" no QGIS 3.30.1 (Fig. 14.1).

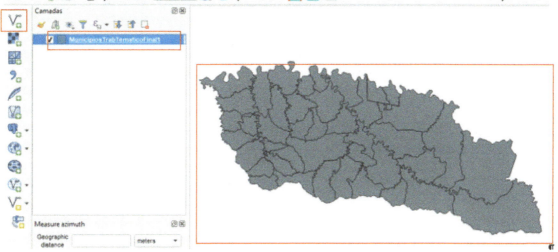

Fig. 14.1 Mapa com os municípios do sudoeste do Paraná

Esse é um arquivo vetorial de polígonos. Como primeiro passo, vamos gerar um mapa categorizado, com cor específica para cada município, conforme a seção 12.3. Clique com o botão direito em cima da camada "MunicipiosCorrigidoFinal1.shp" e vá em "Propriedades" > "Simbologia". Configure a janela que se abrir conforme a Fig. 14.2:

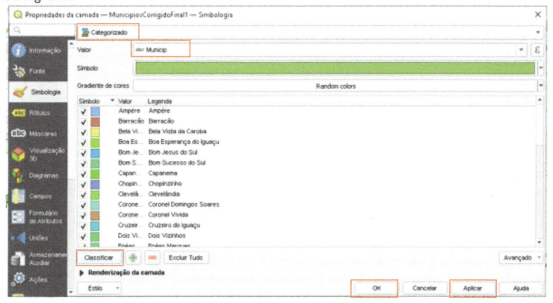

Fig. 14.2 Usando a ferramenta "Simbologia" para classificar os municípios

Pronto! O QGIS 3.30.1 gerou um mapa categorizado para todo o sudoeste do Paraná:

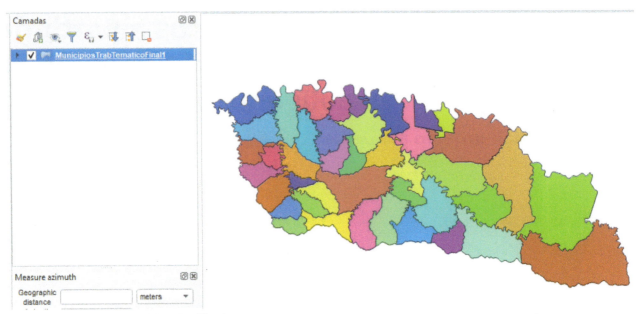

Fig. 14.3 Mapa com os municípios classificados

Agora é só inserir o rótulo de cada município nos polígonos. Para isso, clique com o botão direito do mouse sobre a camada e em seguida selecione "Rótulo". Configure a janela conforme a Fig. 14.4. Os polígonos dos municípios ficarão com os respectivos nomes (Fig. 14.5).

14 Geração de mapas temáticos a partir de tabela de atributos de arquivo shapefile de polígonos no QGIS 3.30.1 | 215

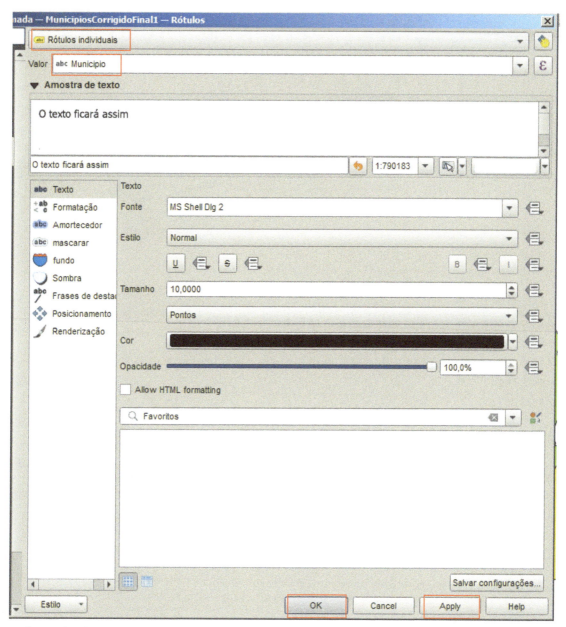

Fig. 14.4 Configurando rótulos do município

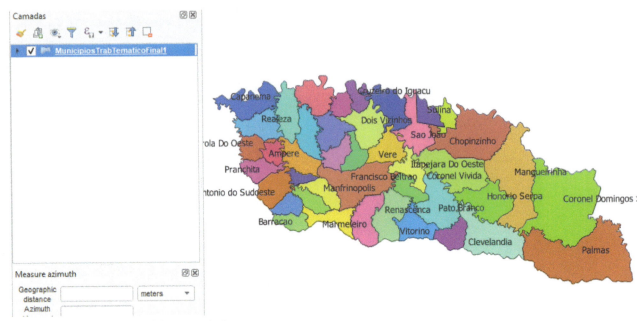

Fig. 14.5 Polígonos dos municípios com rótulos

Vamos salvar o projeto com o nome "Projeto14.qgz". Também devemos salvar uma cópia do arquivo "MunicipiosCorrigidoFinal1.shp" com o nome "MunicipiosCorrigidoFinal2.shp", para continuarmos gerando dados temáticos.

14.2 Representando mapas temáticos de polígonos graduados

Para fazer isso, deve-se verificar, na tabela de atributos do seu shapefile, "MunicipiosCorrigidoFinal2.shp", se há pelo menos uma coluna numérica. Veja na tabela de atributos que há várias colunas numéricas; entre elas, escolha a coluna "POP2010" (Fig. 14.6) para fazer o exercício, a qual contém a população do censo de 2010 dos municípios do sudoeste do Paraná.

14 Geração de mapas temáticos a partir de tabela de atributos de arquivo shapefile de polígonos no QGIS 3.30.1

ID	Municip	Area m2		POP2010
1	1	Ampére	593984702,5000	¦	17308
2	2	Barracão	325854081,7500	·	9737
3	3	Bela Vista da Caroba	298576858,0000	¦	3939
4	4	Boa Esperança do Iguaçu	300949107,2500		2768
5	5	Bom Jesus do Sul	349635090,0000	¦	3796
6	6	Bom Sucesso do Sul	391089915,5000	I	3296
7	7	Capanema	839715101,5000	¦	18512
8	8	Chopinzinho	1917702071,0000	I	19673
9	9	Clevelândia	1405703521,0000	¦	17232
10	10	Coronel Domingos Soares	3114091535,0000	¦	7238
11	11	Coronel Vivida	1366349705,0000	¦	21737
12	12	Cruzeiro do Iguaçu	321266605,7500	¦	4274
13	13	Dois Vizinhos	838261888,0000	¦	36198
14	14	Enéas Marques	387089332,7500	I	6101
15	15	Flor da Serra do Sul	508768554,5000	·	4725
16	16	Francisco Beltrão	1463957761,0000	!	78957

Nota: A tabela possui o título "MunicipiosCorrigidoFinal2 — Total de feições: 42, Filtrado: 4".

Fig. 14.6 Tabela de atributos da camada vetorial

Clique com o botão direito do mouse sobre a camada "MunicipiosCorrigidoFinal2.shp", em seguida, vá em "Propriedades" > "Simbologia" e configure a janela conforme a Fig. 14.7. Vamos trabalhar com o método de cor.

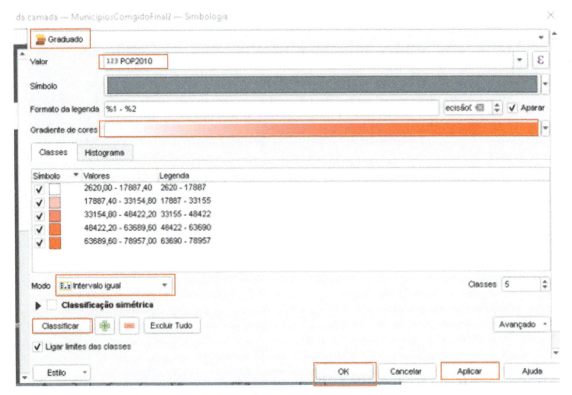

Fig. 14.7 Classificando os municípios pela população total

Observação: você pode alterar os valores da legenda de acordo com o seu interesse.

Veja o mapa gerado na Fig. 14.8.

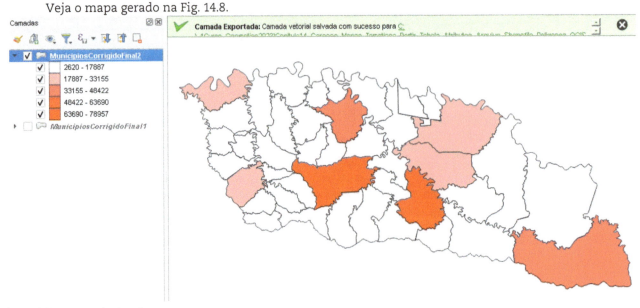

Fig. 14.8 Mapa populacional

14.3 Representando mapas temáticos de polígonos graduados gerando centroide

Para esse caso, o ideal é ter um shapefile de pontos com pelo menos uma coluna numérica na tabela de atributos. Com o shapefile "MunicipiosCorrigidoFinal2", em que são polígonos, precisamos gerar o centroide desses polígonos. Para isso, selecione a camada com o mouse e vá em "Vetor" > "Geometria" > "Centroide" (Fig. 14.9).

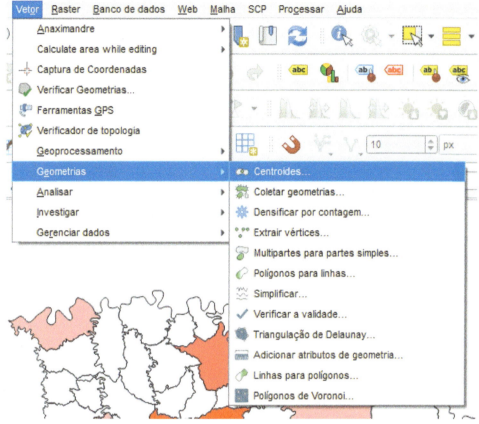

Fig. 14.9 Gerando a camada de centroides

Configure a janela conforme a Fig. 14.10.

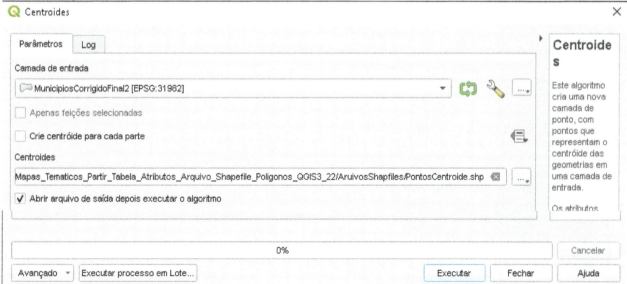

Fig. 14.10 Configurando a geração de centroides

Foi gerado o arquivo "PontosCentroide.shp" (Fig. 14.11).

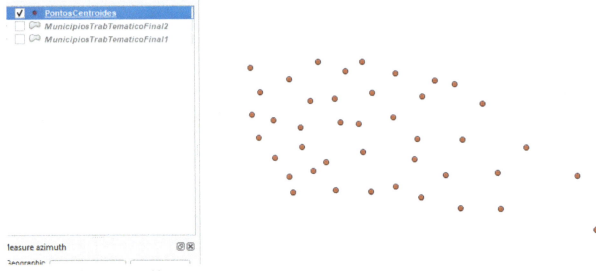

Fig. 14.11 Camada com centroides

Clique com o botão direito do mouse sobre "PontosCentroide.shp", vá em "Propriedades da camada" > "Simbologia" e configure conforme a Fig. 14.12.

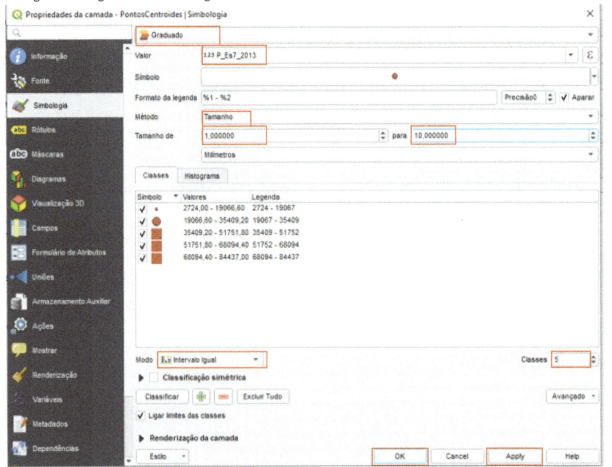

Fig. 14.12 Classificando os centroides

Foi gerado o mapa graduado da população do sudoeste estimada para 2013, na Fig. 14.13.

14 Geração de mapas temáticos a partir de tabela de atributos de arquivo shapefile de polígonos no QGIS 3.30.1

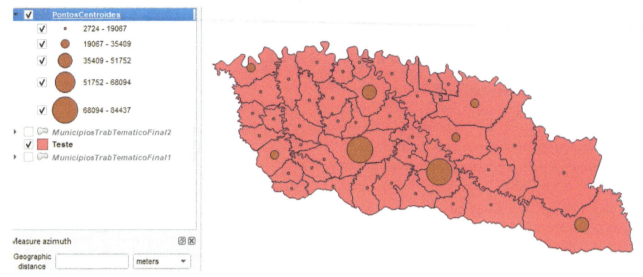

Fig. 14.13 Mapa com centroides classificados

15 Álgebra de mapas no cálculo do índice de vegetação no QGIS 3.30.1

15.1 Índice de vegetação

Para tentar estimar a biomassa ou o vigor vegetativo através de medidas quantitativas baseadas nos valores digitais, são usados os índices de vegetação.

Um índice de vegetação é a combinação de bandas espectrais que podem ser adicionadas, subtraídas, divididas ou multiplicadas de forma a produzir um valor único que indique a quantidade ou vigor de vegetação. Áreas cobertas por uma alta proporção de vegetação viva (saudável) geram valores altos de brilho dos pixels de um índice de vegetação.

A razão entre duas bandas espectrais é a forma mais simples de obter o índice de vegetação, e pode ser definida a partir do conhecimento sobre a vegetação viva, no que tange ao seu comportamento espectral.

Os quocientes entre medidas de reflectância em porções separadas do espectro resultam nas razões entre bandas. As razões são capazes de realçar ou revelar dados quando existe uma relação inversa entre duas respostas espectrais para o mesmo fenômeno biofísico. Se o comportamento espectral de duas feições for igual, as razões entre bandas fornecem poucas informações adicionais. Mas, se as respostas espectrais entre elas forem bem diferentes, a razão entre as bandas fornece um valor único que, resumidamente, demonstra o contraste entre as duas reflectâncias.

A relação inversa entre valores de brilho da vegetação na região do vermelho e infravermelho próximo pode ser a estratégia para quantificar a razão entre bandas da vegetação viva. Ou seja, a absorção da luz vermelha (VM) pela clorofila (80% a 90%) e a alta reflexão da radiação infravermelha (IV) pela mesófila (40% a 50%) demonstram que as características espectrais do vermelho e do infravermelho próximo serão bem diferentes e, portanto, será alta a razão (IV/VM). Já superfícies não vegetadas não terão essas respostas espectrais específicas e, como consequência, suas razões irão decrescer em magnitude; para este caso, estão inclusas: água, solo exposto e vegetação morta ou estressada. Portanto, um dado pixel pode ter a medida da importância da reflectância vegetativa, pela razão IV/VM.

O vigor da vegetação é uma das muitas medidas efetuadas pela razão IV/VM. A razão verde/vermelha (VD/VM), por exemplo, embora seja baseada nos mesmos conceitos usados pela razão IV/VM, é menos efetiva.

A seguir, serão apresentadas as características sobre vários índices de vegetação propostos por vários pesquisadores.

De acordo com Eastman (1998 *apud* Santos; Peluzio; Saito, 2010), o índice de razão de vegetação (do inglês *ratio vegetation index*, RATIO) foi proposto por Rouse *et al.* (1974) para separar vegetação verde de solo utilizando imagem do satélite Landsat MSS. O infravermelho RATIO é produzido por uma simples divisão de valores de reflectância contidos em bandas do infravermelho próximo por aqueles contidos na banda do vermelho. Sua equação é descrita a seguir:

$$RATIO = \frac{IV}{VM}$$

em que:
RATIO = índice de razão de vegetação;
IV = banda correspondente ao infravermelho próximo;
VM = banda correspondente ao vermelho.

Um dos índices de vegetação baseados na razão entre bandas mais amplamente usado é conhecido como índice de vegetação da diferença normalizada (do inglês *normalized difference vegetation index*, NDVI) desenvolvido por Rouse *et al.* (1973), conforme citado por Jansen (1986 *apud* Santos; Peluzio; Saito, 2010), e é dado pela seguinte equação:

$$NDVI = \frac{(IV - VM)}{(IV + VM)}$$

em que:

NDVI = índice de vegetação por diferença normalizada;

IV = banda do infravermelho próximo;

VM = banda do vermelho.

O NDVI foi introduzido para produzir um IV espectral que separa vegetação verde do brilho do solo de fundo, utilizando, primeiramente, dados digitais do satélite Landsat MSS. Esse é o índice de vegetação mais comumente empregado que minimiza efeitos topográficos. Possui a propriedade de variar entre –1 e +1, sendo que, quanto mais próximo de 1, maior a densidade de cobertura vegetal. O zero representa valor aproximado para ausência de vegetação, ou seja, superfícies não vegetadas.

Dering *et al.* (1975), citado por Jansen (1986 *apud* Santos; Peluzio; Saito, 2010), utilizou outro tipo de índice de vegetação, adicionando 0,5 ao NDVI e extraindo sua raiz quadrada. Esse procedimento tem sido extensivamente utilizado para medir a quantidade de vegetação, tendo sido denominado índice de vegetação transformado (do inglês *transformed vegetation index*, TVI). Sua equação é a seguinte:

$$TVI = valor\ absoluto\sqrt{(NDVI + 0,5)}$$

em que:

TVI = índice de vegetação transformado.

Na equação do TVI, a constante 0,50 é introduzida para evitar operações com valores negativos de NDVI. O cálculo da raiz quadrada pretende corrigir os valores do NDVI, inserindo uma distribuição normal.

Outro tipo de índice é o denominado índice de correção transformada da vegetação (do inglês *corrected transformed vegetation index*, CTVI), proposto por Perry e Lautenschlager (1984), conforme citado por Jansen (1986 *apud* Santos; Peluzio; Saito, 2010), a fim de corrigir o TVI. A equação é a seguinte:

$$CTVI = \frac{(NDVI + 0,5)}{ABS(NDVI + 0,5)} \cdot \sqrt{ABS(NDVI + 0,5)}$$

em que:

CTVI = índice de correção transformada da vegetação;

ABS = valor absoluto.

O CTVI pretende corrigir o TVI adicionando a constante de 0,50 para todos os valores NDVI, mas nem sempre eliminando todos os seus valores negativos, podendo ter um alcance de –1 a +1. Valores menores que –0,50 tornam-se valores negativos menores depois da operação de adição. Assim, o CTVI é elaborado para resolver essa situação, dividindo (NDVI + 0,50) por seu valor absoluto ABS (NDVI + 0,50) e multiplicando pela raiz quadrada do valor absoluto, suprimindo o sinal negativo.

Thiam (1997 *apud* Santos; Peluzio; Saito, 2010) indicou que o resultado da imagem do CTVI pode ser muito ruidoso, devido a uma superestimação da vegetação verde. Para obter melhores resultados, Thiam sugeriu ignorar o primeiro termo da equação do CTVI e simplesmente adicionar a raiz quadrada dos valores absolutos para o NDVI e o TVI, para criar um novo índice conhecido como índice de vegetação transformado de Thiam (do inglês *Thiam's transformed vegetation index*, TTVI), expresso pela seguinte equação:

$$TTVI = \sqrt{\left[ABS\left(\frac{IV - VM}{IV + VM}\right) + 0,5\right]}$$

em que:
TTVI = índice de vegetação transformado de Thiam;
IV = banda do infravermelho;
VM = banda do vermelho;
ABS = valor absoluto.

Eastman (1998 *apud* Santos; Peluzio; Saito, 2010), em sua revisão bibliográfica, descreve outras equações de índice de vegetação.

15.2 Determinação do índice de vegetação de diferença normalizada (NDVI) para o quadrante representativo da bacia hidrográfica do Rio São José (PR)

A fim de determinar o NDVI para 14 de maio de 2023 do quadrante representativo da bacia hidrográfica do rio São José (PR), serão utilizadas as seguintes imagens do satélite CBERS 4A, sensor WPM, com resolução de 8 m:

- CBERS_4A_PAN8M_BAND4Rec.tif – BANDA DO INFRAVERMELHO PRÓXIMO.
- CBERS_4A_PAN8M_BAND3Rec.tif – BANDA DO VERMELHO.

Esses arquivos estão na pasta "ArquivosTif".

Vamos fazer o cálculo do NDVI considerando um ganho e um offset, da seguinte forma:

$$NDVI = Ganho\left(\frac{IV - VM}{IV + VM}\right) + Offset$$

ou seja:

$$NDVI = 50\left(\frac{CBERS\_4A\_PAN8M\_BAND4Rec - CBERS\_4A\_PAN8M\_BAND3Rec}{CBERS\_4A\_PAN8M\_BAND4Rec + CBERS\_4A\_PAN8M\_BAND3Rec}\right) + 100$$

O primeiro passo é carregar as imagens "CBERS_4A_PAN8M_BAND4Rec" e "CBERS_4A_PAN8M_BAND3Rec", que estão na pasta "ArquivosTif", no QGIS 3.30.1 (Fig. 15.1).

Lembre-se, você tem que carregar as imagens originais sem contraste.

Fig. 15.1 Inserindo imagens das bandas 3 e 4 do CBERS 4A

Salve o projeto com o nome "Álgebra de mapas". Em seguida, vá em "Raster" > "Calculadora Raster" (Fig. 15.2).

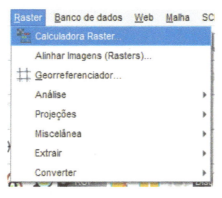

Fig. 15.2 Acionando a calculadora raster

Configure a janela conforme Fig. 15.3:

226 | INTRODUÇÃO AO QGIS

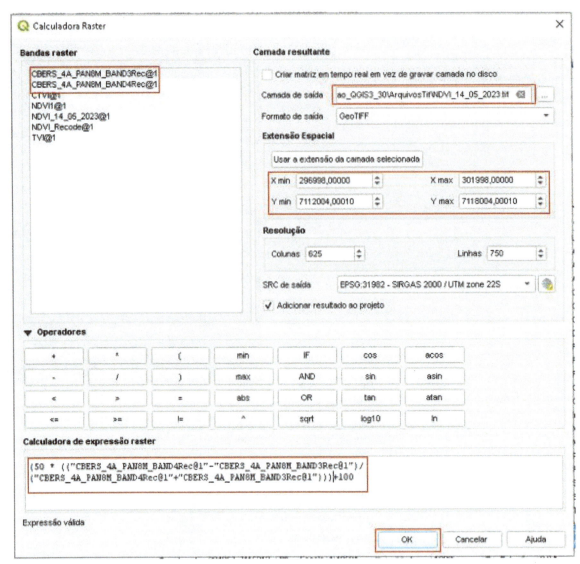

Fig. 15.3 Configurando a geração do NDVI

O programa gera o arquivo NDVI com os dados programados.

15 Álgebra de mapas no cálculo do índice de vegetação no QGIS 3.30.1 | 227

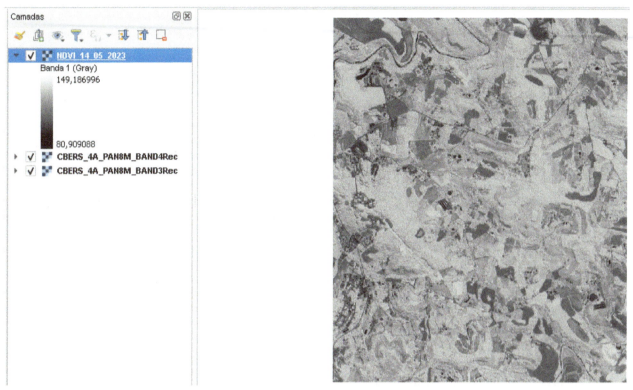

Fig. 15.4 Imagem resultante do cálculo do NDVI

Vamos fazer o cálculo do NDVI, gerando um valor de –1 a +1, através das equações:

$$NDVI = \left(\frac{IV - VM}{IV + VM}\right)$$

ou seja:

$$NDVI = \left(\frac{CBERS\_4A\_PAN8M\_BAND4Rec - CBERS\_4A\_PAN8M\_BAND3Rec}{CBERS\_4A\_PAN8M\_BAND4Rec + CBERS\_4A\_PAN8M\_BAND3Rec}\right)$$

Para isso, vá novamente em "Raster" > "Calculadora Raster" e configure a janela conforme a Fig. 15.5:

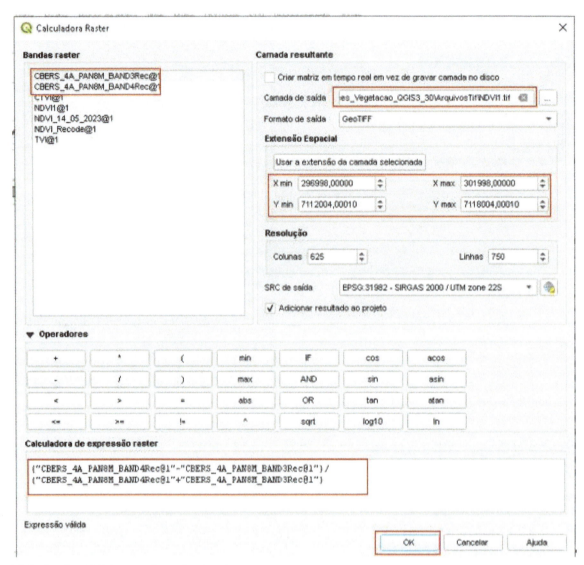

Fig. 15.5 Calculando o NDVI com valores de −1 a +1

Será gerado o arquivo "NDVI1.tif" (Fig. 15.6). Utilize a Tab. 15.1 para classificar o NDVI.

Tab. 15.1 Classes temáticas e valores utilizados no fatiamento do NDVI obtido

Classe	CBERS 4A WPM
Água e sombra	−1,00 a 0,00
Solo exposto	0,01 a 0,45
Vegetação esparsa	0,46 a 0,60
Vegetação densa	0,61 a 1,00

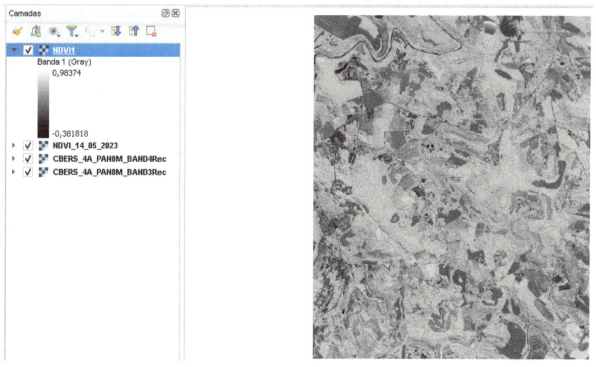

Fig. 15.6 NDVI com valores de –1 a +1

Para reclassificar uma imagem geotif de NDVI, o algoritmo r.recode utilizará algumas regras para realizar o fatiamento do raster de NDVI. Copie o texto abaixo para um arquivo do bloco de notas e salve como "Classe_NDVI":

–1.00: 0.00: 1
0.01: 0.45: 2
0.46: 0.60: 3
0.61:1.00: 4

1 Água e sombra, 2 Solo exposto, 3 Vegetação esparsa, 4 Vegetação densa.

Depois disso, acesse "Processar" > "Caixa de ferramentas" e digite "r.recode" (Fig. 15.7). Aparecerá no módulo do GRASS o algoritmo r.recode. Clique duas vezes sobre ele para que a janela de reclassificação seja aberta.

Fig. 15.7 Acionando o algoritmo r.recode

Com a camada de reclassificação selecionada, dê dois cliques do mouse sobre o algoritmo r.recode, que abrirá a janela da Fig. 15.8. Em "Arquivo", que contém as regras de reclassificação, selecione "Classe_NDVI.txt".

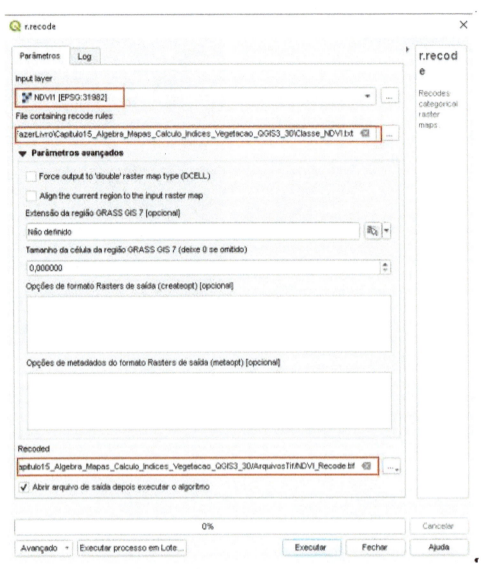

Fig. 15.8 Configurando a execução do algoritmo r.recode

Ao pressionar "Executar", o algoritmo gera o arquivo "NDVI_Recode.tif", que também será anexado na lista de camadas do projeto.

Observe que o algoritmo colocou as quatro classes que foram determinadas no arquivo "Classe_NDVI.txt", com cores. Também adicionou mais classes, indo até 255. As classes que forem superiores ao número 4 devem ser excluídas, pois é um erro do programa. Para tanto, vá em "Propriedades da camada" > "Simbologia" > "Classificação".

Agora selecionamos a camada "NDVI_Recode.tif", clicamos com o botão direito do mouse e vamos em "Propriedades da camada" > "Simbologia" e configuramos conforme a seguir.

15 Álgebra de mapas no cálculo do índice de vegetação no QGIS 3.30.1 | 231

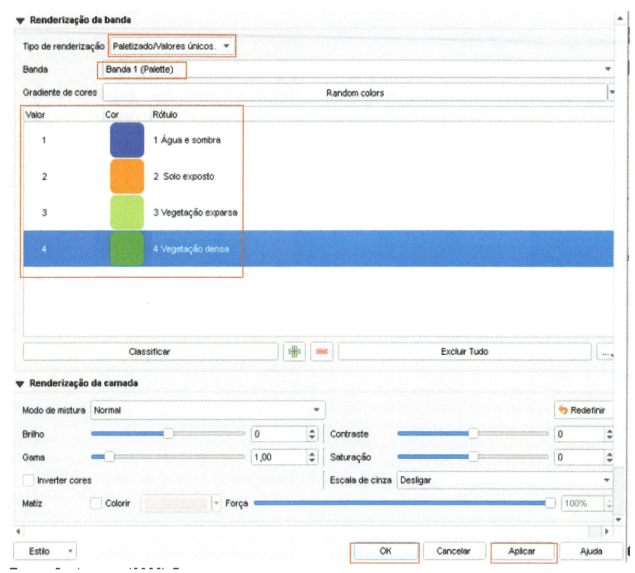

Fig. 15.9 Fatiando a camada raster NDVI_Recode

232 | INTRODUÇÃO AO QGIS

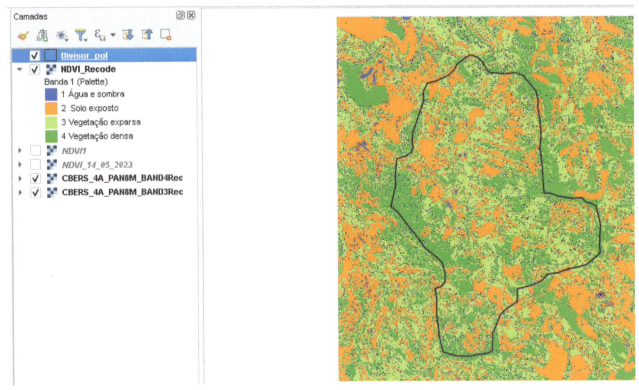

Fig. 15.10 Imagem raster NDVI_Recode classificada

O próximo passo é calcular o TVI:

$$TVI = ABS\sqrt{NDVI + 0,5}$$

ou seja:

$$TVI = ABS\sqrt{NDVI1 + 0,5}$$

Para isso, vá em "Raster" > "Calculadora Raster" (Fig. 15.11).

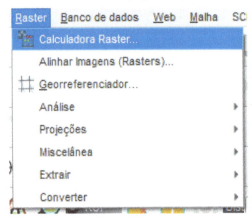

Fig. 15.11 Acionando a calculadora raster

Configure a janela da Fig. 15.12 da seguinte forma:

15 Álgebra de mapas no cálculo do índice de vegetação no QGIS 3.30.1 | 233

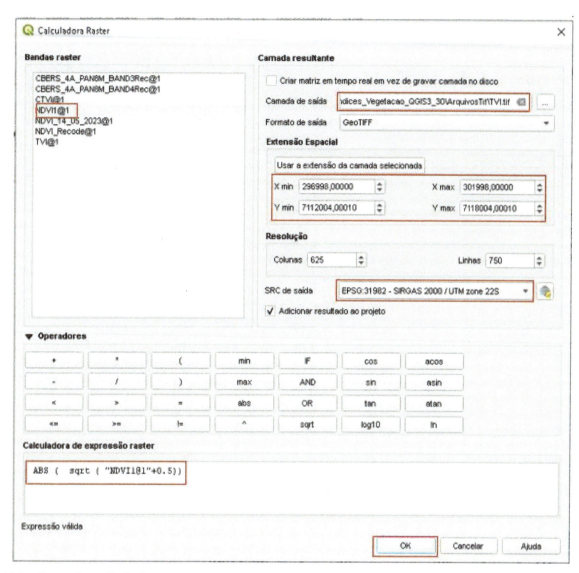

Fig. 15.12 Configurando o cálculo do TVI

Será gerado o arquivo "TVI.tif" (Fig. 15.13).

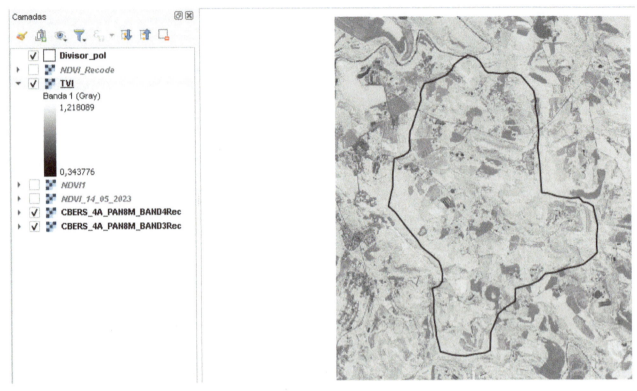

Fig. 15.13 Imagem raster TVI

Agora, vamos calcular o índice de correção transformada da vegetação (do inglês *corrected transformed vegetation index*, CTVI), a fim de corrigir o TVI. A equação é a seguinte:

$$CTVI = \frac{(NDVI + 0,5)}{ABS(NDVI + 0,5)} \sqrt{ABS(NDVI + 0,5)}$$

em que:
CTVI = índice de correção transformada da vegetação;
ABS = valor absoluto.

Então:

$$CTVI = \frac{(NDVI1 + 0,5)}{ABS(NDVI1 + 0,5)} \sqrt{ABS(NDVI1 + 0,5)}$$

Vá em "Raster" > "Calculadora Raster". Configure a janela conforme a Fig. 15.14.

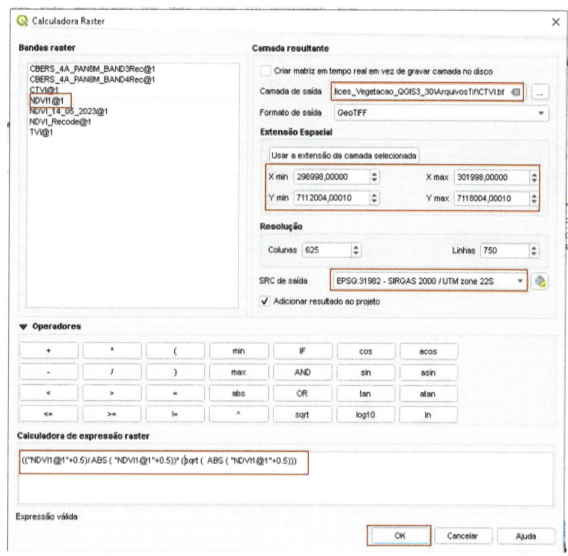

Fig. 15.14 Configurando o cálculo do CTVI

Será gerado o arquivo "CTVI.tif" (Fig. 15.15).

236 | INTRODUÇÃO AO QGIS

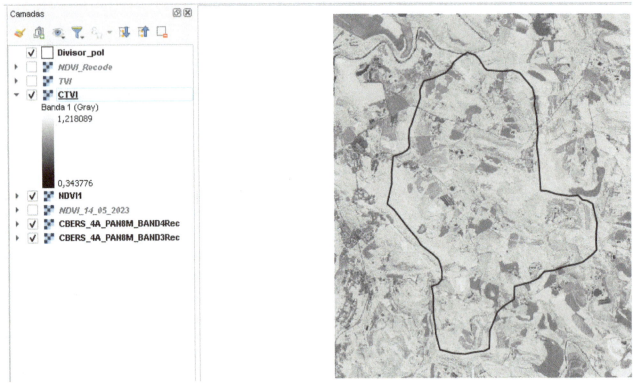

Fig. 15.15 Imagem raster do CTVI

16 Topodata SRTM

16.1 Arquivos SRTM do projeto Topodata

Acesse o site do Banco de Dados Geomorfométricos do Brasil (Topodata): <http://www.dsr.inpe.br/topodata/acesso.php>.

Os dados estão todos estruturados em quadrículas compatíveis com a articulação 1:250.000, portanto, em folhas de 1° de latitude por 1,5° de longitude. Na versão atual, os arquivos estão nomeados seguindo uma única notação para cada conjunto de uma mesma folha. As folhas estão identificadas seguindo o prefixo de seis letras LAHLON, em que LA é a latitude do canto superior esquerdo da quadrícula, H refere-se ao hemisfério dessa posição (S, Sul, ou N, Norte) e LON é a sua longitude, na seguinte notação: "nn5" quando longitude for nn graus e 30', e "nn_" quando a coordenada for nn graus inteiros. O mapa na sequência apresenta a articulação das folhas com os respectivos prefixos.

Especificamente para os conjuntos de formato GeoTiff, pode-se fazer a navegação, a seleção e a obtenção dos arquivos com recursos interativos do Google Maps e/ou OpenStreetMap, através do endereço: <http://www.webmapit.com.br/inpe/topodata/>.

Vai abrir o mapa da Fig. 16.1. Verifique que ele possui quadrículas.

Fig. 16.1 Mapa do Brasil dividido em quadrículas para download de MDEs SRTM

Vá com o mouse na região de seus dados e dê zoom até destacá-la. Veja o exemplo para o caso do município de Francisco Beltrão (PR) na Fig. 16.2.

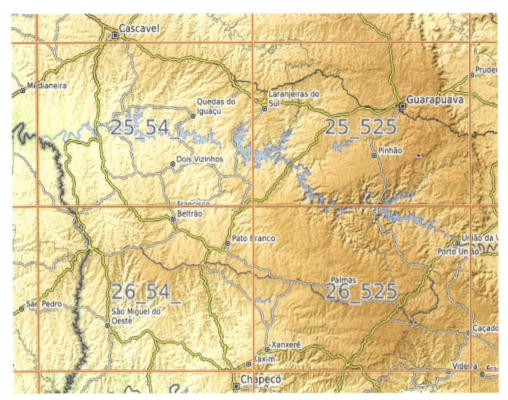
Fig. 16.2 Quadrículas do sistema SRTM que abrangem Francisco Beltrão (PR)

Veja que o município está incluso nas folhas 25_54, 26_54, 25_52 e 26_52. Clique com o mouse dentro da folha 25_54, e vai aparecer a janela da Fig. 16.3. Selecione altitude.

Fig. 16.3 Folha 25_54

Entre as opções, clique em "Salvar como" e selecione uma pasta para download da imagem. Repita o processo para as imagens 26_54, 25_52 e 26_52, e pronto! Estão salvos os MDEs de Francisco Beltrão, com resolução de 30 m.

16 Topodata SRTM | 239

Observação: dependendo do computador, pode ser que os arquivos baixem direto na pasta de Downloads.

16.2 Montagem do mosaico de imagens

O primeiro passo é carregar as imagens do mosaico para dentro do QGIS 3.30.1. As imagens estão zipadas conforme mostra a Fig. 16.4. Descomprima-as.

Na sequência, carregue-as (Fig. 16.5).

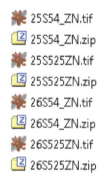

Fig. 16.4 Arquivos zipados e os respectivos arquivos descomprimidos

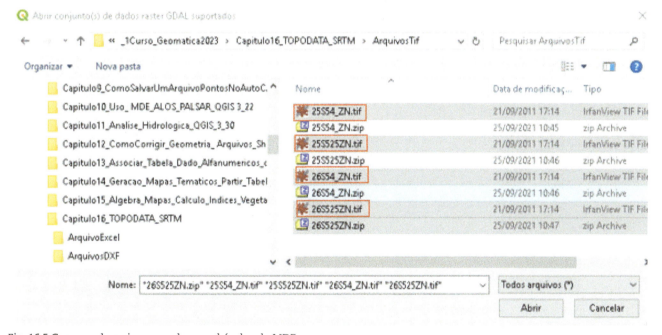

Fig. 16.5 Carregando as imagens das quadrículas de MDEs

Ao carregar as imagens, configure o SRC com EPSG 4326 WGS 84.

240 | INTRODUÇÃO AO QGIS

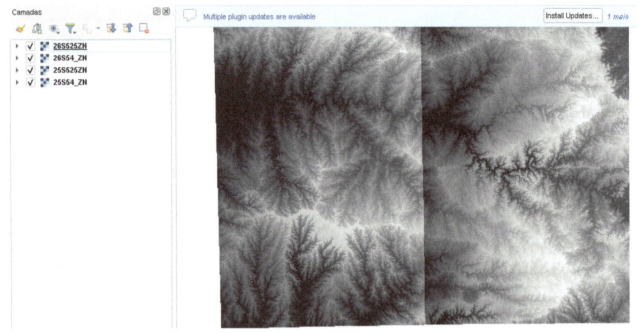

Fig. 16.6 Imagens carregadas

Para montar o mosaico, vá em "Raster" > "Miscelânea" > "Construir raster virtual" (Fig. 16.7).

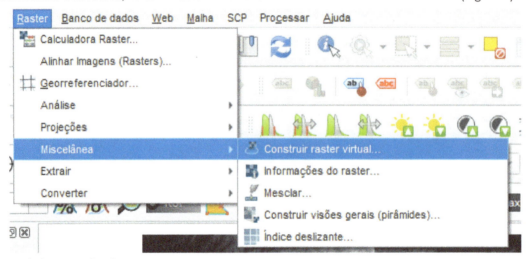

Fig. 16.7 Construindo o mosaico de MDEs

Vai abrir a janela da Fig. 16.8. Clique em "Input layers" > "..." e carregue as imagens. Deixe "Resolution" como "Average", e desmarque "Place each input file into a separate band". Em "Virtual", aperte "..." e salve o arquivo como "Mosaico.vrt". Pressione "Executar" e estará montado o "Mosaico.vrt".

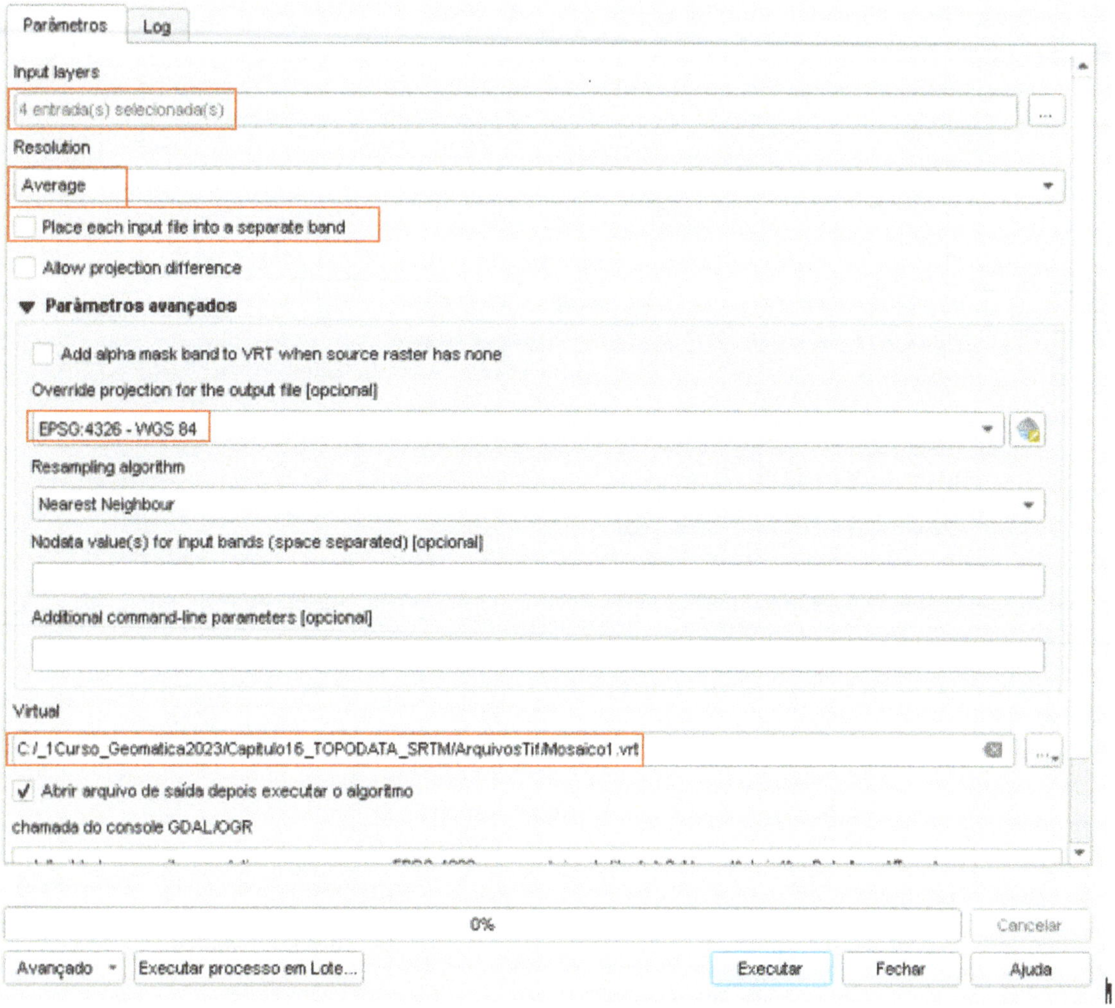

Fig. 16.8 Configurando a montagem do mosaico

Pronto! Está montado o mosaico (Fig. 16.9). Agora pode remover as outras imagens.

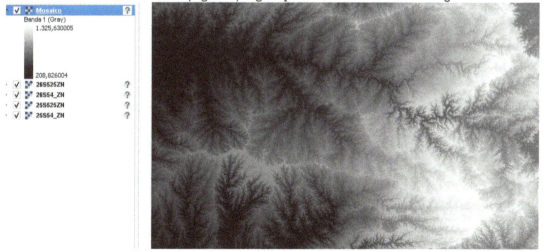

Fig. 16.9 Mosaico montado

Se clicarmos com o botão direito do mouse sobre a camada e formos em "Configurar SRC da camada", vamos constatar que o sistema de referência está com o SRC em coordenadas geográficas EPSG 4326 WGS 84 (Fig. 16.10).

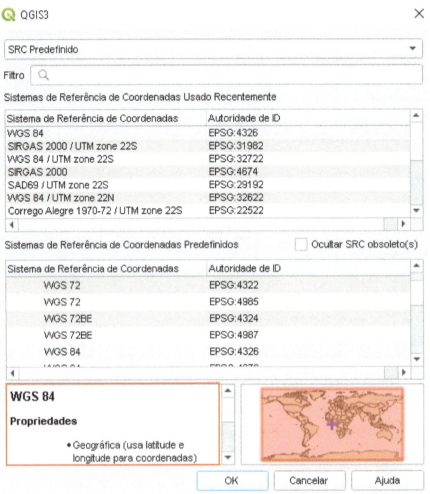

Fig. 16.10 Identificando o SRC do mosaico

O passo seguinte é reprojetar o sistema de coordenadas para Sirgas 2000 UTM 22S. Para isso, selecionamos a camada "Mosaico.vrt" e vamos em "Raster" > "Projeções" > "Reprojetar coordenadas" (Fig. 16.11).

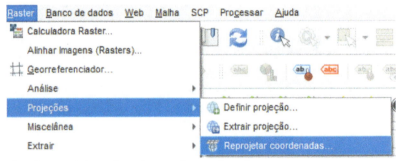

Fig. 16.11 Reprojetando o sistema de coordenadas

Deixe a janela configurada conforme a Fig. 16.12:

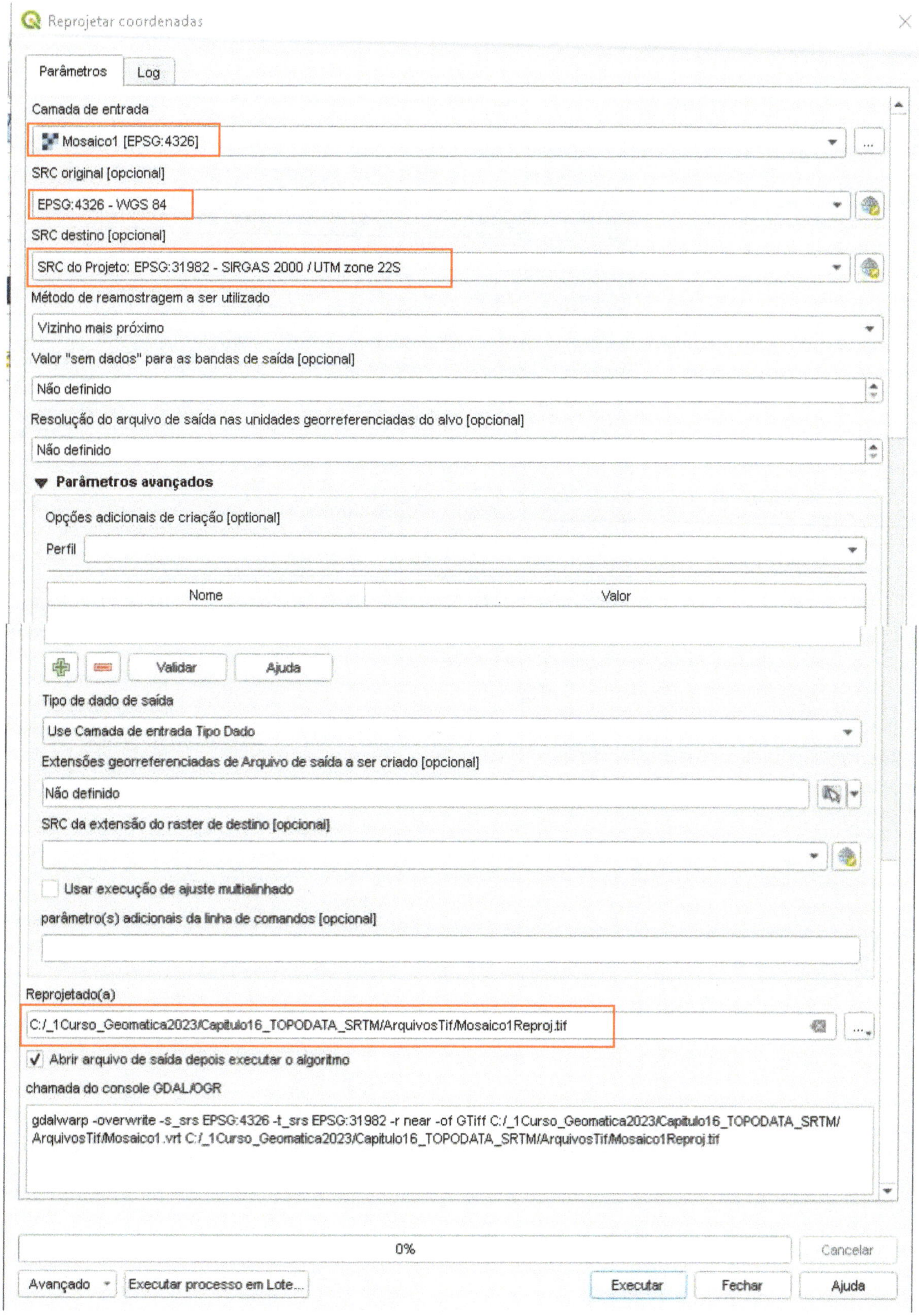

Fig. 16.12 Configurando o novo sistema de coordenadas

Pronto! O programa criou e inseriu o arquivo "Mosaico1Reproj.tif". Agora é só remover o "Mosaico.vrt", que está com coordenadas geográficas, e ficar com o de coordenadas UTM. Insira o arquivo "Perimetro_Municipio_pol.shp", que contém o perímetro do município de Francisco Beltrão.

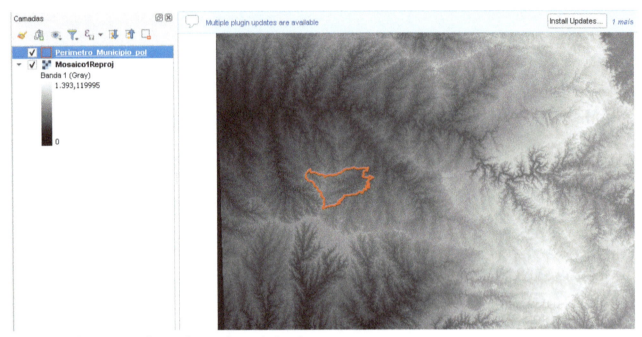

Fig. 16.13 Mosaico com o perímetro de Francisco Beltrão sobreposto

Agora recorte o "Mosaico1Reproj" pela extensão da camada "Perimetro_Municipio_pol.shp" e na sequência gere as curvas de nível com os respectivos rótulos. Esses procedimentos já foram demonstrados em capítulos anteriores.

17 ASTER Global Digital Elevation Map

Para fazer download de dados, acesse o site: <https://search.earthdata.nasa.gov/search>. Quando abrir a página, clique em "Earthdata Login" e faça o login.

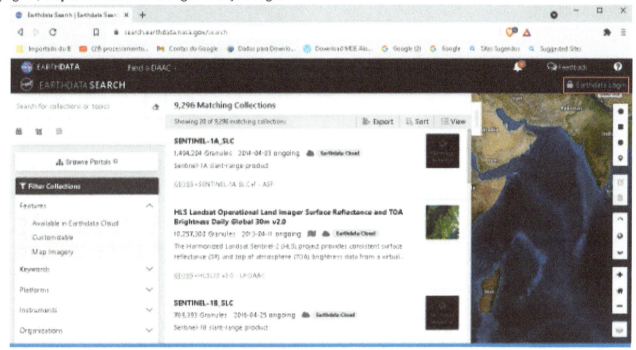

Fig. 17.1 Acessando o site da Earthdata

Registre-se, obtendo login e senha. Se você já for registrado, entre com username e password.

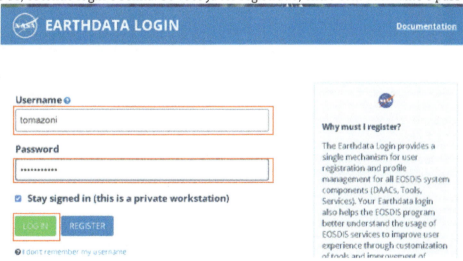

Fig. 17.2 Fazendo login no site da Earthdata

Na janela da Fig. 17.3, ajuste o zoom para sua área de estudos. Use a ferramenta de retângulo para selecioná-la (Fig. 17.4).

246 | INTRODUÇÃO AO QGIS

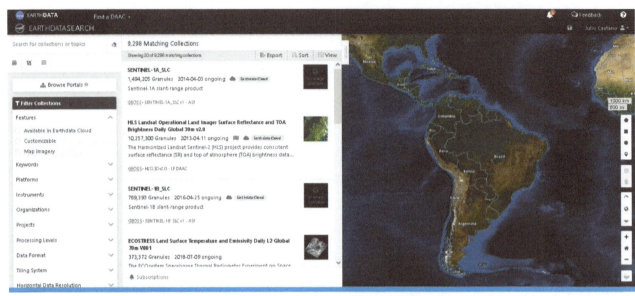

Fig. 17.3 Página do site Earthdata

Fig. 17.4 Selecionando a área de estudos

Em "Search for collections or topics" (Fig. 17.5), digite "ASTER" e pressione "Enter"; a janela vai ficar conforme a Fig. 17.6.

17 ASTER Global Digital Elevation Map | 247

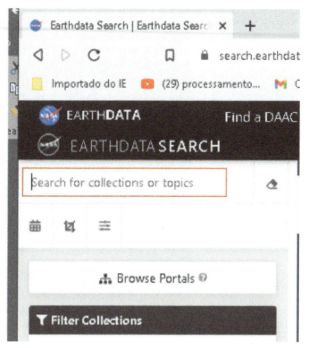

Fig. 17.5 Configurando "Search for collections or topics" para acessar os dados ASTER

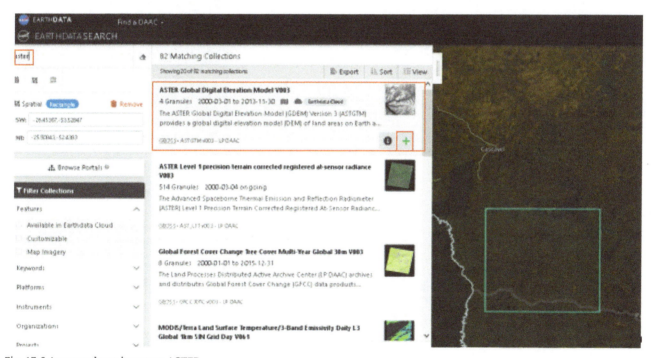

Fig. 17.6 Acessando as imagens ASTER

Pressione "+" e vá em "My Project" (Figs. 17.7 e 17.8). Clique em "Download data" e vão aparecer os links das imagens ASTER para download. Você pode fazer download uma por uma, ou todas de uma vez. As imagens serão baixadas na pasta de Downloads do seu computador.

248 | INTRODUÇÃO AO QGIS

Fig. 17.7 Acessando a ferramenta "My Project"

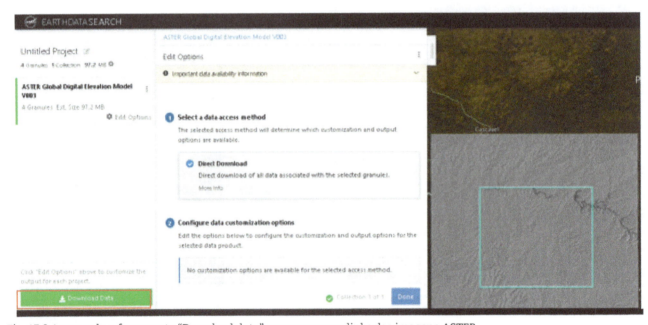

Fig. 17.8 Acessando a ferramenta "Download data" para acessar os links das imagens ASTER

Se você optar por baixar todos os arquivos, vão aparecer links, conforme Fig. 17.9, para baixar todos os arquivos. É só clicar nos links e baixar os arquivos para a pasta de Downloads. Se preferir salvar o arquivo txt com os links, vá em "Save" e salve em uma pasta específica.

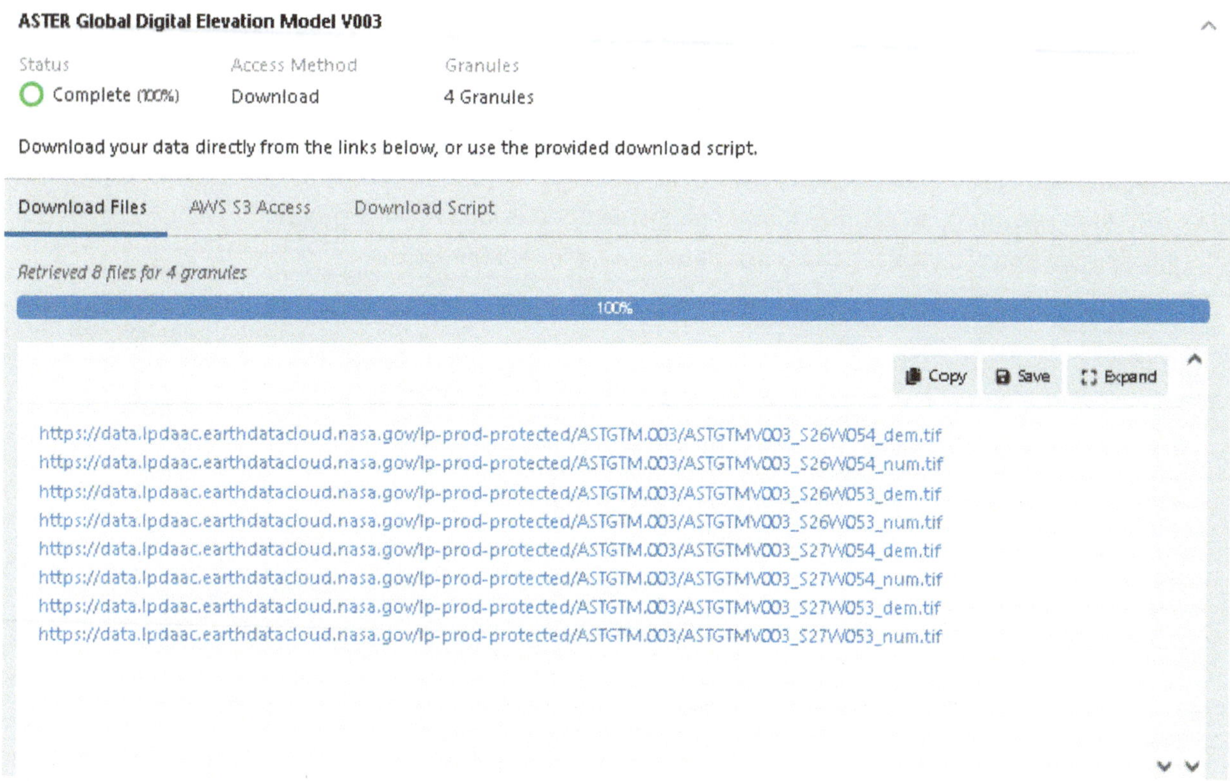

ASTER Global Digital Elevation Model V003

Status | Access Method | Granules
○ Complete (100%) | Download | 4 Granules

Download your data directly from the links below, or use the provided download script.

Download Files   AWS S3 Access   Download Script

Retrieved 8 files for 4 granules

`100%`

📋 Copy   💾 Save   ⛶ Expand

https://data.lpdaac.earthdatacloud.nasa.gov/lp-prod-protected/ASTGTM.003/ASTGTMV003_S26W054_dem.tif
https://data.lpdaac.earthdatacloud.nasa.gov/lp-prod-protected/ASTGTM.003/ASTGTMV003_S26W054_num.tif
https://data.lpdaac.earthdatacloud.nasa.gov/lp-prod-protected/ASTGTM.003/ASTGTMV003_S26W053_dem.tif
https://data.lpdaac.earthdatacloud.nasa.gov/lp-prod-protected/ASTGTM.003/ASTGTMV003_S26W053_num.tif
https://data.lpdaac.earthdatacloud.nasa.gov/lp-prod-protected/ASTGTM.003/ASTGTMV003_S27W054_dem.tif
https://data.lpdaac.earthdatacloud.nasa.gov/lp-prod-protected/ASTGTM.003/ASTGTMV003_S27W054_num.tif
https://data.lpdaac.earthdatacloud.nasa.gov/lp-prod-protected/ASTGTM.003/ASTGTMV003_S27W053_dem.tif
https://data.lpdaac.earthdatacloud.nasa.gov/lp-prod-protected/ASTGTM.003/ASTGTMV003_S27W053_num.tif

Fig. 17.9 Links das imagens ASTER para download

Foram baixados os seguintes arquivos:
ASTGTMV003_S26W053_dem.tif;
ASTGTMV003_S26W054_dem.tif;
ASTGTMV003_S27W053_dem.tif;
ASTGTMV003_S27W054_dem.tif.

Abra o QGIS 3.30.1, crie um projeto com o nome de "ProjetoAster" e salve-o. Carregue as imagens. Veja que o SRC dessas camadas é EPSG 4326 WGS 84, ou seja, estão em coordenadas geográficas.

Usando os conhecimentos adquiridos no Cap. 16, monte um mosaico virtual para essas imagens e reprojete o sistema de coordenadas para Sirgas 2000/UTM Zone 22S.

Carregue o arquivo vetorial "Perimetro_Municipio_pol.shp", e recorte o mosaico de imagens ASTER pela extensão dessa camada.

Extraia as curvas de nível e gere os rótulos delas.

18 Reprojetando o sistema de coordenadas de vetores

Primeiro, carregue os vetores "AmostraCurvas_l3d.shp", "Perimetro_Municipio_pol.shp" e "Rios_lin.shp". Defina o SRC para cada uma dessas camadas como SAD69/UTM Zone 22S. Se o programa pedir para selecionar transformação, pressione "Cancelar". Salve o projeto com o nome "Projeto18".

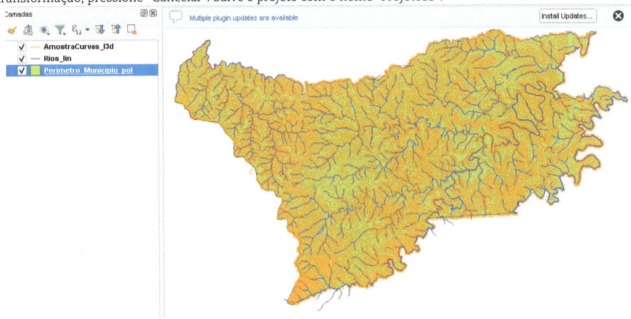

Fig. 18.1 Município de Francisco Beltrão com perímetro, rios e curvas de nível

Clique em cima do nome de cada camada e depois digite na caixa de ferramentas de processamento: "Projetar" (Fig. 18.2). Vá em "Vetor geral" > "Reprojetar camada". Configure a janela conforme a Fig. 18.3.

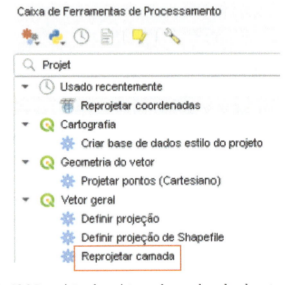

Fig. 18.2 Reprojetando o sistema de coordenadas do vetor

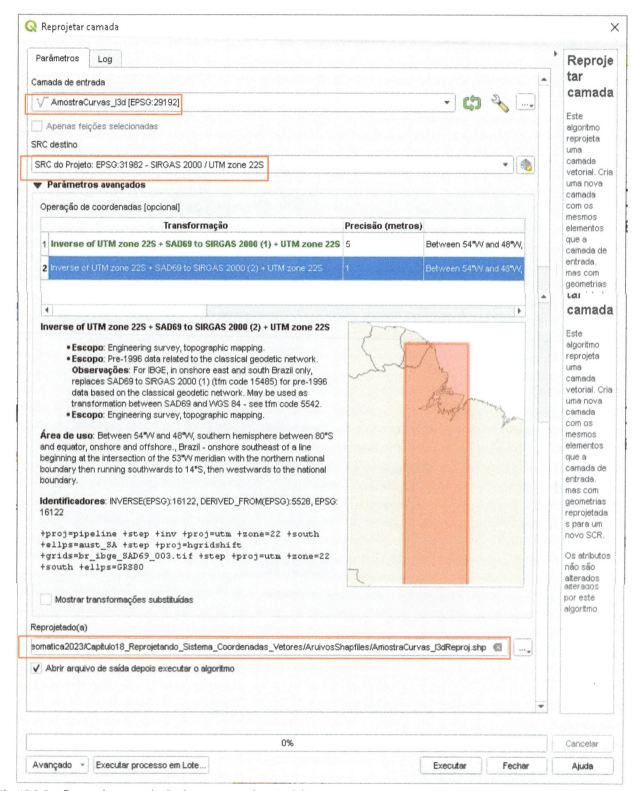

Fig. 18.3 Configurando a reprojeção de uma camada vetorial

Pressione "Executar" e pronto! Está reprojetado o sistema de coordenadas. Repita o processo para as outras duas camadas.

19 Catálogo de imagens DGI/Inpe

Entre no site <http://www.dgi.inpe.br/CDSR/>, conforme a Fig. 19.1. Vá em "Cadastro" e gere um login e uma senha. Feito o cadastro, clique em "Entrar".

Fig. 19.1 Site de acesso a DGI/Inpe

Uma vez logado, escolha o satélite de que você quer obter imagens (Fig. 19.2). No caso, vamos escolher CBERS 4A.

Fig. 19.2 Escolhendo o satélite para baixar imagens

Vai abrir a janela da Fig. 19.3. Faça o acesso novamente.

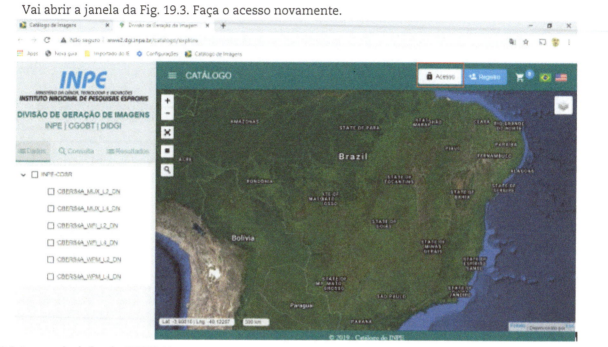

Fig. 19.3 Acessando dados do CBERS 4A

Selecione os sensores cujas imagens você quer e, no lado direito, deixe configurado para aparecer o limite dos Estados (Fig. 19.4).

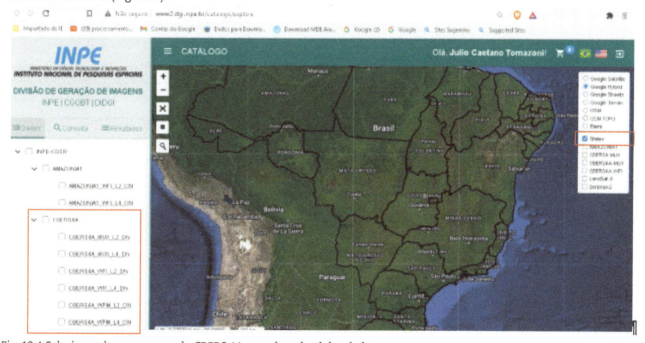

Fig. 19.4 Selecionando os sensores do CBERS 4A para download dos dados

Dê zoom com o mouse até pegar todo o município de Francisco Beltrão. Com a ferramenta de retângulo, faça uma figura que abranja todo o território (Fig. 19.5). Pressione "Consultar".

Fig. 19.5 Consultando dados do CBERS 4A

O site vai delimitar a área da qual você quer as imagens. Na Fig. 19.6, coloque o período, a porcentagem de nuvens por cena, o número de cenas para o conjunto de dados e pressione "Filtrar".

E pronto! Estarão geradas as imagens, conforme as Figs. 19.7 e 19.8. Você só precisa colocá-las no carrinho, clicando em "Adicionar ao carrinho" e depois em "Carrinho". Em aproximadamente oito horas, receberá um e-mail para fazer o download.

Fig. 19.6 Definindo período e cobertura de nuvens das imagens a serem consultadas

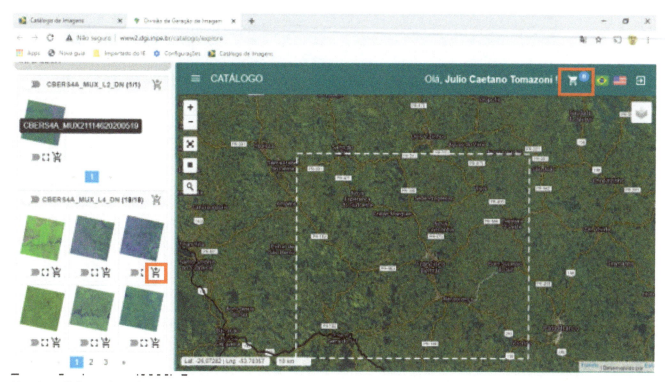

Fig. 19.7 Adicionando as imagens de interesse ao carrinho

A imagem que abrange o município de Francisco Beltrão com 20% de cobertura de nuvem é de 14 de maio de 2023, do sensor WPM.

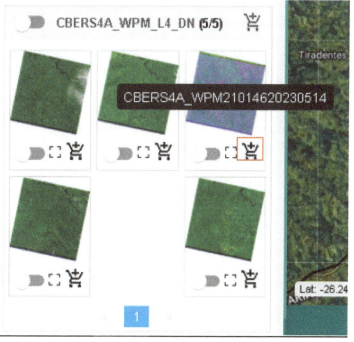

Fig. 19.8 Selecionando a imagem de interesse

Clique sobre o carrinho da Fig. 19.9, que abrirá a Fig. 19.10. Daí é só ir clicando sobre as nuvenzinhas e baixar os arquivos das imagens e os arquivos com dados das imagens na pasta que você desejar.

Fig. 19.9 Carrinho para download das imagens

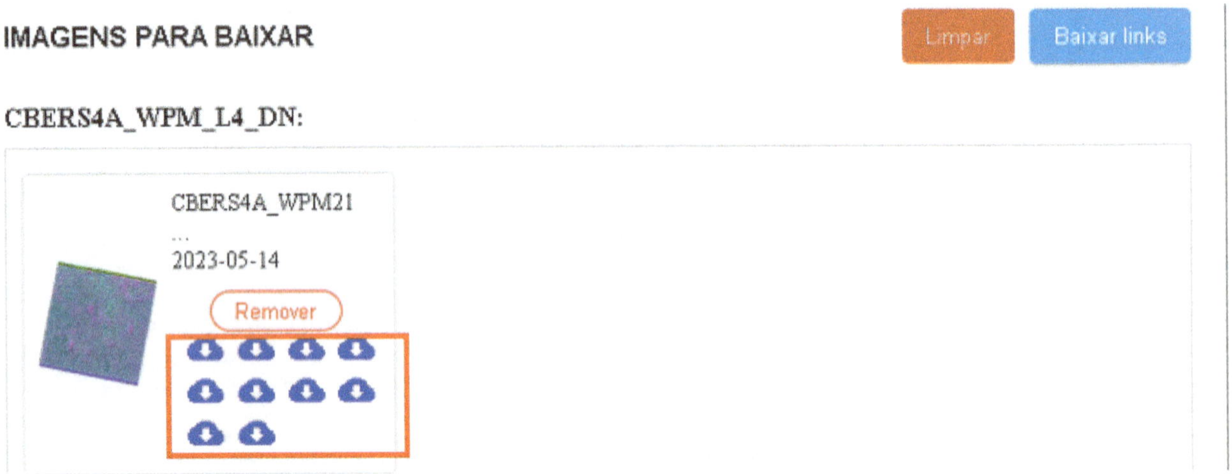

Fig. 19.10 Janela para baixar os arquivos ou links

Foram baixadas as seguintes imagens:
CBERS_4A_WPM_20230514_210_146_L4_BAND0.tif;
CBERS_4A_WPM_20230514_210_146_L4_BAND1.tif;
CBERS_4A_WPM_20230514_210_146_L4_BAND2.tif;
CBERS_4A_WPM_20230514_210_146_L4_BAND3.tif;
CBERS_4A_WPM_20230514_210_146_L4_BAND4.tif.

Também foram baixados os arquivos xml de informações dessas imagens.

Agora crie um projeto e insira os arquivos vetoriais: "Perimetro_Municipio_pol.shp" e "Rios_lin.shp". Esses arquivos são do município de Francisco Beltrão (PR). Na inserção, configure o SRC dos dois para Sirgas 200/UTM Zone 22S. Depois insira as imagens:

CBERS_4A_WPM_20230514_210_146_L4_BAND0.tif;
CBERS_4A_WPM_20230514_210_146_L4_BAND1.tif;
CBERS_4A_WPM_20230514_210_146_L4_BAND2.tif;
CBERS_4A_WPM_20230514_210_146_L4_BAND3.tif;
CBERS_4A_WPM_20230514_210_146_L4_BAND4.tif.

Fig. 19.11 Arquivos vetoriais e imagens inseridos

Utilizando os conhecimentos que já adquiriu, faça os seguintes procedimentos:

1) Reprojete o SRC de todas elas para Sirgas 200/UTM Zone 22S.
2) Recorte todas elas pela extensão da camada "Perimetro_Municipio_pol.shp".
3) Com as imagens recortadas, monte uma composição colorida com as bandas 3R, 4G e 2B.
4) Faça fusão da composição colorida, de resolução de 8 m, com a banda 0, de resolução de 2 m.
5) Faça a classificação do uso do solo da imagem fusionada.
6) Monte um layout do mapa de uso do solo de Francisco Beltrão (PR) para 14 de maio de 2023.
7) Calcule a área de cada forma de uso.

20 Como fazer mosaico de imagens eliminando a borda preta (sem dados)

Insira no QGIS 3.30.1 as imagens "WorldDEM_DSM_04_S26_35_W053_29_DEM.tif" e "WorldDEM_DTM_04_S26_12_W053_11_DEM" (Fig. 20.1).

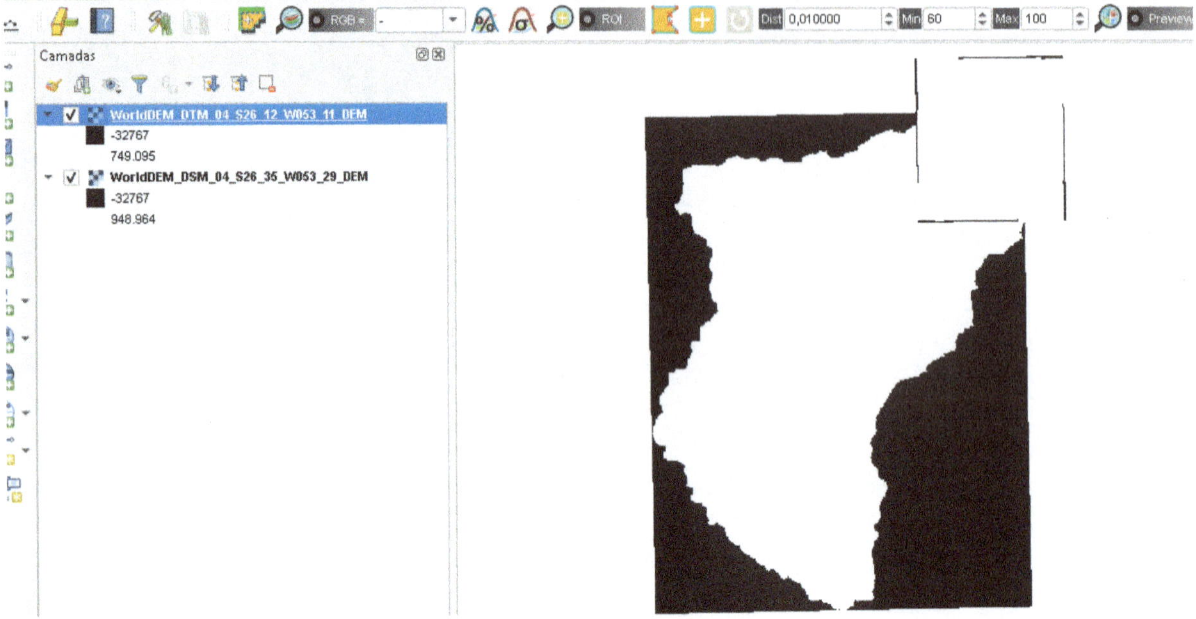

Fig. 20.1 Imagens MDEs da bacia do rio Marrecas

Veja que o SRC das duas imagens é EPSG 4326 WGS 84, portanto, estão em coordenadas geográficas.

Utilize a ferramenta.

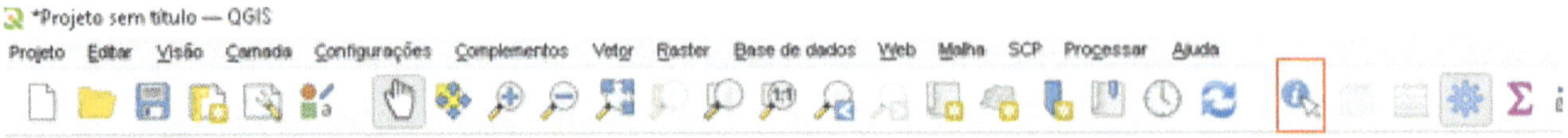

Fig. 20.2 Ferramenta de leitor de pixel

Vá com o cursor do mouse sobre a borda preta das imagens (Fig. 20.1) e identifique qual o valor dos pixels. Para este caso, é –32767 (Fig. 20.3).

Fig. 20.3 Identificando o valor dos pixels sem dados

Vá em "Raster" > "Miscelânea" > "Construir raster virtual" (Fig. 20.4).

20 Como fazer mosaico de imagens eliminando a borda preta (sem dados) | 259

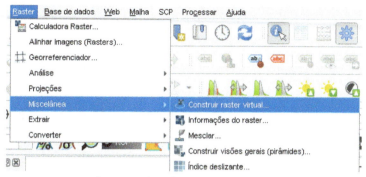

Fig. 20.4 Acionando a ferramenta para construir raster virtual

Vai aparecer a janela da Fig. 20.5. Em "Input layers", selecione as imagens a serem mosaicadas; em "Parâmetros avançados", coloque a projeção "EPSG4326-WGS84"; em "No data", coloque –32767; em "Virtual", digite o nome do novo arquivo ("MosaicoMDE.vrt"). Por fim, clique em "Executar".

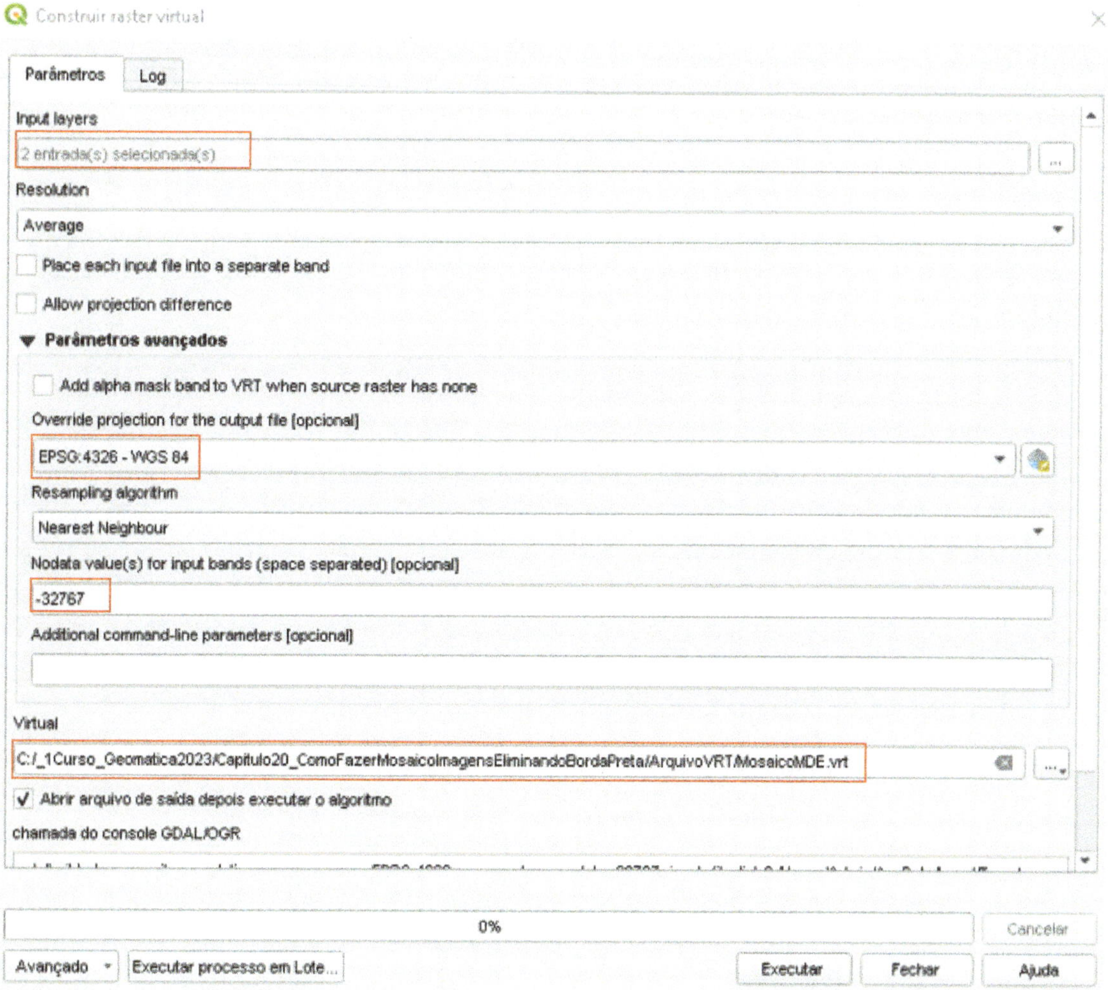

Fig. 20.5 Configurando a construção de um raster virtual

Pronto! Está montado seu MDE sem as bordas pretas, com a projeção EPSG4326-WGS84.

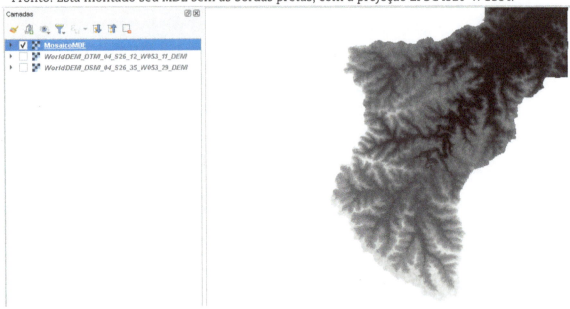

Fig. 20.6 MDE sem bordas pretas

Remova as imagens "WorldDEM_DSM_04_S26_35_W053_29_DEM.tif" e "WorldDEM_DTM_04_S26_12_W053_11_DEM".

O programa salvou um arquivo VRT; é só exportar como tif, mudando o SRC para Sirgas 200/UTM Zone 22S, conforme Fig. 20.7.

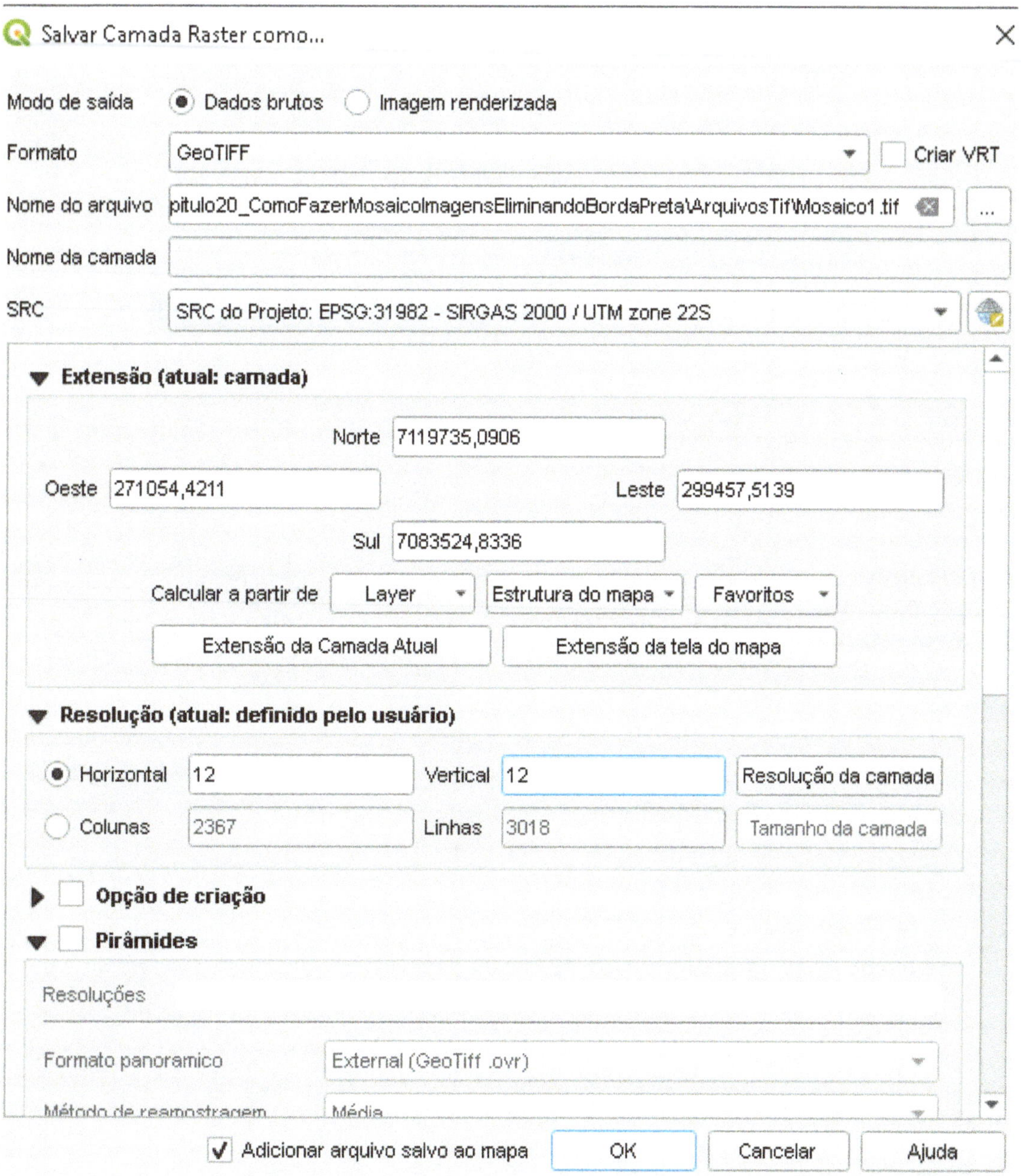

Fig. 20.7 Exportando o mosaico para o formato tif

No caso de usar a ferramenta "Mosaico" para montar uma composição colorida, os procedimentos para eliminar bordas pretas estão detalhados nas Figs. 20.8 e 20.9.

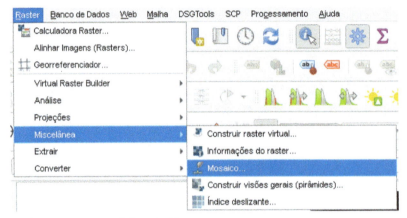

Fig. 20.8 Montando um mosaico para a composição colorida

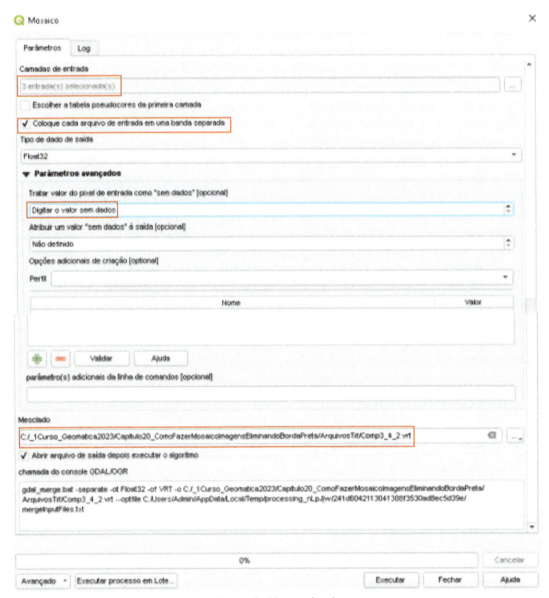

Fig. 20.9 Configurando a montagem de uma composição colorida sem borda preta

Agora insira o arquivo vetorial "Bacia_Marrecas.shp". Configure o SRC para Sirgas 2000/UTM Zone 22S. Veja que o MDE "Mosaico1" é só de uma parte da bacia do Rio Marrecas

20 Como fazer mosaico de imagens eliminando a borda preta (sem dados) | 263

Utilizando os conhecimentos já adquiridos, a partir do MDE "Mosaico1", faça as seguintes atividades:

1) Gere as curvas de nível com uma equidistância de 10 m.

2) Gere o rótulo para as curvas de nível mestre.

3) Extraia a rede hidrográfica de forma automatizada.

4) Classifique os rios pelo método de Straler.

5) Gere um mapa layout com as curvas de nível e os rios.

21 Trabalhando com arquivos no formato LAS no QGIS 3.30.1

Os arquivos LIDAR têm formato LAS ou LAZ e são arquivos de nuvem de pontos que podem representar o terreno como modelo digital de superfície (MDS) ou modelo digital do terreno (MDT). Nos modelos digitais de superfície, aparecem as construções e a vegetação. Nos modelos digitais do terreno, são descontadas as construções e a vegetação e aparece só a elevação do terreno. Estes últimos são usados para gerar curvas de nível do terreno.

21.1 Instalando o LAStools

O primeiro passo é abrir o QGIS 3.30.1 e ir em "Complementos" > "Gerenciar e instalar complementos". Digite na linha de busca "LAStools" (Fig. 21.1).

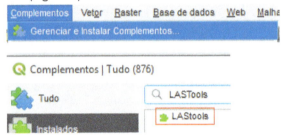

Fig. 21.1 Buscando o plug-in LAStools

Dê dois cliques sobre LAStools e, quando aparecer a janela da Fig. 21.2, clique em "Instalar complemento".

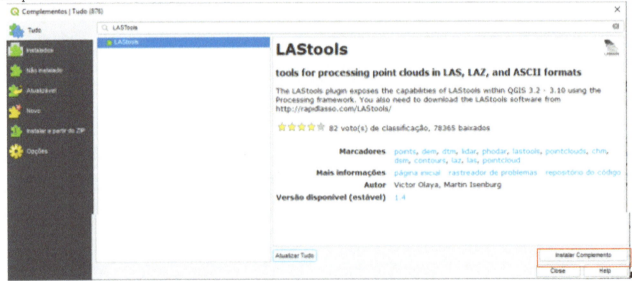

Fig. 21.2 Instalando o plug-in LAStools

Veja que ele já aparece na caixa de ferramentas de processamento (Fig. 21.3).

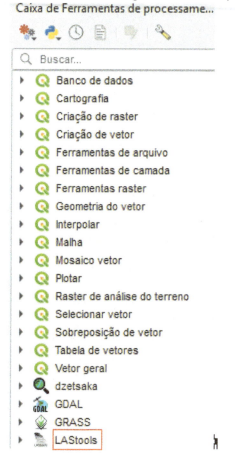

Fig. 21.3 Plug-in LAStools na caixa de ferramentas

Mas ainda não vai funcionar, porque falta instalar os comandos. Em seguida, deve-se acionar um navegador da internet e digitar na linha de busca "LAStools" (Fig. 21.4).

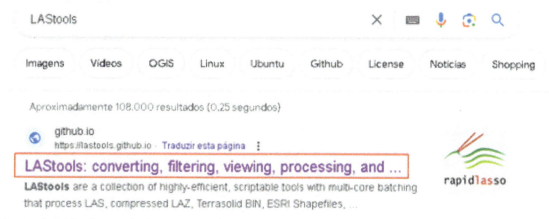

Fig. 21.4 Buscando LAStools através de um navegador

Quando abrir a janela da Fig. 21.5 (https://lastools.github.io/), clique em "LAStools".

266 | INTRODUÇÃO AO QGIS

Fig. 21.5 Acessando o site do LAStools

Clique em "Download the latest version" (Fig. 21.6):

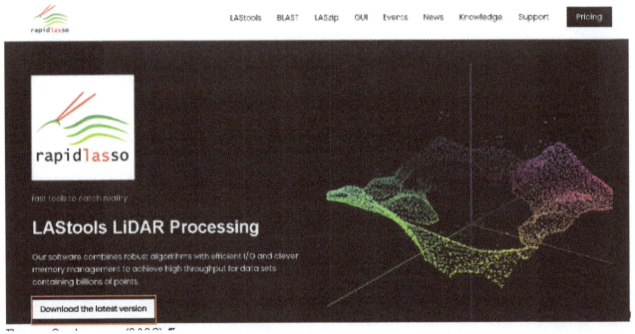

Fig. 21.6 Fazendo download do LAStools

Uma tela será aberta para que você selecione uma pasta para salvar o arquivo "LAStools.zip", ou ele será baixado na pasta de Downloads do seu computador. O arquivo baixado é zip, deve ser descomprimido e levado à pasta "LAStools" no disco C.

Na sequência, vá no QGIS 3.30.1, "Configurações" > "Opções" > "Processamento" > "Provedores" > "LAStools" (Fig. 21.7).

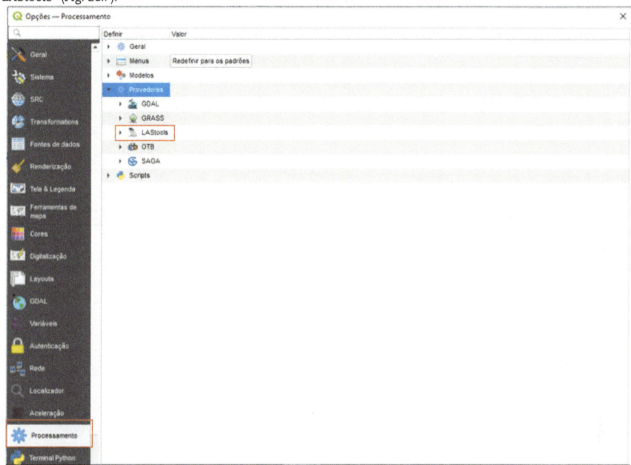

Fig. 21.7 Configurando o acesso à pasta "LAStools"

Selecione o caminho para a pasta C:\LAStools (Fig. 21.8).

Fig. 21.8 Selecionando o caminho para a pasta "LAStools"

Clique em "OK", feche o QGIS 3.30.1 e o reinicie. Agora, se abrir a caixa de ferramentas de processamento, estarão lá as ferramentas do LAStools (Fig. 21.9).

Fig. 21.9 Plug-in LAStools

Como primeiro passo, vá em "LAStools" > "file-checking quality/lasinfo" (Fig. 21.10).

Fig. 21.10 Acionando a ferramenta "lasinfo"

Dê dois cliques sobre "lasinfo" e, quando abrir a janela da Fig. 21.11, vamos carregar arquivos mdt.las para gerarmos as informações em um arquivo txt. Configure a janela: em "Input las file", carregue um arquivo las. Por exemplo: "295-103_MDT_SIRGAS_F22.las". Em "Output ASCII file", salve um arquivo na pasta, nesse caso, "295-103_MDT_SIRGAS_F22.txt".

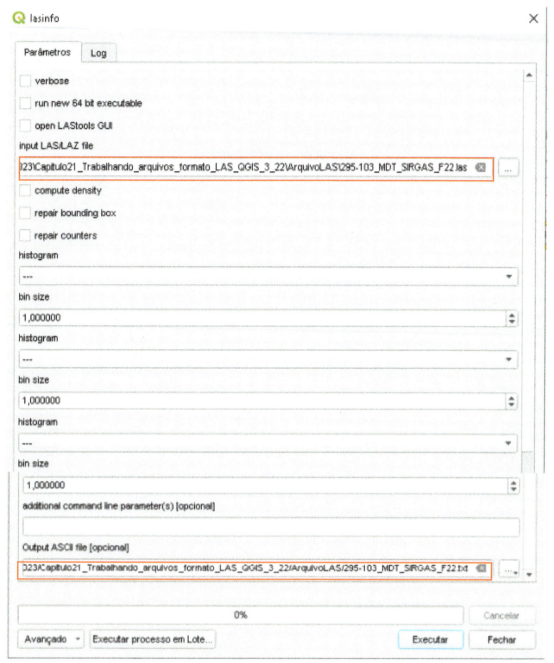

Fig. 21.11 Configurando a geração do arquivo de informações

Pronto! Foram gerados os arquivos com as informações do MDT, no arquivo: "295-103_MDT_SIRGAS_F22.txt". Faça isso para todos os arquivos MDT, ou seja, gere os arquivos txt com as informações.

Agora vamos ver outro comando, o "lasview" (Fig. 21.12). Esse comando serve para visualizar os arquivos na tela do computador, tanto para dados de modelo de superfície (MDS) quanto para modelo do terreno (MDT).

270 | INTRODUÇÃO AO QGIS

Fig. 21.12 Ferramenta "lasview"

Só temos arquivos MDT, por isso, serão esses que visualizaremos. Dê dois cliques sobre "lasview", e abrirá a janela da Fig. 21.13. Em "Input LAS/LAZ file", carregue o arquivo las do diretório. Nesse caso, o arquivo a ser visualizado é "295-103_MDT_SIRGAS_F22.las".

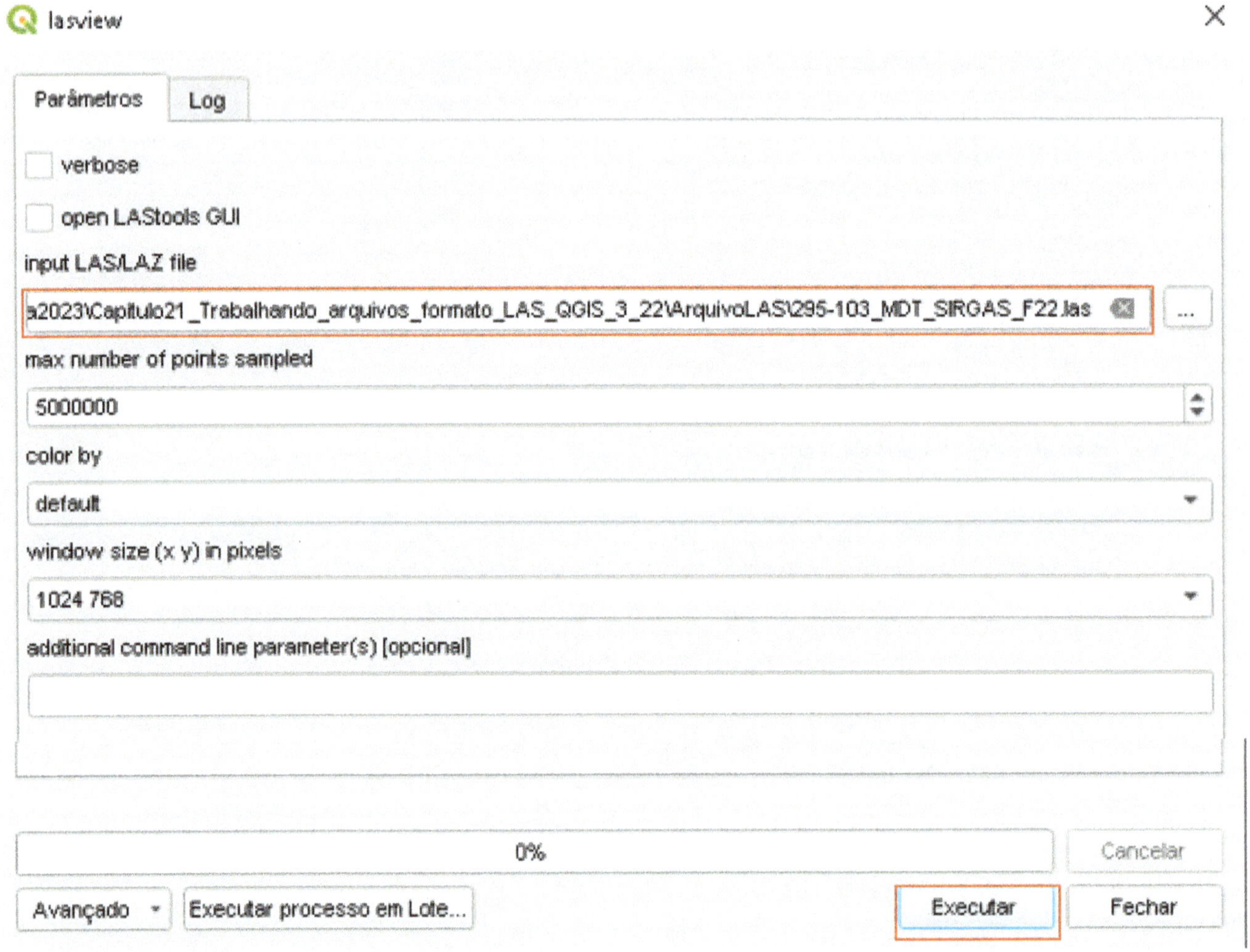

Fig. 21.13 Configurando a visualização de arquivo las

Aqui está a imagem do arquivo:

Fig. 21.14 Imagem do arquivo "295-103_MDT_SIRGAS_F22.las"

Para gerar os arquivos tif com o MDT do terreno, vamos usar o comando: "file – raster derivatives/las2demPro" (Fig. 21.15).

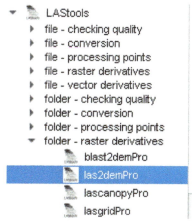

Fig. 21.15 Ferramenta "las2demPro"

Dê dois cliques sobre "las2demPro", e preencha a janela:

• Em "Input diretory", selecione o diretório onde estão armazenados os arquivos las; nesse caso, estão na pasta "ArquivoLAS".

• Em "Input wildcard(s)", digite o nome de um arquivo las; nesse caso, o arquivo "295-103_MDT_SIRGAS_F22.las".

• Em "Output format", deixe selecionado tif.

• Em "Output directory", selecione uma pasta onde você deseja salvar o arquivo; selecionamos a pasta "ArquivosTif".

Pressione "Executar", e o programa gerará no diretório "ArquivosTif" o "295-103_MDT_SIRGAS_F22.tif" com o MDT da região.

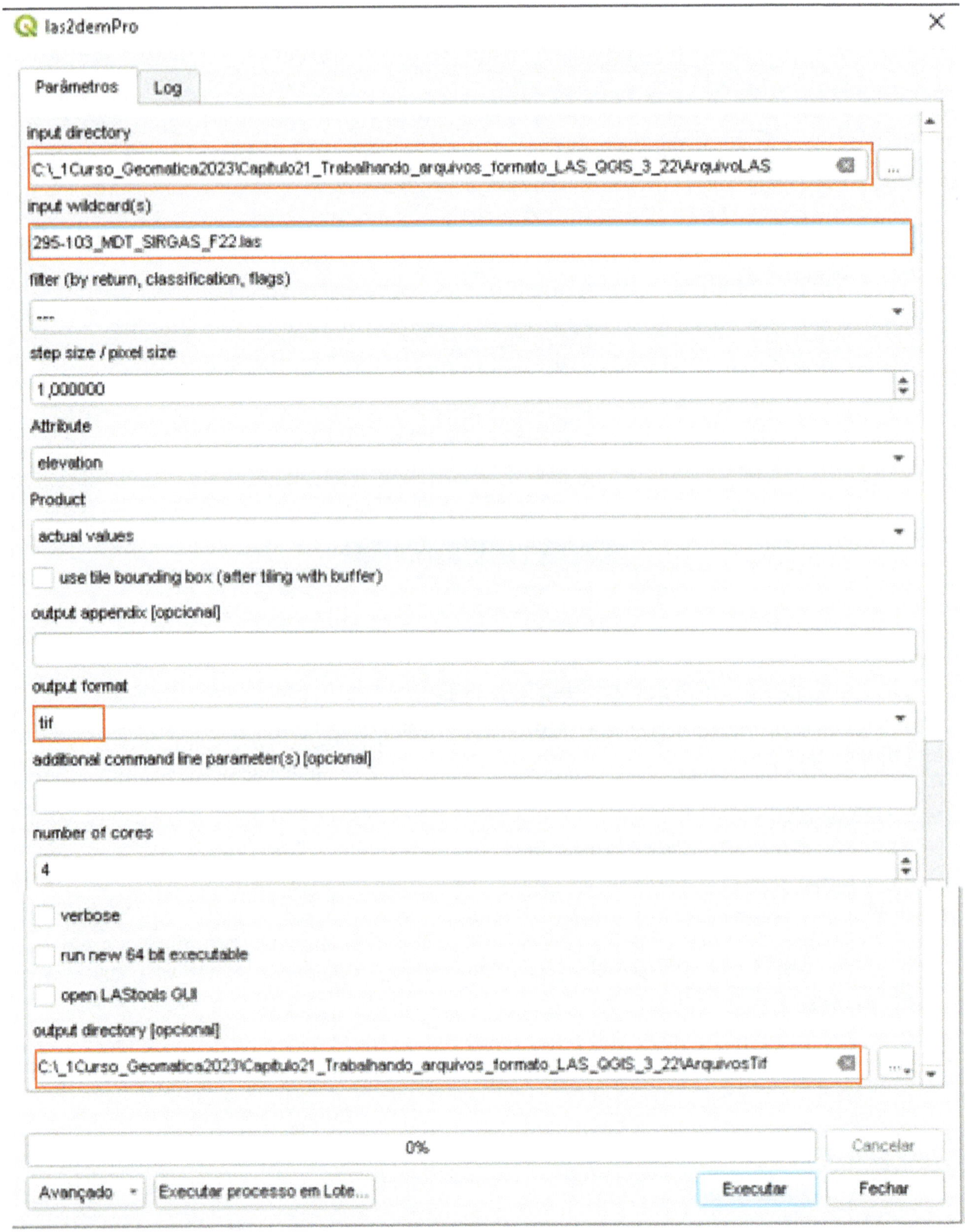

272 | INTRODUÇÃO AO QGIS

Fig. 21.16 Configurando a geração do arquivo tif no "las2demPro"

Com esse arquivo, você pode trabalhar com altitude e declividade do terreno e gerar curvas de nível.

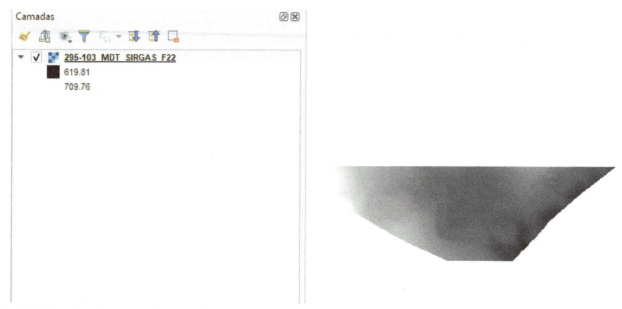

Fig. 21.17 Arquivo tif gerado pelo LAStools

Gere um arquivo tif para cada folha e depois faça o mosaico das imagens.

21.2 Montagem do mosaico de imagens

O primeiro passo é carregar as imagens do mosaico para dentro do QGIS 3.30.1. Para montar o mosaico, vá em "Raster" > "Miscelânea" > "Construir raster virtual" (Fig. 21.18).

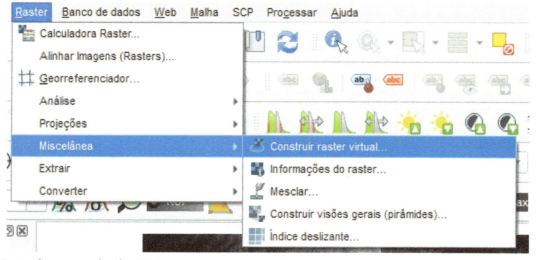

Fig. 21.18 Montando um mosaico dos MDEs

Na janela da Fig. 21.19, vá em "Input layers" > "..." e carregue as imagens. Deixe "Resolution" como "Average" e desmarque "Place each input file into a separate band". Em "Virtual", aperte "..." e salve o arquivo como "Mosaico.vrt". Pressione "Executar" e estará montado o "Mosaico.vrt".

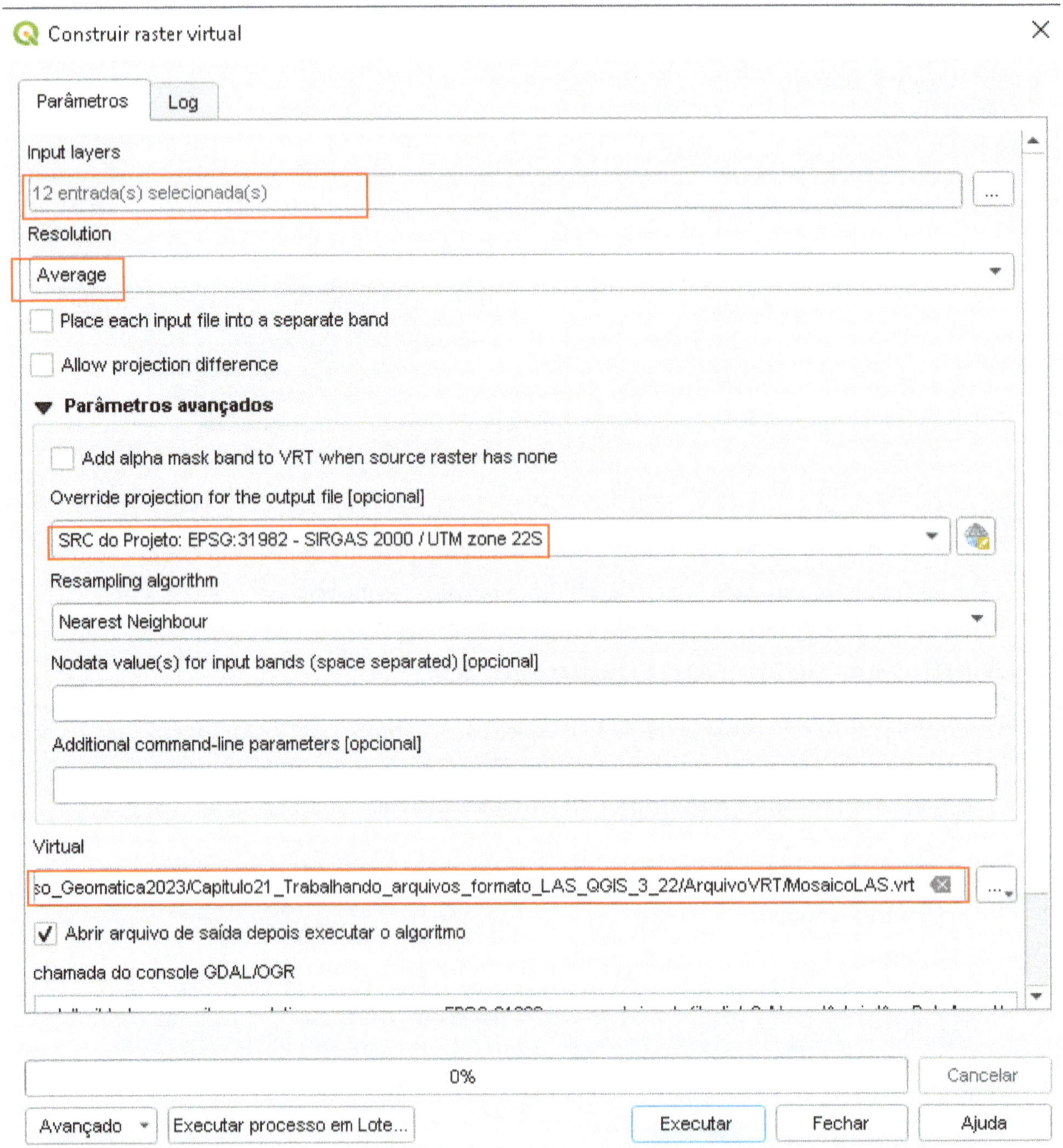

274 | INTRODUÇÃO AO QGIS

Fig. 21.19 Configurando a montagem do mosaico

Pronto! Está montado o mosaico (Fig. 21.20). Agora pode remover as outras imagens.

21 Trabalhando com arquivos no formato LAS no QGIS 3.30.1 | 275

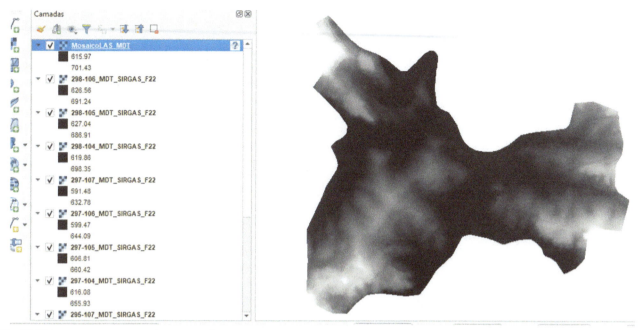

Fig. 21.20 Imagem com o mosaico montado

Se você der zoom (Fig. 21.21), verá que, na divisão das imagens, ficou uma área em branco, sem dados. Como eliminar isso?

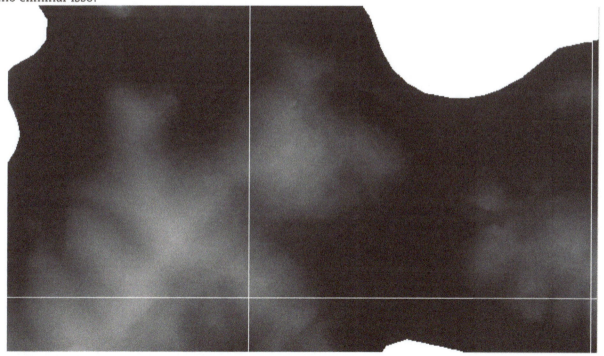

Fig. 21.21 Mostrando a área sem dados entre as imagens

Vá em "Raster" > "Análise" > "Preencher sem dados" (Fig. 21.22).

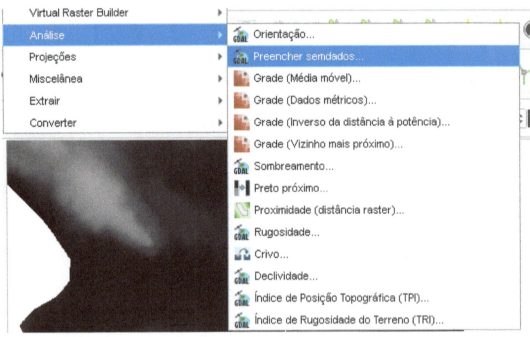

Fig. 21.22 Preenchendo espaços sem dados

Deixe a janela configurada conforme a Fig. 21.23:

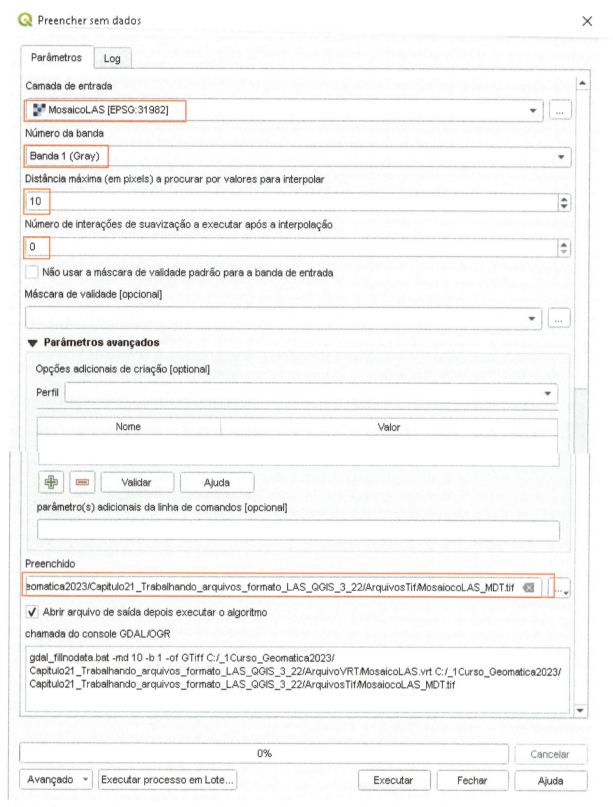

Fig. 21.23 Configurando a eliminação de espaços sem dados entre as imagens

Foi gerado um arquivo geotif para continuar trabalhando.

22 Análise espacial densidade de Kernel

A análise da densidade de Kernel consiste em quantificar as relações dos pontos dentro de um raio (R) de influência, com base em determinada função estatística, analisando os padrões traçados por um conjunto de dados pontuais, estimando a sua densidade na área de estudo.

Para fazer esse exercício, trabalharemos com um aeródromo do Brasil, cujos mapas baixamos do site do IBGE.

Abra o QGIS e salve um projeto com o nome de "Projeto 22". Clique em "Adicionar camada vetorial", depois, no ícone com três pontos e "Abrir arquivo". Na pasta "ArquivosShapefiles", selecione os arquivos shapefile: "aer_pista_ponto_pouso_p.shp" e "Brasil_RegioesLL_Sirgas2000.shp" (Fig. 22.1). Clique em "Adicionar" e, em seguida, "Close".

Caso a camada "Brasil_RegioesLL_Sirgas2000.shp" esteja em cima de "aer_pista_ponto_pouso_p.shp", arraste a última camada para que ela fique em primeiro, garantindo assim a visualização de ambas as camadas.

Na sequência, clique com o botão direito do mouse sobre cada camada. Em "SRC", veja que ambas possuem o EPSG 4674 – Sirgas 2000, ou seja, estão em coordenadas geográficas (latitude e longitude).

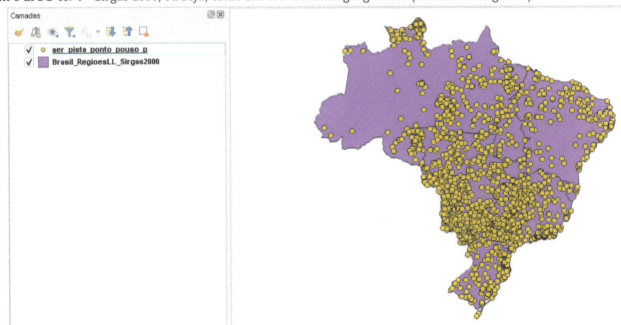

Fig. 22.1 Camadas de aeródromos e de regiões do Brasil

Para trabalharmos com densidade de Kernel, será necessário converter as SRCs das camadas para unidades métricas. Clique com o botão direito do mouse sobre a camada "aer_pista_ponto_pouso_p.shp" e, depois, em "Exportar" > "Guardar elementos como". Proceder conforme a Fig. 22.2.

22 Análise espacial densidade de Kernel | 279

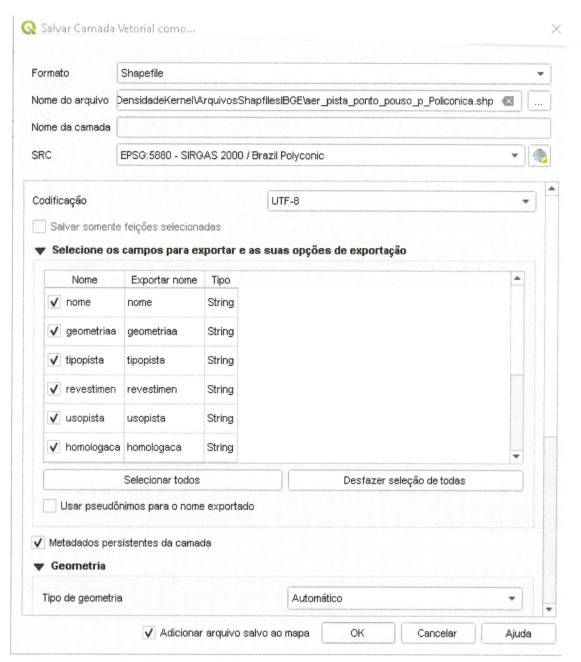

Fig. 22.2 Exportando uma camada shapefile com nova SRC

Veja que mudamos o SRC para EPSG 5880 – Sirgas 2000/Brazil Polyconic, que está no sistema métrico, o que precisamos para fazer o exercício com a nova camada: "aer_pista_ponto_pouso_p_Policonica.shp". Proceda da mesma forma com a camada "Brasil_RegioesLL_Sirgas2000.shp", gerando o arquivo "Brasil_RegioesPolyconica_Sirgas2000". Em seguida, remova as camadas "aer_pista_ponto_pouso_p.shp" e "Brasil_RegioesLL_Sirgas2000.shp, que não serão mais necessárias.

Clique com o botão direito do mouse sobre uma das camadas e vá em "SRC da camada" > "Definir SRC do projeto a partir da camada", conforme a Fig. 22.3.

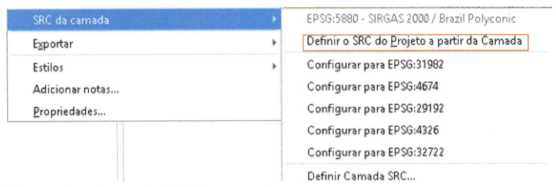

Fig. 22.3 Definindo o SRC do projeto a partir do SRC de uma camada

No menu, clique em "Processamento" > "Caixa de ferramentas". Observe que uma janela chamada "Caixa de ferramentas de processamento" será aberta. Clique em "Interpolar" > "Interpolação TIN" > "Mapa de calor (Estimativa de densidade Kernel)" – Fig. 22.4.

Fig. 22.4 Ferramenta de interpolação Kernel

Em "Camada de pontos", selecione "aer_pista_ponto_pouso_p_Policonica.shp"; na opção "Raio", coloque 100.000 metros, em "Tamanho do pixel" coloque 1.000, em seguida clique no ícone com três pontos e em "Salvar no arquivo". Maiores detalhes na Fig. 22.5.

Nomeie o arquivo como "Kernel_Aerodromos.tif"; em "Tipo de arquivo", selecione "TIF files" e clique em "Salvar".

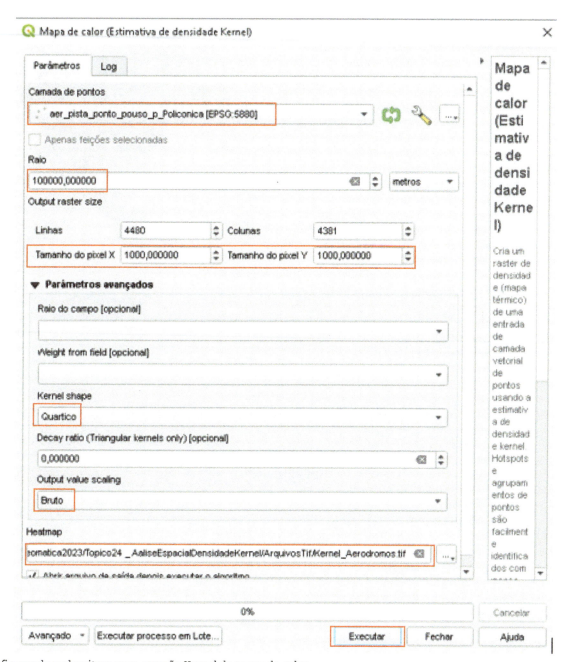

Fig. 22.5 Configurando o algoritmo para geração Kernel do mapa de calor

Clique em "Executar", e ao fim do processamento clique em "Fechar".

O raster gerado pode ser visualizado na Fig. 22.6. Clique com o botão direito do mouse na camada "Kernel_Aerodromos" e selecione "Propriedades".

282 | INTRODUÇÃO AO QGIS

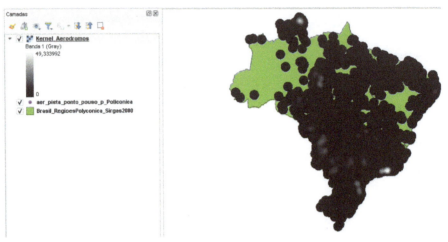

Fig. 22.6 Mapa de calor gerado

Vá em "Simbologia" e configure conforme a Fig. 22.7. Selecione "Banda simples falsa-cor" em "Tipo de renderização", em "Gradiente de cores" selecione a rampa espectral, clique em "Inverter gradiente de cores", em seguida "Classificar" > "Aplicar".

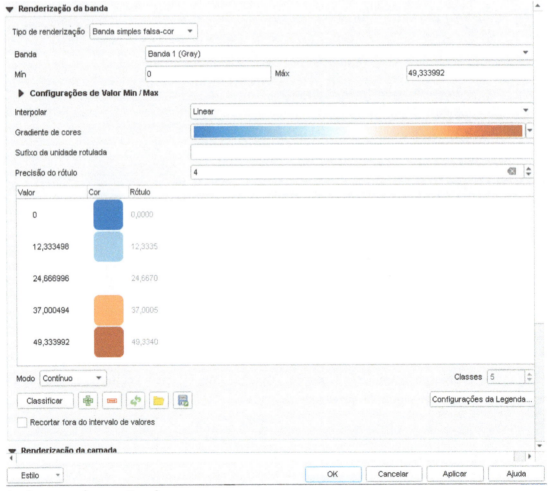

Fig. 22.7 Formatando o mapa de cores Kernel

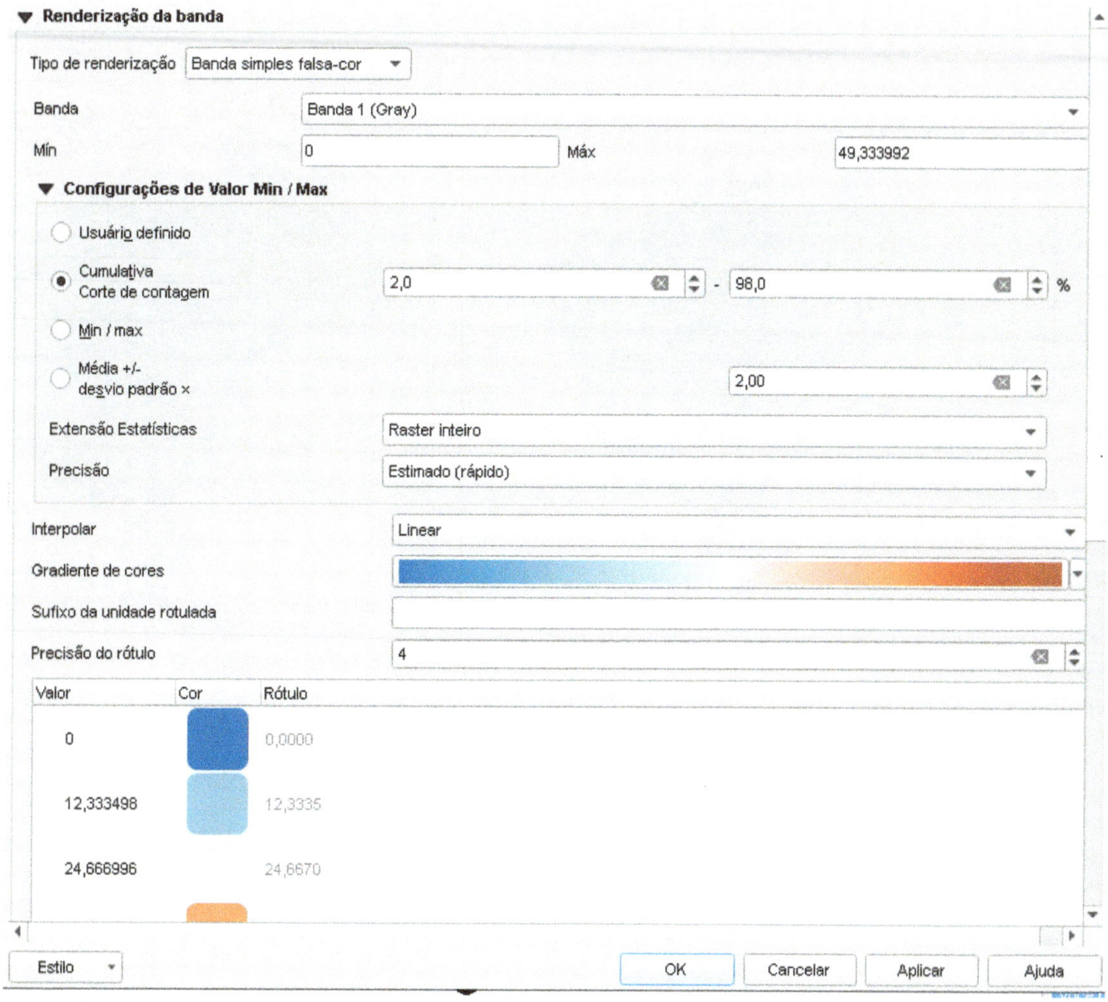

Fig. 22.8 Ajustando a formatação do mapa de cores Kernel

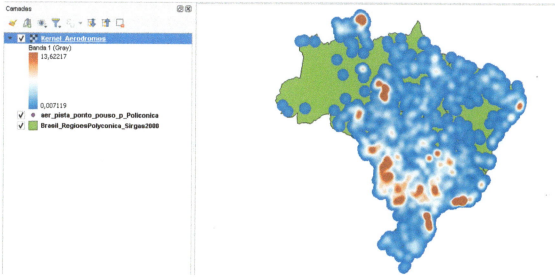

Fig. 22.9 Mapa do aeródromo do Brasil com densidade de Kernel

284 | INTRODUÇÃO AO QGIS

Outro valor de raio pode ser testado para a confecção de mapas de calor; coloque 50.000 m para o tamanho do raio e 500 para o tamanho do pixel. Não é necessário salvar, ele irá criar um arquivo temporário. A Fig. 22.10 mostra a comparação do mapa de calor com raios de 100.000 m e 50.000 m.

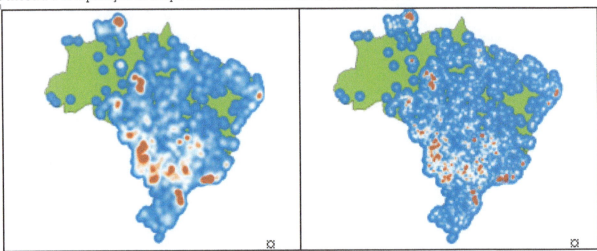

Fig. 22.10 Comparação com dois raios e tamanhos de pixel diferentes

Gere um layout para o mapa com o mapa das regiões do Brasil.

23 Análise geoestatística

O primeiro passo para a análise geoestatística é fazer download do SAGA e instalar o software, pois o plug-in SAGA Next Gen, nativo do QGIS 3.30.1, não executa os procedimentos de que precisamos.

Acesse o site <https://saga-gis.sourceforge.io/en/index.html> e vá em "Download" (Fig. 23.1).

Fig. 23.1 Site para download do SAGA

Selecione SAGA 9 e depois SAGA 9.1.1 e, finalmente, selecione para download o arquivo "saga-9.1.1_x64_setup.exe". Na sequência, execute esse arquivo, para a completa instalação no seu computador. Pronto! O SAGA está instalado no seu computador e você tem um atalho na área de trabalho.

Abra o QGIS e clique em "Adicionar camada vetorial". Clique no ícone com três pontos e "Abrir no arquivo". Na pasta "ArquivosShapefiles", selecione os arquivos shapefile "VolumeFinal.shp" e "TalhoesPol.shp". Clique em "Adicionar" e em seguida "Close".

Depois, clique em "Vetor" > "Analisar" > "Campo para estatística básica" (Fig. 23.2).

286 | INTRODUÇÃO AO QGIS

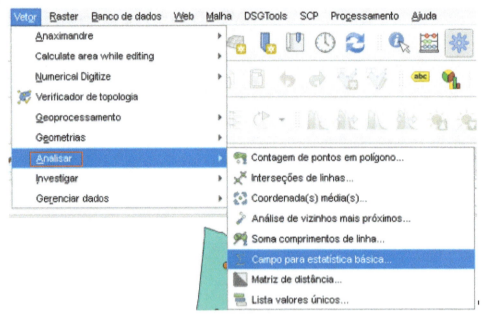

Fig. 23.2 Acessando a análise de estatística básica

Em "Camada de entrada", selecione o arquivo "VolumeFinal.shp" e escolha a opção "Volume_m3h" (volume em m³ por hectare). Clique no ícone com três pontos e em "Salvar no arquivo", selecione a pasta em que irá salvar o arquivo, nomeie e clique em "Salvar" (Fig. 23.3).

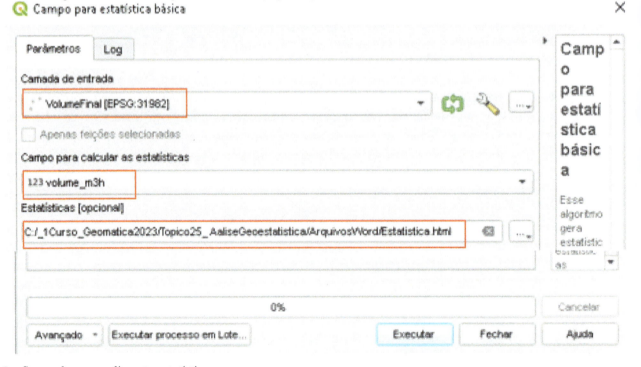

Fig. 23.3 Configurando o procedimento estatístico

Clique em "Executar". Após o processamento, é possível observar as estatísticas na caixa em destaque (Fig. 23.4).

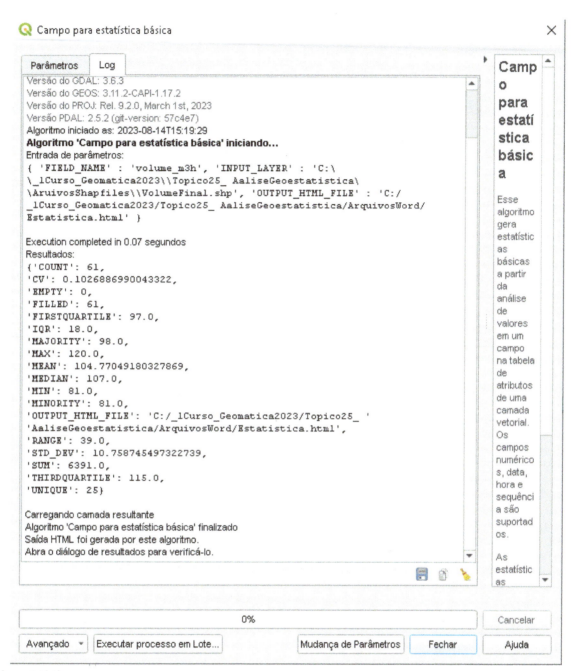

Fig. 23.4 Dados estatísticos

Abra a ferramenta SAGA (Fig. 23.5).

Fig. 23.5 Acionando o SAGA

Quando abrir, selecione a opção "empty", em seguida clique em "OK". Clique em "File" > "Shapes" > "Load" (Fig. 23.6). Selecione o arquivo "VolumeFinal.shp" e clique em "Open".

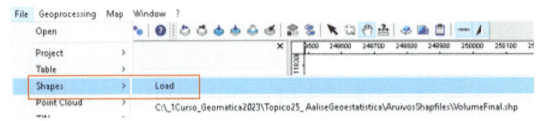

Fig. 23.6 Carregando o arquivo de pontos

Selecione "Data" e clique duas vezes no arquivo sobre o ícone indicado pela seta na Fig. 23.7.

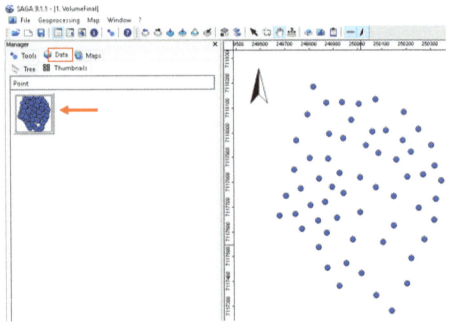

Fig. 23.7 Carregando o arquivo de pontos

Clique em "Geoprocessing" > "Spatial and Geostatistics" > "Kriging" > "Ordinary Kriging" (Fig. 23.8).

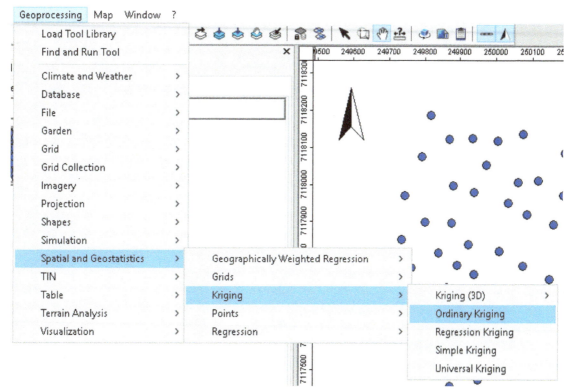

Fig. 23.8 Acionando a ferramenta "Ordinary Kriging"

Nos próximos passos serão inseridas algumas informações referentes ao conjunto de dados. Em "Points", insira o arquivo de dados "VolumeFinal.shp". Em "Attribute", selecione a coluna referente a "volume_m3h". Em "Number of points" > "Maximum", insira o número de pontos total do conjunto de dados, nesse caso, 60. Por fim, clique em "Okay" (Fig. 23.9).

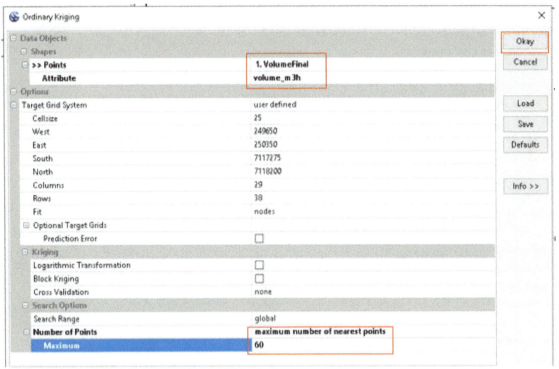

Fig. 23.9 Configurando a ferramenta "Ordinary Kriging"

Em seguida, será aberta uma janela para escolher a função e os parâmetros que melhor se ajustam com o conjunto de dados. Primeiramente, vamos clicar em "Settings" para ajustar os parâmetros do semivariograma (Fig. 23.10).

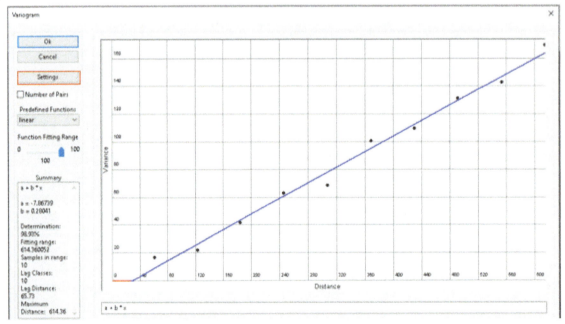

Fig. 23.10 Ajustando os parâmetros do semivariograma

No parâmetro "Maximum Distance", digite um valor bem alto, por exemplo 2.000, para que o programa retorne a máxima distância do conjunto de dados; em seguida, clique em "Okay" (Fig. 23.11).

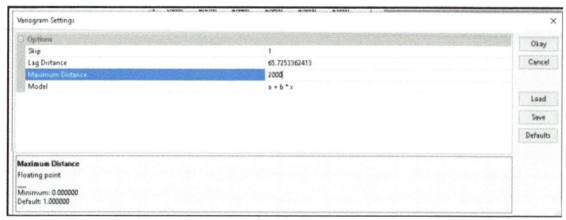

Fig. 23.11 Ajustando o parâmetro "Maximum Distance"

Observe que a distância máxima do conjunto de dados é de 1.228,72; clique em "Okay" para observar a distribuição dos dados no semivariograma.

Veja que na região circulada ocorre uma estabilização dos dados, então iremos substituir o valor de distância máxima por valores entre 800 e 900, e observar qual fica melhor.

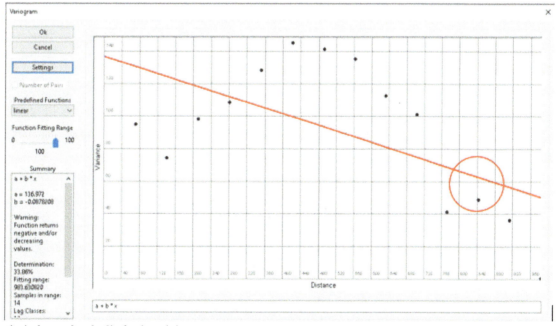

Fig. 23.12 Substituindo o valor de distância máxima

Observe que foi feita a mudança do modelo de semivariograma, selecionando um que melhor se ajuste ao conjunto de dados (Fig. 23.13).

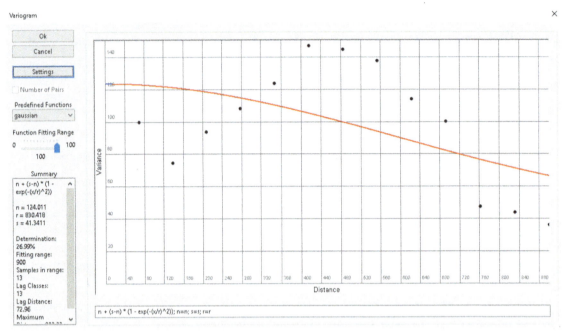

Fig. 23.13 Semivariograma ajustado

Por fim, os parâmetros da Fig. 23.14 foram os que obtiveram um melhor ajuste do semivariograma.

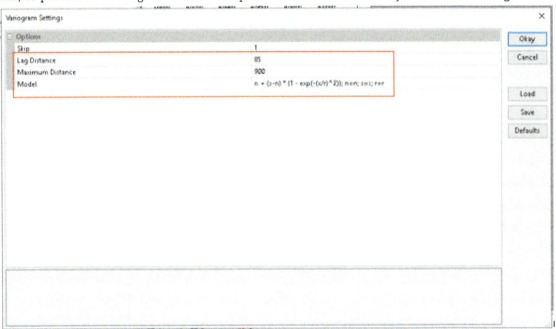

Fig. 23.14 Parâmetros que melhor se ajustam ao semivariograma

Depois, selecione o "Function Fitting Range" em 80 e clique em "OK" para realizar a interpolação pelo método de krigagem ordinária.

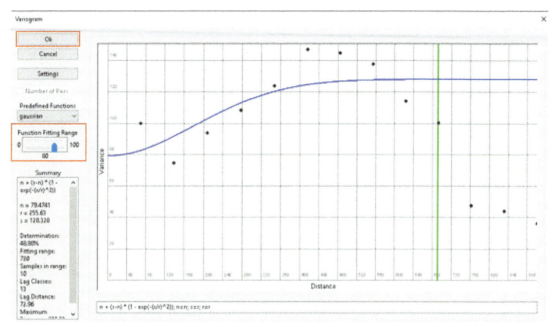

Fig. 23.15 Configurando "Function Fitting Range" em 80

No arquivo gerado do tipo "Grids", clique com o botão direito e selecione "Histograma" para visualizar o padrão (Fig. 23.16).

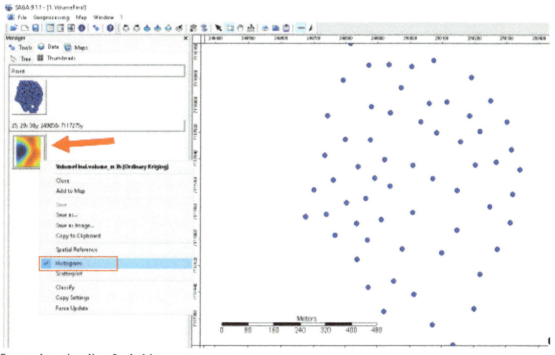

Fig. 23.16 Configurando a visualização do histograma

294 | INTRODUÇÃO AO QGIS

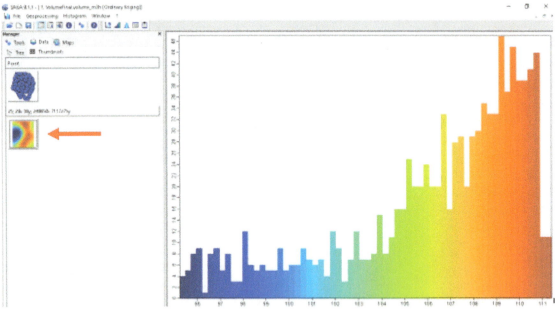

Fig. 23.17 Visualização do histograma

Clique duas vezes em cima do arquivo gerado "Grids" e selecione o arquivo "VolumeFinal", depois vá em "OK". É possível visualizar a extrapolação do conjunto de dados a partir da krigagem ordinária (Fig. 23.18).

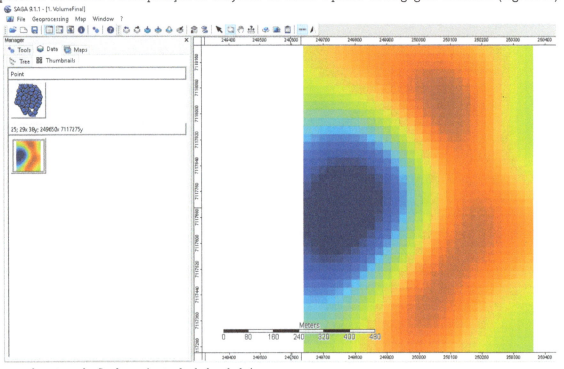

Fig. 23.18 Imagem da extrapolação do conjunto de dados da krigagem

Para inserir a imagem no projeto do QGIS, clique com o botão direito sobre o arquivo Grid, vá em "Save as" e selecione uma pasta e o formato geotif (Fig. 23.19).

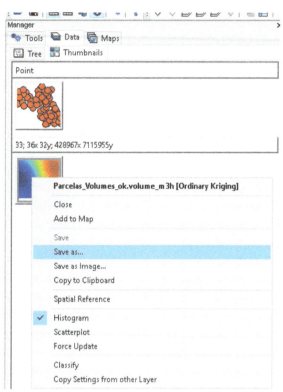

Fig. 23.19 Salvando a imagem da krigagem em formato geotif

Vá no QGIS 3.30.1 e carregue a imagem da krigagem (Figs. 23.20 e 23.21).

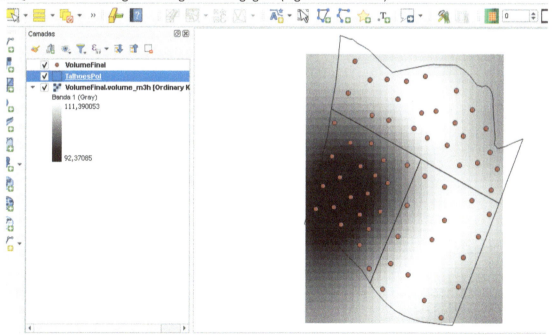

Fig. 23.20 Imagem da krigagem em tons de cinza

296 | INTRODUÇÃO AO QGIS

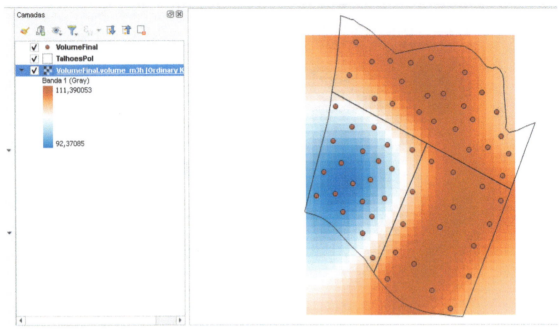

Fig. 23.21 Imagem da krigagem formatada para colorida

24 Delimitação da estratificação para inventário florestal base nas APPs e cálculo de áreas

Abra e inicie o QGIS, depois vá em "Adicionar camada vetorial". Selecione a pasta com o nome "ArquivosShapefiles" e localize o arquivo repassado "limite.shp". Vai abrir o seguinte tema na tela:

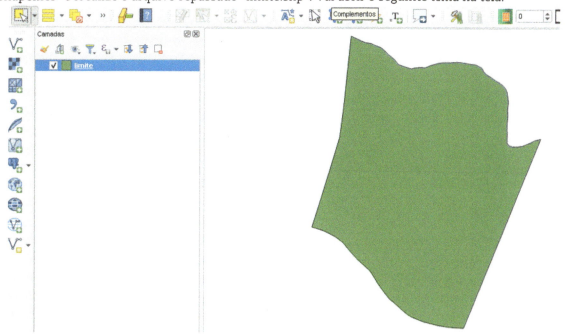

Fig. 24.1 Camada "limite.shp"

Agora vamos arrumar a simbologia desse tema. Para isso, clique com o botão direito no tema "Limite" e vá em "Propriedades". Clique em "Simbologia" > "Preenchimento simples". Em "Estilo de preenchimento" coloque "Sem pincel" e em "Espessura da borda" coloque "0,46", e clique em "OK" (Fig. 24.2).

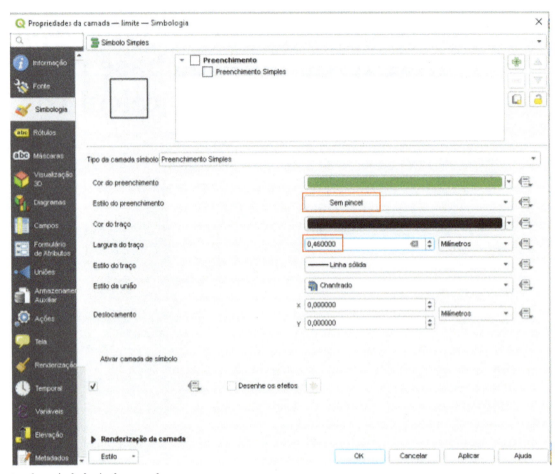

Fig. 24.2 Formatando a simbologia da camada

Agora o limite da propriedade já está aparecendo conforme a visualização na Fig. 24.3.

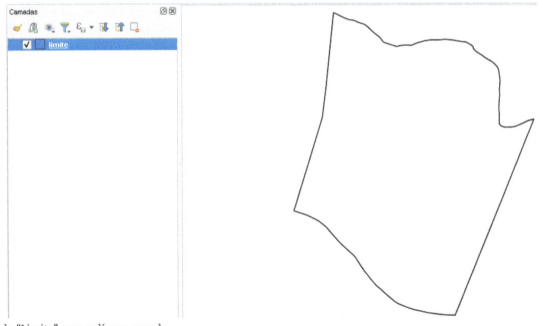

Fig. 24.3 Camada "Limite" com polígono vazado

24 Delimitação da estratificação para inventário florestal base nas APPs e cálculo de áreas | 299

Adicione agora o tema "Hidrografia.shp". Para isso, vá em "Adicionar camada vetorial" e, na pasta que você copiou com os arquivos repassados, selecione o arquivo "Hidrografia.shp". Depois clique com o botão direito do mouse e vá em "Propriedades" para que a simbologia possa ser alterada. Clique em "Simbologia" > "Linha simples". Em "Cor de preenchimento", selecione azul e clique em "OK" (Fig. 24.4).

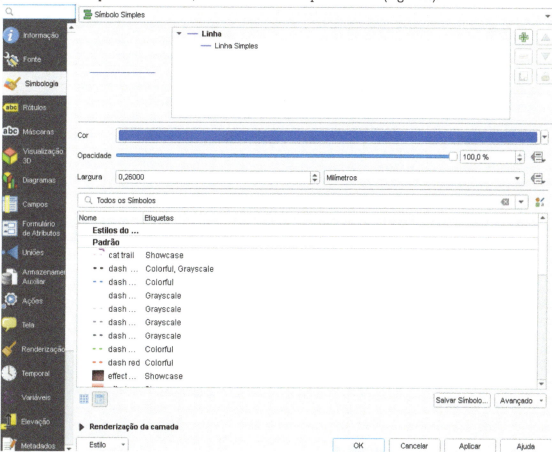

Fig. 24.4 Configurando a simbologia da camada "Hidrografia"

Pronto, agora o limite da propriedade e a hidrografia dentro dela já estão organizados (Fig. 24.5).

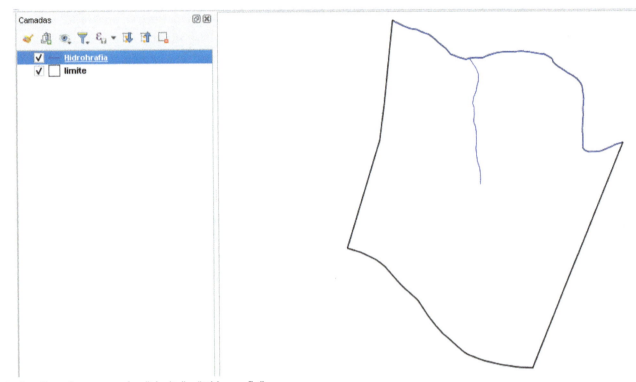

Fig. 24.5 Visualizando as camadas "Limite" e "Hidrografia"

O próximo passo é a organização dos talhões que serão alvos do inventário florestal. Para tanto, vamos abrir os talhões na visualização: vá em "Adicionar camada vetorial" e selecione a pasta que você copiou com os arquivos repassados, escolhendo o arquivo "talhoes.shp" (Fig. 24.6).

Agora já é possível observar os limites dos plantios florestais que serão alvos do inventário florestal. Para o planejamento do trabalho de inventário florestal, você poderá contar com essa ferramenta.

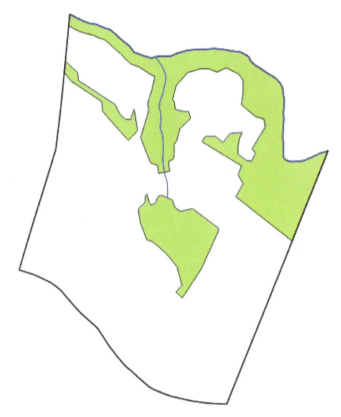

Fig. 24.6 Inserindo a camada "talhoes.shp"

24 Delimitação da estratificação para inventário florestal base nas APPs e cálculo de áreas | 301

Para que seja possível o cálculo da área de todos os talhões, você deve abrir a tabela de atributos clicando com o botão direito do mouse em "Talhões" e selecionando "Abrir tabela de atributos".

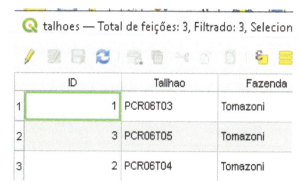

Fig. 24.7 Tabela de atributos da camada "Talhoes"

Agora, inicie a edição da tabela, clicando no botão "Alternar modo de edição". Depois, abra a calculadora de campo e selecione "Criar um novo campo". "Nome de campo de saída": Area (ha); "Tipo do novo campo": número decimal (real); "Precisão": 4; "Expressão da calculadora de campo": $area. Clique em "OK" (Fig. 24.8).

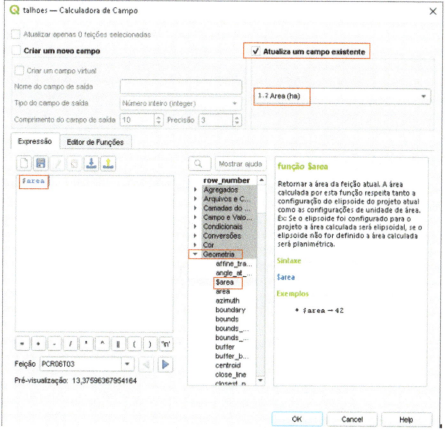

Fig. 24.8 Editando a tabela de atributos

O resultado está apresentado na Fig. 24.9: cada talhão terá a sua respectiva área em hectares calculada e adicionada na tabela.

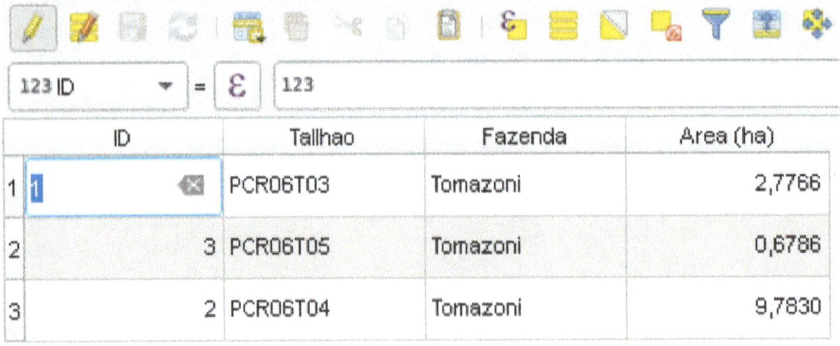

123 ID = ε 123

	ID	Tallhao	Fazenda	Area (ha)
1	1	PCR06T03	Tomazoni	2,7766
2	3	PCR06T05	Tomazoni	0,6786
3	2	PCR06T04	Tomazoni	9,7830

Fig. 24.9 Tabela de atributos com o campo "Área"

Vá novamente em "Alternar modo de edição" e, quando perguntado se deseja salvar as mudanças para a camada "talhoes", clique em "Salvar".

Agora, com base nos números dos talhões, apresentados na tabela de atributos, vamos cadastrar no SIG informações que foram repassadas pelo proprietário sobre cada um dos talhões. Para isso, clique novamente em "Alternar modo de edição" e preencha a tabela conforme a Fig. 24.10.

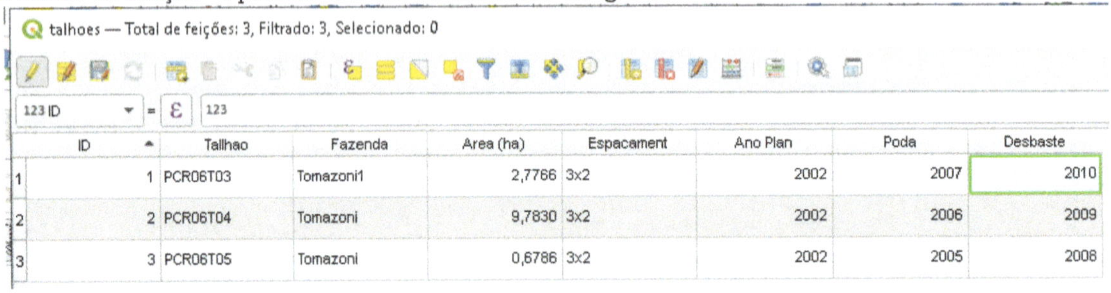

talhoes — Total de feições: 3, Filtrado: 3, Selecionado: 0

123 ID = ε 123

	ID	Tallhao	Fazenda	Area (ha)	Espacament	Ano Plan	Poda	Desbaste
1	1	PCR06T03	Tomazoni1	2,7766	3x2	2002	2007	2010
2	2	PCR06T04	Tomazoni	9,7830	3x2	2002	2006	2009
3	3	PCR06T05	Tomazoni	0,6786	3x2	2002	2005	2008

Fig. 24.10 Atualização da tabela de atributos

Para iniciar a edição, vamos em "Alternar modo de edição" > "Adicionar coluna". Serão cinco colunas novas: "Espécie" – texto e largura 30; "Ano de plantio" – número inteiro e largura 4; "Espacam" (espaçamento) – texto e largura 6; "AnoPoda" (ano da poda) – número inteiro e largura 4; "Ano_Desb" (ano do desbaste) – número inteiro e largura 4.

Complete a tabela com base nas informações anteriormente listadas até que fique conforme a Fig. 24.10. Quando terminar, vá em "Alternar modo de edição" e selecione "Salvar".

Selecione a camada "Hidrografia" e vá em "Vetor" > "Geoprocessamento" > "Buffer" (Fig. 24.11).

24 Delimitação da estratificação para inventário florestal base nas APPs e cálculo de áreas | 303

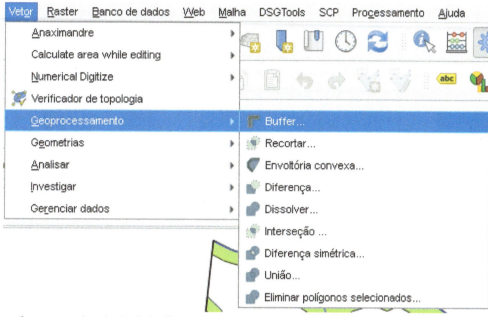

Fig. 24.11 Acionando a ferramenta de criação de buffers

Preencha conforme a seguir:
- Entrar com camada vetorial: hidrografia
- Segmento para aproximar: 5
- Distância do buffer: 30 (Fig. 24.13).
- Marque "Dissolver resultados de buffer"
- Shapefile de saída: "buffer_hidro.shp" (Fig. 24.12)

Veja na visualização que foram confeccionadas as áreas de preservação permanentes em volta dos rios da área. No entanto, várias dessas áreas de APP ultrapassaram o limite da propriedade.

Realizaremos agora o procedimento de cortar as APPs apenas para dentro da propriedade.

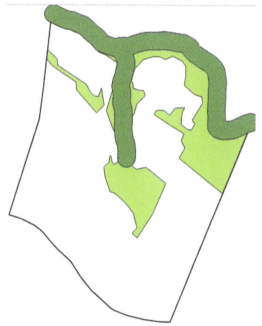

Fig. 24.12 Camada "buffer_hidro"

Fig. 24.13 Configurando a criação de buffer de APP

Agora vamos utilizar a ferramenta "Cortar" para recortar as áreas de preservação permanentes para os limites da propriedade (Fig. 24.14). Vá em "Vetor" > "Geoprocessamento" > "Cortar". Depois, em "Entrar com camada vetorial", selecione "limite.shp"; em "Cortar camada", "buffers_hidro.shp"; em "Shapefile de saída", "buffer_hidro_propriedade.shp". Veja o resultado desse procedimento em azul na Fig. 24.17. Perceba que somente as APPs que estão dentro dos limites da propriedade permaneceram.

Agora vamos arrumar a simbologia desse tema criado. Clique com o botão direito do mouse em "buffer_hidro_propriedade" > "Propriedades".

24 Delimitação da estratificação para inventário florestal base nas APPs e cálculo de áreas | 305

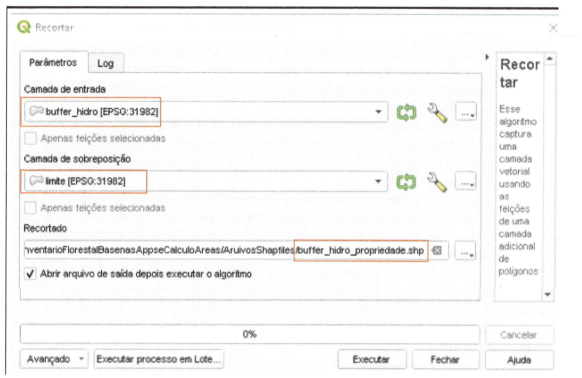

Fig. 24.14 Configurando o recorte de camada

Agora selecione "Simbologia" > "Preenchimento": sem pincel; "Cor do traço": vermelha. Clique em "Ok" e "Aplicar". Em "Camadas", desligue a camada "buffer_hidro.shp" clicando no "X" dentro do quadrado ao seu lado.

Em seguida, vamos calcular quantos plantios existem nas áreas de preservação permanentes. Para isso, iremos utilizar a ferramenta "Intersecção". Vá em "Vetor" > "Geoprocessamento" > "Intersecção".

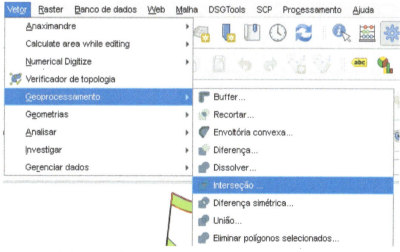

Fig. 24.15 Acionando a ferramenta de intersecção

Depois, selecione: "buffer_hidro_propriedade.shp" em "Entrar com camada vetorial"; "talhoes.shp" em "Cruzar com a camada"; e "plantios_em_app.shp" em "Shapefile de saída". Em seguida, clique em "OK" (Fig. 24.16).

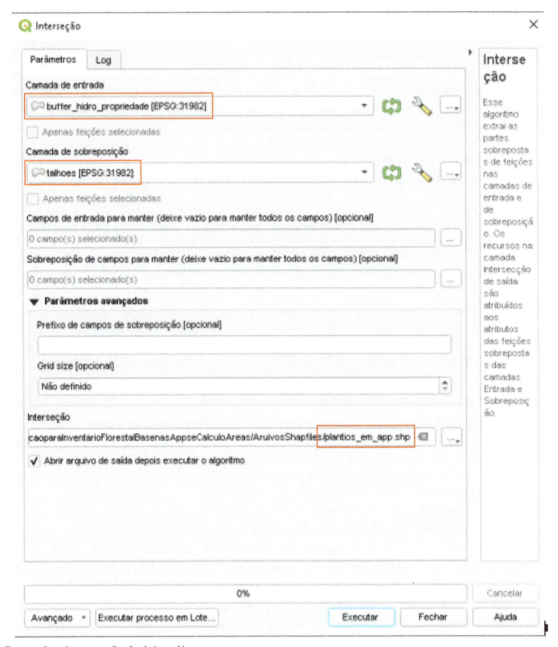

Fig. 24.16 Configurando a intersecção de dois polígonos

Perceba na visualização que foi criado o arquivo com os dois temas cruzados (APP e talhões) indicando os plantios (talhões) que estão em áreas de preservação permanente. Veja que apareceu essa delimitação na visualização (áreas em vermelho) da Fig. 24.17.

24 Delimitação da estratificação para inventário florestal base nas APPs e cálculo de áreas | 307

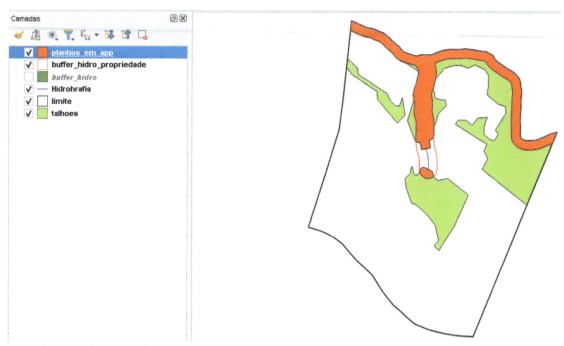

Fig. 24.17 Áreas de plantios sobrepostas às APPs

Agora vamos calcular a área desses plantios que se encontram em APP. Clique no shapefile "plantios_em_app.shp" e depois em "Abrir tabela de atributos". Inicie a edição da tabela, clicando no botão "Alternar modo de edição", e depois abra a calculadora de campo. Selecione "Atualizar um campo existente":

• Selecione a coluna: Area (ha)
• Expressão da calculadora de campo (procure ao lado a geometria e em seguida dê dois cliques sobre $area): $area

Clique em "OK".

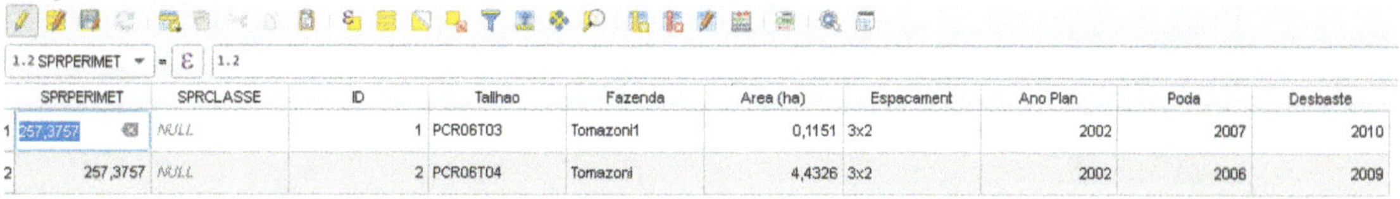

Fig. 24.18 Tabela de atributos da camada com área calculada

Insira o shapefile "PinhalSaoBento.shp" e construa o mapa com a ferramenta "Layout".

25 Análise de fragilidade ambiental

Vamos elaborar um mapa de fragilidade ambiental conforme a metodologia de Ross (1994) e Kawakubo et al. (2005).

Abra o QGIS, clique em "Adicionar camada vetorial" e depois no ícone com três pontos. Selecione os seguintes arquivos shapefile: "Declividades1.shp", "Tipos_solos1.shp" e "Uso_do_solo.shp", e clique em "Abrir".

Verifique o SRC das camadas, e selecione o Sistema de Referência EPSG 31982 – Sirgas 2000/UTM Zone 22S. Repita o processo para as três camadas. Na sequência, selecione uma camada, clique com o botão direito do mouse e vá em "Aproximar para camada".

Para configurarmos as cores correspondentes a cada classe do mapa, iremos clicar com o botão direito do mouse sobre a camada "Declividades1" e selecionar a opção "Propriedades". Na aba "Simbologia", selecione a opção "Categorizado"; em "Valor" coloque "Declividade"; em "Gradiente de cores" selecione "YLORBR"; por fim, clique em "Classificar" (Fig. 25.1).

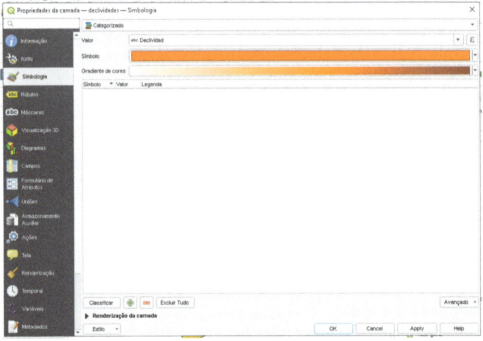

Fig. 25.1 Usando a ferramenta "Simbologia"

A classificação da Fig. 25.2 irá aparecer; clique em "Aplicar" e em seguida "OK".

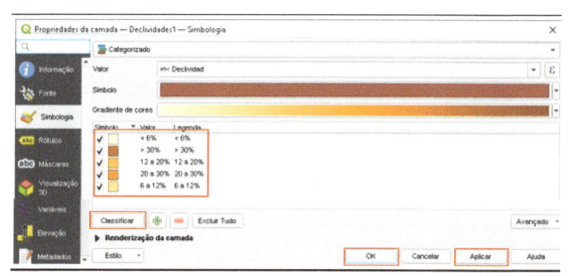

Fig. 25.2 Classificando uma camada com a ferramenta "Simbologia"

Clique nas propriedades da camada "Tipo_solos1". Na aba "Simbologia", selecione "Categorizado"; em "Valor" coloque "Tipo_solos"; em "Gradiente e cores" selecione o gradiente; e clique em "Classificar". A classificação da Fig. 25.3 irá aparecer; clique em "Aplicar" e em "OK".

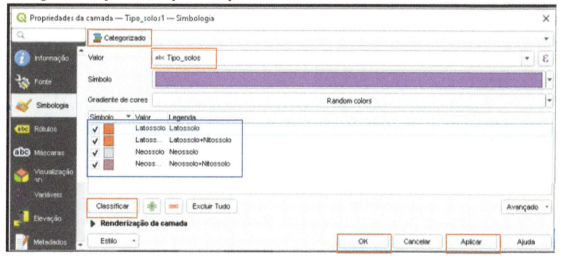

Fig. 25.3 Classificando os tipos de solos

Vamos configurar a camada "Uso_do_solo1". Na aba "Simbologia", selecione a opção "Categorizado"; em "Valor" coloque "Uso_do_sol"; e clique em "Classificar" (Fig. 25.4).

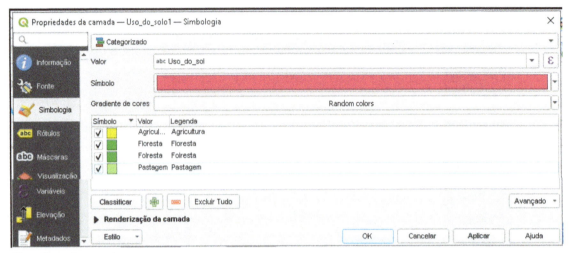

Fig. 25.4 Classificando as formas de uso

Vamos alterar a cor de visualização de cada classe. Para isso, basta dar dois cliques com o botão direito do mouse em cima da cor e selecionar a cor desejada. Selecione a cor amarela para agricultura, a cor alaranjada para pastagem e verde para floresta. Após finalizar a seleção das cores de cada classe, clique em "Aplicar" e "OK".

Depois, clique com o botão direito do mouse sobre cada um dos temas avaliados e selecione a opção "Abrir tabela de atributos"; perceba que cada camada tem vários atributos cadastrados na tabela, conforme a Fig. 25.5.

Fig. 25.5 Tabelas de atributos das camadas de declividade, solos e uso do solo

Agora vamos dar pesos de fragilidade para cada uma das tabelas abertas anteriormente. Para tanto, seguiremos os pesos propostos por Kawakubo *et al.* (2005).

Inicie pelo tema "Declividade". Clique com o botão direito do mouse e selecione "Abrir tabela de atributos". Vai aparecer a tabela com os atributos de cada feição com os valores de declividades já cadastrados. Iniciaremos a edição da fragilidade em relação a esse aspecto: adicione uma nova coluna para guardar a

25 Análise de fragilidade ambiental | 311

informação de fragilidade, clicando em "Alternar modo de edição" > "Novo campo". Insira o nome da coluna como "Fra_decliv", deixe a opção "Tipo como número inteiro" e na largura coloque 2.

Perceba que a coluna foi adicionada na tabela de atributos; cadastre as informações conforme a tabela de classes de Kawakubo *et al.* (2005) e, ao finalizar, clique em "Salvar alterações" e em "Alternar modo de edição" para sair do modo de edição.

	ID	Declividad	Fra_decliv
1	1	< 6%	1
2	2	6 a 12%	5
3	3	12 a 20%	3
4	4	20 a 30%	4
5	5	> 30%	5

Fig. 25.6 Configurando a fragilidade para a declividade

Realize o mesmo procedimento para a camada "tipo_solos": clique com o botão direito do mouse, acesse a tabela de atributos, e clique em "Alternar modo de edição". Insira o nome da coluna como "Fra_solos", deixe a opção "Tipo como número inteiro" e em largura coloque 2.

	ID ▲	Tipo_solos	Fra_solos
1	1	Neossolo	5
2	2	Neossolo+Nitoss...	4
3	3	Latossolo+Nitos...	3
4	4	Latossolo	1

Fig. 25.7 Configurando a fragilidade para os tipos de solos

Repita o procedimento para a camada "uso_do_solo": clique com o botão direito do mouse, acesse a tabela de atributos, clique em "Alternar modo de edição". Insira o nome da coluna como "Fra_uso", deixe a opção "Tipo como número inteiro" e em largura coloque 2. Clique em "Salvar alterações" e depois em "Alternar modo de edição".

	ID	Uso_do_sol	Fra_uso
1	1	Floresta	1
2	3	Folresta	1
3	2	Floresta	1
4	4	Pastagem	2
5	5	Agricultura	3

Fig. 25.8 Configurando a fragilidade para as diferentes formas de uso

A próxima etapa é a análise de fragilidade integrando as três camadas avaliadas. Para isso, clique no menu "Vetor" > "Geoprocessamento" > "Intersecção" (Fig. 25.9).

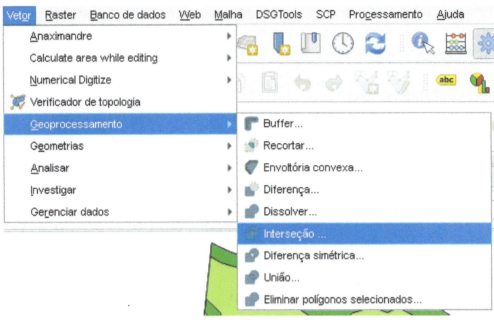

Fig. 25.9 Acionando a ferramenta de interseção

Em "Camada de entrada" selecione "Declividades1", em "Camada de sobreposição" selecione "Tipos-_solos1", em seguida clique no ícone com três pontos > "Salvar no arquivo". Nomeie o arquivo como "FRA_DECLIVE_SOLO.shp" e clique em "Salvar" (Fig. 25.10).

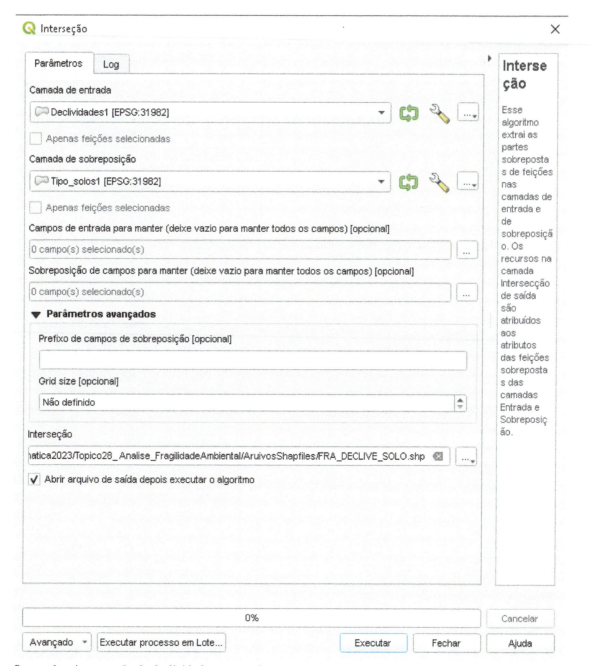

Fig. 25.10 Configurando a intersecção da declividade com o solo

Clique em "Executar". Ao abrir a tabela de atributos dessa nova camada gerada, perceba que ela contém informações das duas camadas (declividade e tipo de solos).

314 | INTRODUÇÃO AO QGIS

FRA_DECLIVE_SOLO — Total de feições: 14, Filtrado: 14, Selecionado: 0

	ID	Declividad	Fra_decliv	ID_2	Tipo_solos	Fra_solos
1	1	< 6%	1	4	Latossolo	1
2	1	< 6%	1	3	Latossolo+Nitos...	3
3	2	6 a 12%	5	2	Neossolo+Nitoss...	4
4	2	6 a 12%	5	4	Latossolo	1
5	2	6 a 12%	5	3	Latossolo+Nitos...	3
6	3	12 a 20%	3	2	Neossolo+Nitoss...	4
7	3	12 a 20%	3	1	Neossolo	5
8	3	12 a 20%	3	3	Latossolo+Nitos...	3
9	4	20 a 30%	4	2	Neossolo+Nitoss...	4
10	4	20 a 30%	4	1	Neossolo	5
11	4	20 a 30%	4	3	Latossolo+Nitos...	3
12	5	> 30%	5	2	Neossolo+Nitoss...	4
13	5	> 30%	5	1	Neossolo	5
14	5	> 30%	5	3	Latossolo+Nitos...	3

Fig. 25.11 Tabela de atributos da camada de intersecção da declividade e do solo

Agora vamos adicionar a informação do uso do solo. Clique no menu "Vetor" > "Geoprocessamento" > "Intersecção". Em "Camada de entrada" selecione "FRA_DECLIVE_SOLO", em "Camada de sobreposição" selecione "Uso_do_solo1", em seguida clique no ícone com três pontos > "Salvar no arquivo". Nomeie o arquivo como "FRA_DECLIVE_SOLO_USO.shp" e clique em "Salvar".

25 Análise de fragilidade ambiental | 315

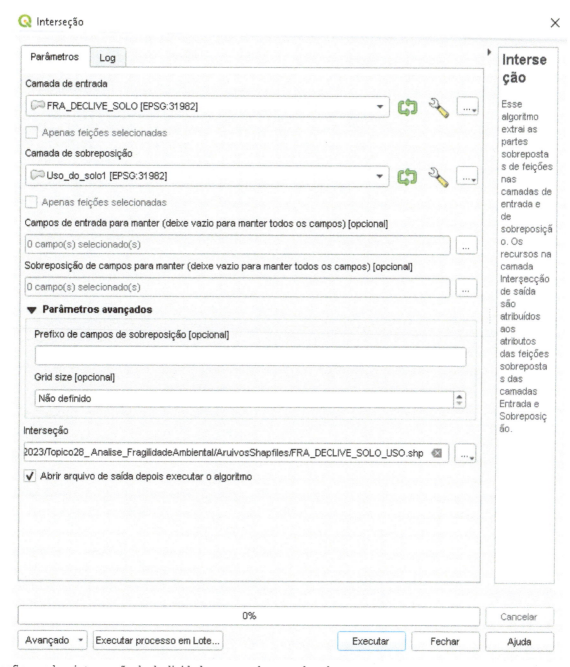

Fig. 25.12 Configurando a intersecção da declividade com o solo e uso do solo

Clique em "Executar" e, após finalizar o processamento, clique em "Close". Abra a tabela de atributos da camada "FRA_DECLIVE_SOLO_USO.shp" e perceba que a coluna de fragilidade de uso do solo foi adicionada.

316 | INTRODUÇÃO AO QGIS

FRA_DECLIVE_SOLO_USO — Total de feições: 32, Filtrado: 32, Selecionado: 0

	ID	Declividad	Fra_decliv	ID_2	Tipo_solos	Fra_solos	ID_3	Uso_do_sol	Fra_uso
1	1	< 6%	1	4	Latossolo	1	5	Agricultura	3
2	1	< 6%	1	3	Latossolo+Nitos...	3	4	Pastagem	2
3	1	< 6%	1	3	Latossolo+Nitos...	3	5	Agricultura	3
4	2	6 a 12%	5	2	Neossolo+Nitoss...	4	1	Floresta	1
5	2	6 a 12%	5	2	Neossolo+Nitoss...	4	4	Pastagem	2
6	2	6 a 12%	5	2	Neossolo+Nitoss...	4	5	Agricultura	3
7	2	6 a 12%	5	4	Latossolo	1	1	Floresta	1
8	2	6 a 12%	5	4	Latossolo	1	5	Agricultura	3
9	2	6 a 12%	5	3	Latossolo+Nitos...	3	1	Floresta	1
10	2	6 a 12%	5	3	Latossolo+Nitos...	3	4	Pastagem	2
11	2	6 a 12%	5	3	Latossolo+Nitos...	3	5	Agricultura	3
12	3	12 a 20%	3	2	Neossolo+Nitoss...	4	1	Floresta	1
13	3	12 a 20%	3	2	Neossolo+Nitoss...	4	4	Pastagem	2
14	3	12 a 20%	3	2	Neossolo+Nitoss...	4	5	Agricultura	3
15	3	12 a 20%	3	1	Neossolo	5	3	Folresta	1
16	3	12 a 20%	3	1	Neossolo	5	4	Pastagem	2

Fig. 25.13 Tabela de atributos da camada gerada pela intersecção de declividade, solo e uso do solo

Para visualizarmos a fragilidade considerando as três informações em conjunto, precisaremos realizar o cálculo da média das fragilidades. Vamos considerar que todas as informações têm igual peso na questão de fragilidade, para calcular a média aritmética. Caso tenham pesos diferentes, uma média ponderada pode ser aplicada.

Abra a tabela de atributos da camada "FRA_DECLIVE_SOLO_USO". Adicione uma nova coluna chamada "Media_Fra", conforme a Fig. 25.14.

Adicionar Campo

Nome	Media_Fra
Comentário	
Tipo	Número inteiro (integer)
Tipo de provedor	integer
Comprimento	2

OK   Cancel

Fig. 25.14 Inserindo campo em tabela de atributos

Clique em "Abrir calculadora de campo". Na janela que abrir (Fig. 25.15), clique em "Atualizar um campo existente", selecione "Media_Fra", e em "Expressão" digite o cálculo da média aritmética: (Fra_decliv + Fra_solos + Fra_uso)/3. Clique em "OK".

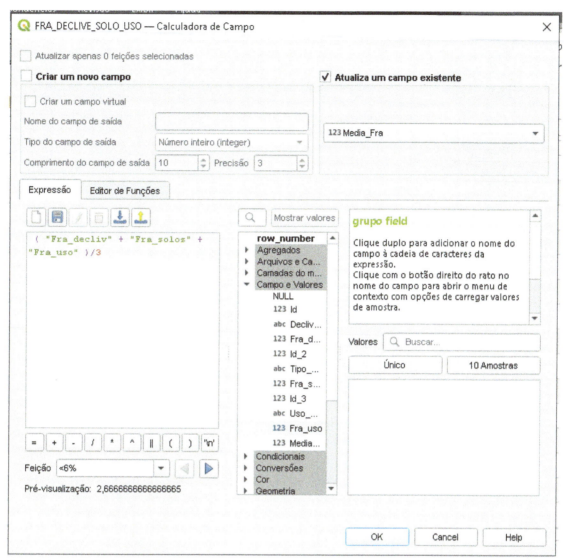

Fig. 25.15 Configurando o cálculo da fragilidade média

Perceba que na coluna "Media_Fra" foi adicionada a média entre os valores.

Vamos configurar as propriedades de visualização; para isso, clique com o botão direito do mouse em cima da camada "FRA_DECLIVE_SOLO_USO" e acesse as propriedades. Na aba "Simbologia", selecione "Categorizado", em "Valor" selecione "Media_Fra", e clique em "Classificar" (Fig. 25.16). A visualização em mapa das classes de fragilidade resultante pode ser observada na Fig. 25.17.

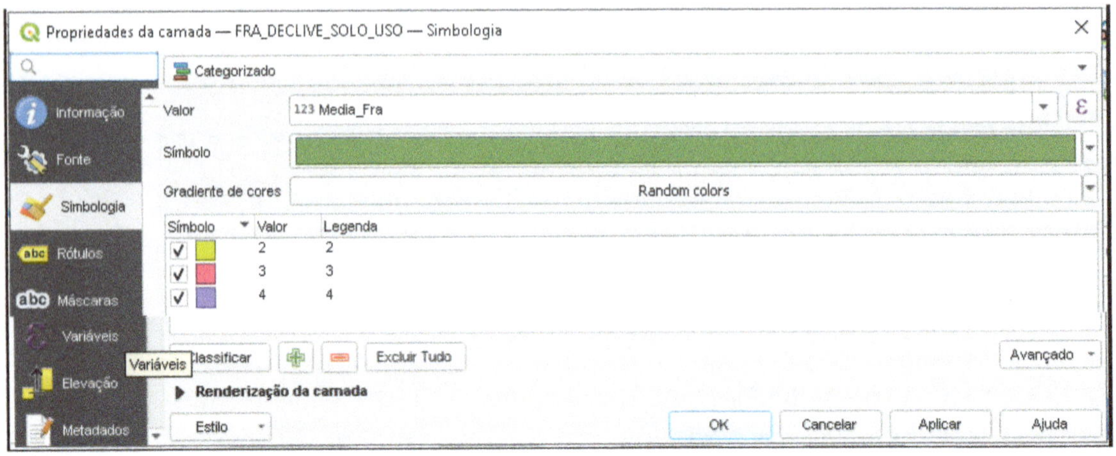

318 | INTRODUÇÃO AO QGIS

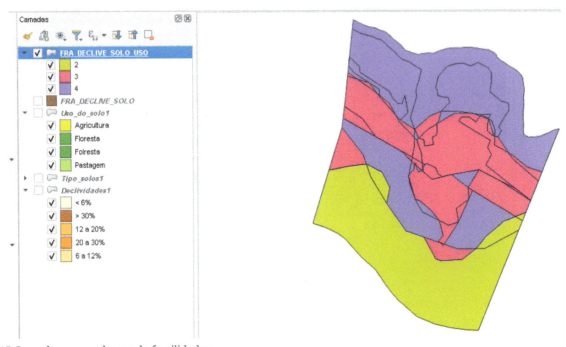

Fig. 25.16 Classificando as classes de fragilidades médias

Fig. 25.17 Camada com as classes de fragilidades

26 Conclusões

Neste trabalho, procuramos demonstrar a importância das ferramentas geotecnológicas nos processos de análises ambientais e florestais, e também a maior oferta e fontes de informações georreferenciadas, muitas delas gratuitas. Para a manipulação delas, é preciso adotar um software que atenda adequadamente às suas necessidades.

O software gratuito QGIS tem ganhado espaço no meio tanto acadêmico quanto comercial, dadas a facilidade de uso e a vasta disponibilidade de ferramentas e complementos disponíveis. Segundo Dalla Corte *et al.* (2020), por esses motivos, entre todas as possibilidades gratuitas de software para uso como sistema de informação geográfica (SIG), ele tem sido um dos mais utilizados.

No transcorrer do texto, fizemos uma introdução sobre sistemas de informações e aspectos gerais do QGIS. Na sequência, abordamos a criação de projetos no QGIS e demos um start inicial de como trabalhar no SIG, partindo do georreferenciamento de imagem até a digitalização de vetores componentes de uma bacia hidrográfica.

Passamos para a etapa de converter um arquivo vetorial de curvas de nível em um arquivo raster de modelo digital de elevação (MDE). Classificamos esse MDE, geramos o arquivo raster de declividade e procedemos aos cálculos de área.

Carregamos uma camada raster no projeto, efetuamos a classificação e calculamos as áreas das formas de uso. Inserimos imagens do Google Earth no projeto, e trabalhamos com o Orfeo Toolbox (OTB) para realizar a fusão de imagens.

Mostramos como usar o compositor para gerar mapas dentro do projeto, que possam ser usados em relatórios ou ser impressos.

Apresentamos a forma de trabalhar com as áreas de preservação permanente (APPs), delimitando-as e calculando suas áreas e perímetro. Trabalhamos com arquivos de pontos do AutoCAD Map 3D 2021, que foram exportados no formato shapefile, e depois geramos as curvas de nível a partir deles.

Demostramos os procedimentos para baixar MDE Alos Palsar e para gerar curvas de nível a partir desses MDEs. Utilizando MDE Alos, efetuamos a análise hidrológica e extraímos de forma automática a rede de drenagem.

Numa outra etapa, trabalhamos com arquivos do sudoeste do Paraná, corrigimos a geometria de arquivos shapefile e editamos sua tabela de atributos. Demonstramos como associar uma tabela de dados alfanuméricos do Excel a uma base cartográfica. Geramos mapas temáticos a partir de tabela de atributos de arquivos shapefile de polígonos, representados em polígonos graduados, e também geramos centroides. Utilizamos a álgebra de mapas para calcular diversos índices de vegetação no SIG.

Demonstramos como baixar MDEs Topodata SRTM, e como realizar mosaicos de suas imagens. Também mostramos os procedimentos para baixar e trabalhar com MDEs do ASTER GDEM.

Apresentamos, de forma detalhada, os métodos para reprojetar um sistema de coordenadas de vetores no SIG. Efetuamos uma demonstração de como proceder no catálogo de imagens DGI/Inpe, para baixar imagens de satélite CBERS e outros satélites de forma gratuita.

Indicamos como fazer mosaico de imagens, eliminando a borda preta (sem dados), e como trabalhar com arquivos do radar LIDAR em formato LAS, para montar mosaicos e trabalhar com modelo digital de superfície.

Trabalhamos com a densidade de Kernel, que consiste em quantificar as relações dos pontos dentro de um raio (R) de influência, com base em determinada função estatística, analisando os padrões traçados por um conjunto de dados pontuais e estimando a sua densidade na área de estudo.

Além disso, efetuamos estudos geoestatísticos de uma área de reflorestamento, delimitamos a estratificação para inventário florestal base nas APPs e cálculo de áreas e ainda efetuamos a análise de fragilidade ambiental.

Esperamos que este livro possa proporcionar ajuda aos estudantes e profissionais da área florestal e ambiental na empreitada da elaboração de trabalhos técnicos.

Referências bibliográficas

DALLA CORTE, A. P.; SILVA, C. A.; SANQUETTA, C. A.; REX, F. E.; PFUTZ, I. F. P.; MACEDO, R. C. *Explorando o QGIS 3.X*. Curitiba: Edição dos autores, 2020. .

GASPAR, J. A. *Cartas e Projeções Cartográficas*. Lisboa: LIDEL Edições Técnicas, 2000.

GHILANI, C. D.; WOLF, P. R. *Geomática*. São Paulo: Pearson Education do Brasil, 2013.

KAWAKUBO F. S.; MORATO R. G.; CAMPOS K. C.; ROSS J. L. S. Caracterização empírica da fragilidade ambiental utilizando geoprocessamento. *In*: XII SIMPÓSIO BRASILEIRO DE SENSORIAMENTO REMOTO, 2005, São José dos Campos. Anais... Goiânia: Inpe, 2005. p. 2203-2210.

MENEZES, P. M. L. *Roteiro de Cartografia*. São Paulo: Oficina de Textos, 2013.

MENZORI, M. *Georreferenciamento*: conceitos. 1 ed. São Paulo: Baraúna, 2017.

MIRANDA, J. I. *Fundamentos de Sistemas de Informações Geográficas*. 4 ed. Ver. Atual. Brasília, DF: Embrapa, 2015.

QGIS. Desktop 3.16. *User Guide*. QGIS, 2021.

ROCHA, R. T. O. *Curso QGIS Básico*. Versão 2.14 ESSEN – Ferramentas e Configurações. Irati, PR: Associação dos Engenheiros Agrônomos da Região de Irati (AEARI), 2017a.

ROCHA, R. T. O. *Curso QGIS Básico*. Versão 2.14 ESSEN – Instalações. Irati, PR: Associação dos Engenheiros Agrônomos da Região de Irati (AEARI), 2017b.

ROSS, J. L. S. Análise empírica da fragilidade dos ambientes naturais e antropizadas. *Revista do Departamento de Geografia*, n. 8, p. 63-74, 1994.

SANTOS, A. R.; PELUZIO, T. M. O.; SAITO, N. S. SPRING 5.1.2. Passo a passo: aplicações práticas. Alegre, ES: CAUFES, 2010.

TULER, M.; SARAIVA, S. *Fundamentos de Geodésia e Cartografia*. Porto Alegre: Bookman, 2016.